NF文庫
ノンフィクション

連合艦隊と
トップ・マネジメント

現代の企業経営に生きる日本海軍の教訓

野尻忠邑

連合知識と
トップ・マネジメント
戦略の創造と革新のための実証研究

井上達彦

滋賀大学経済学部研究叢書

はじめに

数年来、銀行の不良債権・経営危機に基づく公的資金の投入について、多くの報道が行われた。私が現役の頃は大蔵検査の第三分類（回収困難）など殆どなく、資産内容は良好であった。それが今では都市銀行が倒産する程の異常な情勢である。

企業経営は自社の収益力、資金調達力の範囲内で投資、回収を反復すれば健全に運営できる筈である。それが本来の事業計画と無関係な分野に投資を拡大し、銀行も安易な担保査定で協力したため、企業の倒産から銀行経営の破綻へと波及した。

とにかく何事でも無計画に手を拡げすぎるのが一番危険なことであり、最近の歴史でいえば、太平洋戦争における日本海軍が正に代表的な事例であった。

米太平洋艦隊司令長官ニミッツ大将は降伏調印式の前に次のごとく述べている。

「我々は今、この島国帝国が装備のよい陸軍と大航空兵力を保有しながら、海軍力を殆ど失って、本土進攻作戦の決行を前に降伏したのを見届けた」と。

戦争における軍隊の運用には、企業経営におけるトップ・マネジメントの機能に通じる事柄が多い。トップ・マネジメントの機能とは次のように云われている。

①見通しのある計画を立て目標を明確化すること。
②組織にとって健全な計画を樹立すること。
③企業のあらゆる要職に適材を配置すること。
④統制の有効な手段を決定すること。

企業においてトップが長期計画を無視して思い付きのプランに走り、年功序列の幹部人事のもとに、市場調査を手抜きして財務内容を悪化させる大規模投資を行えば、その企業が倒産への道を駆け足で突き進むことは最近の事例が実証している。

半世紀前の太平洋戦争が正に貴重な教訓であった。私は海戦史の専門家ではなく海軍に籍を置いたこともない。しかし実兄がダンピール海峡で戦死し、妻の兄もクェゼリン島で玉砕している。銀行勤務のかたわら余暇に書店の参考図書を求めて日本海軍の航跡を辿るうちに、企業経営の悪しき事例との共通点の多いことに驚いた。

現在、社会の第一線で活躍している戦後育ちの人々は、太平洋戦争のことをあまり知らない。「桶狭間」や「関ケ原」の戦いは知っているが、「珊瑚海海戦」や「南太平洋海戦」などは何時《いつ》、何処《どこ》であったのかご存じない。山本五十六の名前はわかるが、近藤信竹、南雲忠一、小沢治三郎、三川軍一、栗田健男など、太平洋海戦に関係深い提督の名前を知っている人は極めて少ない。

即ち今の日本人は自分達の父や祖父が、命をかけて戦った半世紀前の歴史を理解することなく、戦後を過ごし今日に至った。戦後生まれの人々が本書を読み、日本海軍の戦闘の実相を幾らかでも知って教訓とし、これからの日本を立派に築き上げて頂くよう、心から願って止まない。

連合艦隊とトップ・マネジメント——目次

連合艦隊とトップ・マネジメント

第一章　日米海軍の基本戦略と第一段作戦

一、日露戦争以降における日米海軍の基本戦略

①　仮想敵国として相互に位置付けた日米両国

日米両国が相互に相手国を仮想敵国として、具体的な作戦計画に着手したのは日露戦争終了直後で、ほぼ同時期であった。

アメリカは日露戦争が始まる一九〇五年までに戦艦二五隻、装甲巡洋艦一二隻を完成または建造しており、イギリスに次ぐ世界第二位の海軍国に成長していた。更にアメリカの海軍増強熱を高めたのは、一九一四年八月に勃発した第一次世界大戦であり、パナマ運河の開通であり、日本海軍の南洋諸島の占領であった。日本海軍に南洋諸島を占領されたことは、フィリピン、グァムが緒戦で占領され、フィリピン救援作戦を困難とするとの危機感をアメリカ国民に高めた。

一方、日本陸海軍が明治天皇の裁可を得た「帝国国防方針」を制定し、ロシヤ、アメリカ

の両国を想定敵国に掲げ、軍備拡張の目標を定めたのは明治四〇年四月（一九〇七年）であった。

第一次世界大戦が終わり極東からドイツ海軍が駆逐されると、太平洋においてアメリカ海軍の覇権に対抗する海軍国は日本一国となり、日米関係は一変した。アメリカはベルサイユ講和条約も終わらない一九一九年六月には、太平洋艦隊の創設を宣言し、八月には、ドレッドノート級戦艦六隻を含む最新鋭艦艇一四隻を太平洋に展開した。更にアメリカ海軍は一九二三年一二月、対日戦争を想定して戦艦一八隻のうち新鋭艦一二隻と大型空母二隻を太平洋岸に配備した。

いずれにしても日米両国の太平洋戦での主役は海軍であり、「日本海軍と米国海軍の戦争」となるであろうことは当初から明らかであった。

陸軍の役割は、開戦当初に予想されるフィリピンの争奪戦ぐらいで、投入される兵力も防衛側の米軍が約一万、進攻側の日本が二〜三個師団程度に過ぎないものと考えられていた。

② 具体的な日米両海軍の太平洋戦略

A、アメリカの「オレンジ計画」

一九〇六年〜一九一一年の間に立案された対日戦争計画（コードネーム＝オレンジ計画）は、次の三段階からなっていた。

ⓐ 日本軍の攻撃によって極東の領土を失う第一段階。

ⓑ 反撃に転じて南洋諸島（後に日本の委任統治領となった）を攻略し、次いで日本艦隊

を決戦で敗北させる第二段階。

ⓒ　海上封鎖によって日本を屈服させる第三段階。

一方、アメリカは太平洋征覇の長期戦略の一環として、一八六七年にミッドウェー島を、一八九八年にウェーキ島を、一八九九年にはドイツと争ってサモア諸島のチュチュイラ島を領有した。しかし第一次世界大戦での日本軍の南洋諸島占領は、アメリカ艦隊の西進を妨害するものとして、ベルサイユ講和条約において南洋諸島を国際連盟管理下の委任統治領とし、「本地域内に陸海軍の根拠地または築城を建設することを得ず」という軍備制限を課して、南洋諸島の非軍事化を認めさせた。

B、太平洋進攻作戦とアメリカ海兵隊

一九二〇年一月には、対日作戦において、マーシャル・カロリン諸島を占領するための強襲上陸作戦専門部隊として、六～七〇〇〇人の海兵隊の必要性が要請され、一九二一年六月には、パラオ、トラック、ペリリューなどを逐次占領し、艦隊の中継基地としつつ日本に接近する、太平洋横断の攻勢作戦――「ミクロネシア飛び石作戦」構想を完成していた。

そして実際の上陸演習は一九二三年から開始され、図上演習地も対日戦争を想定して、トラック、パラオ、グァム、サイパン島が選定され益々具体化していった。一九三三年末には海兵隊の人員も戦時定員四万人に増強され、小型の旅団規模の海兵部隊をサンディエゴなど二ヵ所に編成、配置された。

以上誠に驚くべきことにアメリカは、第一次世界大戦終了直後の一九二一年即ち大正一〇年には、その二〇年後に開始された太平洋戦争における日本攻略作戦と全く同じ戦略を計画していたのであった。

アメリカの周到極まりない戦争準備計画を、今日の日本人は如何に考えるか、興味深い事実と言えるだろう。

C、日本海軍の伝統的な対米作戦構想

日本の国家戦略の基本方針は、明治四〇年に制定され、その後大正七年、同一三年、昭和一一年の三回にわたり改定された「帝国国防方針」に記されていた。昭和一一年改定の「帝国国防方針」の要点は次の如くなっている。


ⓐ帝国の国防は米国、露国を目標とし、併せて支那、英国に備う。

ⓑ帝国軍の戦時における国防所要兵力は左の如し。

陸軍兵力。五〇師団及航空一四二中隊。

海軍兵力。主力艦一二隻、航空母艦一二隻、巡洋艦二八隻、水雷戦隊六隊（駆逐艦九六隻）、潜水戦隊若干（潜水艦七〇隻）航空六五隊。

また「帝国軍」の用兵綱領によると、
ⓐ帝国軍の作戦は国防方針に基き、陸海軍協同して先制の利を占め攻勢を取り、速戦即決を図るを以て本領とす。——
ⓑ米国を敵とする場合に於ける作戦は、左の要領に従う。
東洋にある敵を撃滅し、その活動の根拠を覆し、日本国方面より来航する敵艦隊の主力を

撃滅するを以て初期の目的とす。

之が為海軍は作戦初頭速やかに東洋にある敵艦隊を撃滅して東洋方面を制圧すると共に、陸軍と協力してルソン島及びその付近の要地並びグァム島にある敵の海軍根拠地を攻略し、敵艦隊の主力東洋方面に来航するに及び機を見て之を撃滅す。――

以上のとおりであるが、ここで云われている「艦隊決戦主義」とは、概ね次の如く理解されている。

「来航する米艦隊を途中で迎撃しながらその勢力を削減し、日本近海に入ってから決戦を求めてこれを撃滅するという「艦隊決戦主義」は、太平洋戦争までの日本海軍の基本的兵術思想となった」

艦隊決戦主義に立脚するならば、彼我の戦艦の戦闘能力の比較にすべての関心の集まるのは、けだし当然といえる。しかし日本は海軍軍縮条約の期限切れとなる昭和十二年から無条約時代に入ることを、昭和九年末に関係国に通告した。

無条約時代の海軍軍備拡充の最大の目玉は、「大和型」戦艦四隻の建造と南洋諸島の拠点を基地として作戦する陸上攻撃隊の充実であった。

これらによって日本海軍は、対米作戦に全面的な勝利は得られないものの、負けはしない程度の勝算は持っていたのである。

D、第二次大戦直前期の日米戦略

☆第二次欧州大戦の勃発と日本の東南アジアへの南進の企図（四〇年九月北部仏印進駐）

により、アメリカは日独連合脅威に対処しうる「両洋総合戦略」の必要性を痛感した。

欧州第一主義を強調する陸軍と、太平洋での攻勢思想を捨て切れぬ海軍は、一九三八年のオレンジ計画改定で鋭く対立、対一国戦争主義に立脚したカラー・プランは廃止され、激動する東西両半球に応じた大戦略を律するレインボー計画となった。スターク海軍作戦部長は四〇年一一月のドッグ・プランで、両洋艦隊計画の完成までは、対独、大西洋第一主義を守ることを確認した。

しかし、ルーズベルト大統領は対日戦についての配慮も忘れなかった。一九四〇年春の海軍大演習に引き続き、太平洋艦隊の主力をハワイに残留させて日本の南方進出を牽制し、大西洋に艦隊主力を移動せよとの陸軍の要望を押さえ続けた。

また、レインボー計画の最終段階を規定した第五号計画は、米英参謀会議（ＡＢＣ協定、一九四一年三月）の趣旨に基づき、同年五月統合会議で作成されたもので、太平洋方面は専守防御に近い態勢をとり、局地攻勢の限界線をマーシャル群島までに限るとした戦略計画であった。
☆一方、レインボー段階に対応する、日本側の戦略構想は如何に推移したか。一九三六年の国防方針改定にあたっては、日本の戦略的選択をどの方向に指向するかが焦点となった。陸軍と海軍の伝統的対立は解消されず、中国大陸の制覇ないし対ソ戦を想定した「北進論」と、東南アジアへの発展を目指す「南進論」が併列したままの状態だった。
海軍は無条約時代を迎え、米海軍の拡張に対抗して、戦艦一二、空母一六、航空六五隊を基幹とする艦隊の整備を目標とした。注目すべき点は、年度計画作成にあたり、同時多数国戦争を想定する思想が導入され、レインボー計画と同様に、国防戦略をグローバルな観点からとらえる契機が示された。しかし、日本は結局、こうしたグローバルの名にふさわしい戦略思想を効果的に発展させることは出来なかった。

二、ハワイ真珠湾奇襲作戦

①アメリカの真珠湾防衛構想とその対応

日本海軍は、日露戦争直後、米国を仮想敵国と定めて以来、日本に向う米艦隊を中部太平洋の島を基地とする潜水艦、航空機で攻撃して損害を与え、更に日本近海で待ちうける主力部隊が撃滅するという、漸減作戦を考えていた。

この漸減作戦用に建造されていたのが、東太平洋で作戦する巡潜型や海大型で、米海軍が西太平洋に進攻し西太平洋が戦場となった場合は、中小型の海中六型、潜小型、丁型潜水艦に期待した。

㊟　海中六型――呂三三型　七〇〇屯　水上一八ノット　水中八・二ノット
　　潜小型――呂一〇〇型　五二五屯　水上一四・二ノット　水中八ノット
　　丁型（蛟竜）――水中六〇屯　水上八ノット　水中一六ノット

漸減作戦を具体的に述べると、まず第一段階が「敵港湾の監視」、次の第二段階が「敵艦隊の追跡接触、前程進出、包囲」である。これを日本近海まで繰り返す。そして第三段階が

「決戦投入」である。巡潜型や海大型は長距離行動可能で、敵の主力部隊の前程進出可能なように、二三～二四ノットの水上高速を必要とした。

一方、米海軍の対日戦略は「レインボー五号」だった。この計画は、開戦初期においてはフィリピンその他西太平洋の主要基地は、一応日本の手に渡す。その後準備を整えてから、日本の基地を占領しながら西進し、フィリピンその他を奪回する。その間南洋諸島及びフィリピン近海で日本艦隊と決戦を予想する。

つまり、日米海軍の戦略は、双方ともに、真珠湾は攻撃の対象外におかれている。このように日米海軍首脳が類似した構想を抱いていた事実は、注目に値する。また、戦前の米海軍の提督たちの多くが、真珠湾は日本の攻撃からは安全だと信じていたことは間違いない。しかも、いくつかの米国人自身の警告があったにもかかわらずである。

たとえば、一九三二年二月、米海軍作戦部は二〇〇隻の艦艇を動員して、真珠湾防備のテストを目標にした大演習を実施した。攻撃軍指揮官ハリー・ヤーネル提督は、新造空母「サラトガ」「レキシントン」及び駆逐艦四隻を率いハワイに迫った。提督は当時の常識を破り、戦艦ではなく空母「サラトガ」に将旗を翻し、空母中心の機動部隊を編制したのである。二月六日、折からの荒天をついて、オアフ島まで二四時間の距離に達したヤーネル提督は、翌七日、日曜日の朝が絶好の攻撃タイムであることを認めた。

七日未明、オアフ島の北東六〇マイルの地点で、二隻の空母から一五〇機がとびたった。奇襲は見事に成功し、基地からはただ一機の迎撃機も飛び立つ余裕はなかった。

演習終了後、ヤーネル提督の幕僚は新形式の海軍、つまり依然として戦艦中心ではあるが、最大限に航空機の援護を持った編成の必要を進言した。明らかに航空機の優位が実証されたからである。しかし、この進言に耳を傾ける提督はほとんどいなかった。この演習から九年後の一九四一年一二月七日に山本大将が敢行した真珠湾攻撃は、まさに「ヤーネル空襲」の再現であった。

もっと近い時期の警告もある。一九四一年一月一六日、ハワイ駐在の海軍第二偵察飛行部隊司令官パトリック・ベリンジャー少将は、新型機や乗員の不足など部隊の弱体に関する報告書を軍令部長に提出した。その三ヵ月後に真珠湾防空指揮官に任命された少将は、陸軍航空部隊司令官フレデリック・マーチン少将と共作で、三月三一日、ハワイ攻撃の際の陸海軍航空部隊対応策を作成した。

日本海軍がとるべき戦術を検討した結果、二人は、日本艦隊は「商船ルートが存在しない北方の無人航路を経て襲ってくる」と判断した。また、日本艦隊は未明、真珠湾北方三五〇マイルで空襲部隊を発進させるだろう。日本潜水艦部隊及び空襲部隊は、米情報当局の警告前にハワイ海面に到達する可能性がある。

日本の攻撃方法として考えられるのは、次の三つである。

ⓐ　宣戦布告前の在ハワイ米艦艇に対する潜水艦攻撃。
ⓑ　真珠湾の艦船、施設を含むオアフ島に対する奇襲。
ⓒ　ⓐおよびⓑの併用。

しかし、最も可能性が多いと見られるのは、母艦機による空襲である。またもし潜水艦攻撃が加えられた場合は、同時に少なくとも空母一隻を含む大艦隊の近接を予想すべきである。また、攻撃時間についても慎重な分析を行い、考えられる時間は未明または薄暮と想定し、いずれの場合も奇襲は成功すると判断した。

ベリンジャー、マーチン両少将の報告書がワシントンに到着したのは、一九四一年八月二〇日だが、同報告書は、次のような予言に満ちたマーチン少将の陸軍航空部隊総司令官宛書簡が添付されていた。

「我々の最も可能性ある敵国オレンジ(日本)は、おそらく六隻の空母をオアフ島に差し向けるだろう。未明攻撃が、最も敵に有利な攻撃計画とみられる。また敵は、友好国船舶との遭遇を避けるため、北方からの接近を図る可能性が最も強い」

② 開戦時の日本連合艦隊の編成

日本海軍の連合艦隊とは主として戦時における暫定的な編成であって、明治二七年〜二八年の日清戦争及び明治三七〜三八年の日露戦争において編成された。戦争以外では訓練などで年度の一時期に編成されたが、昭和八年五月から連合艦隊は常設制となった。そして太平洋戦争開戦時には九個艦隊からなる大艦隊が編成された。

イ、連合艦隊の主要編成内容

☆ 連合艦隊旗艦・長門

第一戦隊　長門、陸奥(連合艦隊司令長官直率)　戦艦二隻

◆第一艦隊「主力部隊」旗艦・伊勢

第二戦隊　伊勢、日向、扶桑、山城　戦艦四隻

第三戦隊　金剛、榛名、霧島、比叡　高速戦艦四隻

第六戦隊　青葉、衣笠、加古、古鷹　重巡四隻

第九戦隊　北上、大井　軽巡二隻

第一水雷戦隊　阿武隈　四個駆逐隊　軽巡一隻、駆逐艦一六隻

第三水雷戦隊　川内　四個駆逐隊　〃〃一隻、〃〃一四隻

第三航空戦隊　鳳翔、瑞鳳　駆逐艦二隻　小型空母・改装空母

◆第二艦隊「前進部隊」旗艦・高雄

第四戦隊　高雄、愛宕、鳥海、摩耶　重巡四隻

第五戦隊　那智、羽黒、妙高　〃〃三隻

第七戦隊　最上、三隈、鈴谷、熊野　〃〃四隻

第八戦隊　利根、筑摩　〃〃二隻

第二水雷戦隊　神通　四個駆逐隊　軽巡一隻、駆逐艦一六隻

第四水雷戦隊　那珂　四個駆逐隊　軽巡一隻、駆逐艦一六隻

◆第三艦隊「護衛部隊」旗艦・足柄

第一六戦隊　足柄、長良、球磨　重巡一隻、軽巡二隻

第一七戦隊　厳島、八重山、辰宮丸　敷設艦二隻、特設敷設艦一隻

第五水雷戦隊　名取　二個駆逐隊　軽巡一隻、駆逐艦八隻
第六潜水戦隊　長鯨　二個潜水隊　潜水母艦一隻、機雷潜四隻
第一二航空戦隊　神川丸、山陽丸　特設水上機母艦二隻
◆第四艦隊「内南洋部隊」旗艦・鹿島
第一八戦隊　龍田、天龍　軽巡二隻
第一九戦隊　沖島、常磐、津軽、天洋丸　敷設艦三隻、特設敷設艦一隻
第六水雷戦隊　夕張　二個駆逐隊　軽巡一隻、駆逐艦八隻
第七潜水戦隊　迅鯨　三個潜水隊　潜水母艦一隻、呂号潜九隻
◆第五艦隊「北方部隊」旗艦・多摩
第二一戦隊　多摩、木曾、君川丸　軽巡二隻、特設水上機母艦一隻
第二二戦隊　粟田丸、浅香丸　特設巡洋艦二隻
◆第六艦隊「潜水艦部隊」――後述
◆第一航空艦隊「空母航空部隊」旗艦・赤城
第一航空戦隊　赤城、加賀、第七駆逐隊　空母二隻、駆逐艦二隻
第二航空戦隊　蒼竜、飛竜、第二三駆逐隊　空母二隻、駆逐艦三隻
第四航空戦隊　龍驤、大鷹、第三駆逐隊（二隻）　小型・改装空母各一隻
第五航空戦隊　翔鶴、瑞鶴、駆逐艦二隻
◆第一一航空艦隊「基地航空部隊」

◆南遣艦隊（のち南西方面艦隊に吸収）　旗艦・香椎
香椎、占守　練習巡洋艦一隻、海防艦一隻

ロ、潜水艦部隊の編制

◆第六艦隊「潜水艦隊」旗艦・香取（練習巡洋艦）
第一潜水戦隊　旗艦・靖国丸（特設母艦）
伊九潜　第一、第二、第三、第四潜水隊（伊一五～二六潜）　計一三隻
第二潜水戦隊　旗艦・さんとす丸（特設母艦）
伊七、一〇潜、第七、第八潜水隊（伊一～六潜）　計八隻
第三潜水戦隊　旗艦・大鯨（潜水母艦）
伊八潜　第一一、第一二、第二〇潜水隊（伊六八～七五潜）　計九隻
第六艦隊・合計　三〇隻

◆連合艦隊直属
第四潜水戦隊　旗艦・鬼怒（軽巡）、名古屋丸（特設母艦）
第一八、第一九潜水隊（伊五三～五八潜）
第二一潜水隊（呂三三、三四潜）　計八隻
第五潜水戦隊　旗艦・由良（軽巡）　りおでじゃねろ丸（特設母艦）
第二八、第二九、第三〇潜水隊（伊五九～六二、伊六四～六六潜）　計七隻

以上の如く連合艦隊の潜水艦は第六艦隊の三〇隻を中心に、直属の一五隻と第三・第四艦

隊所属分一三隻を合わせて合計五八隻であったが、開戦直前に伊六一潜が事故にて沈没、五七隻で開戦に臨んだ。その中心の第六艦隊こそ、いわゆる漸減作戦における艦隊決戦の主戦力と期待されていた。

③ ハワイ真珠湾作戦と潜水艦

イ、山本大将の真珠湾攻撃計画と軍令部の反対。

一九四一年九月一六日から海軍大学校で行われた連合艦隊のハワイ作戦特別図上演習では、機動部隊がすぐに米軍哨戒機に発見されてしまう。宇垣連合艦隊参謀長がいろいろと手心を加えるが、それでも空母が三隻沈没し、ほぼ全滅という判定に終わった。更に同月二四日、軍令部、連合艦隊、第一航空艦隊の関係者が集まり、ハワイ作戦について討議するが、積極的なのは連合艦隊だけであった。特に軍令部は反対の論拠として、ⓐ艦隊の隠密行動を維持し難い。ⓑ本作戦を実施せず長年訓練した西太平洋での艦隊決戦に持ち込むのが最良の策である。ⓒ北太平洋における洋上給油は天候による制限が大である。——などを主張し、また、第一航艦南雲長官、第二航艦塚原長官も反対であった。

しかし最終的には、山本長官の「不許可であれば連合艦隊長官の職を辞す」との意向により、不安の念を抱いていた永野修身軍令部総長も承認せざるを得なかった。山本長官は本来軍政系統が長く、海軍部内に「作戦は落第」との評価もあったとか。当時の帝国海軍トップは、国家戦略の前には長官解任も辞さずの気迫が欠けていた。

ロ、機動部隊と潜水艦部隊の出撃。

一九四一年一一月二六日午前六時、南雲機動部隊は千島列島エトロフ島ヒトカップ湾を出撃した。まず、警戒隊（軽巡・阿武隈、駆逐艦、浦風以下九隻）が出港し、午前九時、機動部隊は湾外で第一警戒序列を作った。この航行隊形は空襲隊の空母・赤城・加賀・蒼竜・飛竜・翔鶴・瑞鶴の六隻が縦に三隻ずつ二列にならび、その外周を支援隊と警戒隊及び給油船群が前進するもので、縦五〜六〇キロ、横は四〇キロの長方形であった。（支援隊――戦艦・比叡・霧島・重巡・利根・筑摩）北緯四二度、西経一七〇度の待機地点に向かうのである。

機動部隊の出撃に先立って、先遣部隊（潜水部隊）は一一月一〇日頃ハワイ方面に向かっていた。第一潜水部隊（伊号九、一五、一七、二五）第二潜水部隊（伊号一、二、三、四、五、六、七）は北方、第三潜水部隊（伊号八、六八、六九、七〇、七一、七二、七三、七四、七五）は南方と、いずれもミッドウェー島の飛行哨戒圏と思われる六〇〇マイル圏を避けて進出したのに対し、出撃の遅れた甲標的搭載の特別攻撃隊（伊号一六、一八、二〇、二二、二四）は一一月一九日早朝出発、前記の哨戒圏を突破して配備点に向かい、一二月六日には定められた配備点に到着した。

特潜は乗員が操縦し、敵艦に潜航肉薄して魚雷を発射する点では単なる小型潜水艦にすぎぬが、機構上は大型魚雷とも云うべく、したがって潜水艦としては無類な水中高速性能を有する点で特徴があった。また特潜は元来、洋上の決戦場で敵主力を襲撃する艇であって、ハワイで戦没した故岩佐大尉が本艇を泊地攻撃に使用することを研究し、上申のうえ、真珠湾潜入が企画されたのであった。

前記の先遣部隊（司令長官清水光美中将）は、第二潜水部隊の七隻がオアフ島とカウアイ島間に三隻、オアフ島とモロカイ島間に三隻、旗艦の伊七が中央北方よりに配備した。第一潜水部隊の四隻は第二潜水部隊の北方に位置し一列散開をとった。オアフ島の真珠湾口は南面しており、湾口を取り囲むように逆扇形に特別攻撃隊の五隻が配備され、その南側を第三潜水部隊の主力七隻が包囲、旗艦伊八と伊七四の二隻は主力の西側に位置した。この二五隻のほかに、要地偵察隊として伊一〇と伊二六の二隻が参加しているので、ハワイ方面敵艦隊監視邀撃を任務とする潜水艦部隊の総戦力は二七隻であった。他に第一潜水戦隊の三隻（伊号一九、二一、二三）は第一航空艦隊の指揮下にあって前路掃航索敵の任についていた。

ハ、日本潜水艦部隊の索敵攻撃

ハワイ攻撃作戦における潜水部隊二七隻の任務は、包囲配備についたのち真珠湾内にある敵艦隊の監視哨戒配備につき、航空部隊の攻撃に撃ちもらされて脱出する敵艦隊を殲滅する任務を課せられ、また不時着搭乗員の救助等の役割を命ぜられた。

更に米主力艦隊が真珠湾に全部いるのか、或いはラハイナ泊地（ラナイ島北側）に在泊しているのかが航空奇襲の成否を左右する大きな問題であったので、第三潜水艦隊の二艦がラハイナ泊地の偵察を敢行することに指定された。

そこで第二〇潜水隊司令・大竹大佐の指揮する伊七三潜と伊七一潜がこの危険な任務につき、一二月七日、両艦から相次いで「敵艦隊在泊せず」の報告がなされた。

ⓐ　真珠湾攻撃直前の米空母の動向

先遣部隊進出計画

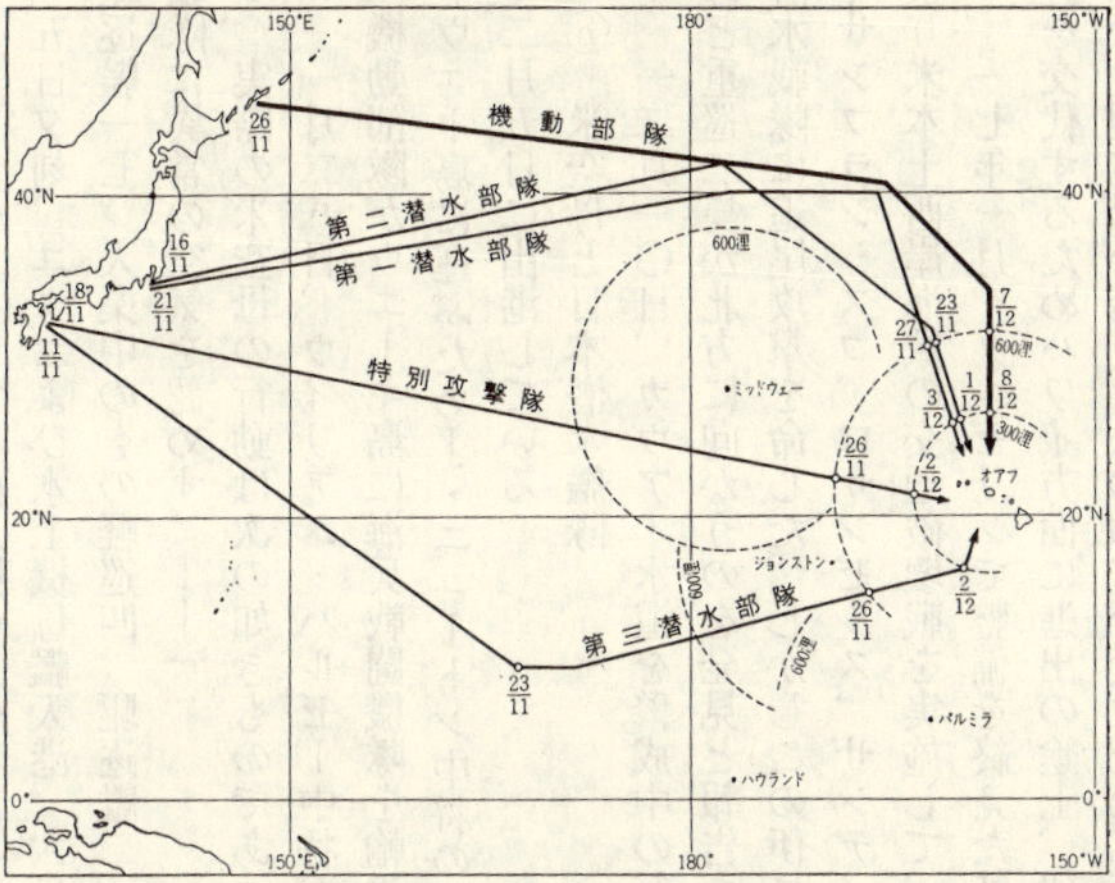

X－1日潜水艦配備

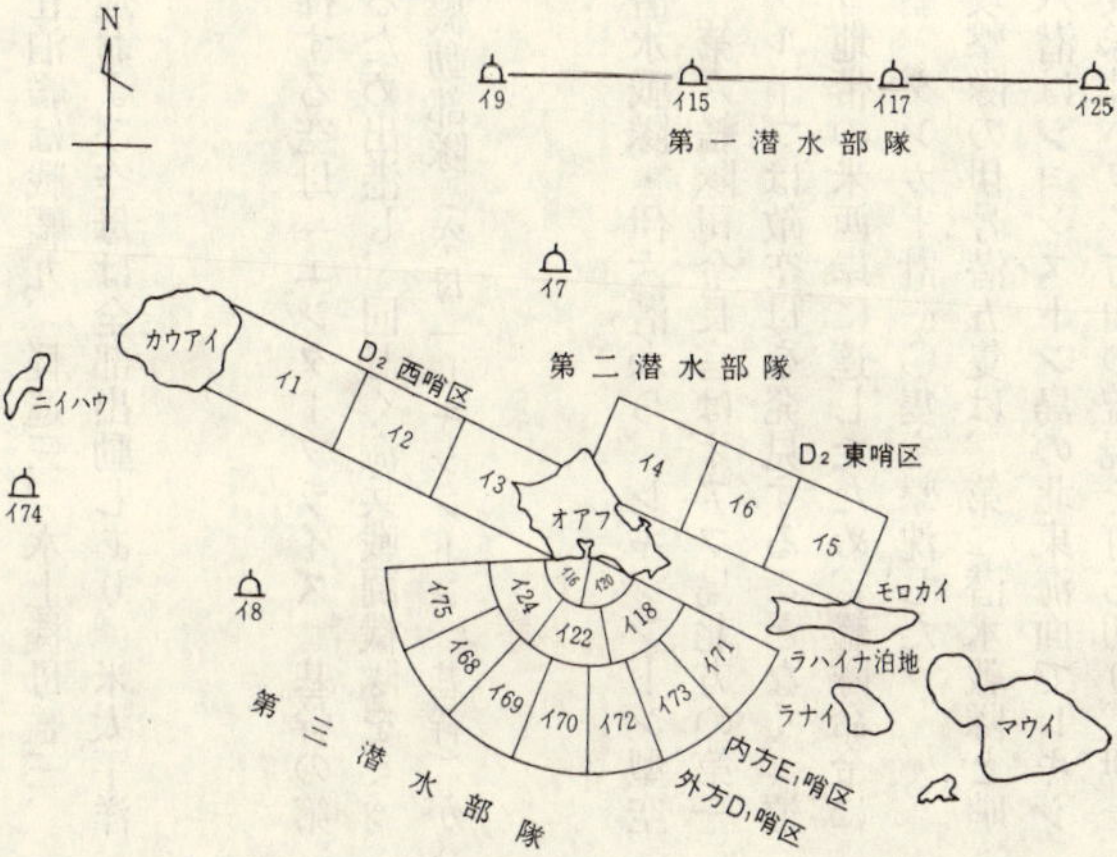

＊一二月七日、南雲機動部隊の通信参謀は東京からの最後の情報電報を受信した。
「五日夕刻、ユタおよび水上機母艦入港。六日の在泊艦は戦艦九、軽巡三、水上機母艦三、駆逐艦一七。入渠中のもの軽巡四、駆逐艦二。重巡および空母は全部出動しあり。米太平洋艦隊に異常の空気を認めず。――」
＊実際の米空母の行動は次の如きものであった。
一一月二八日、ウィリアム・ハルゼー中将が指揮する空母「エンタープライズ」基幹の第八機動部隊がウエーキ島に海兵戦闘機隊を輸送するため出港し、同じく海兵戦闘機隊をミッドウェー島に運ぶためJ・ニュートン中将の第三機動部隊（空母「レキシントン」基幹）が一二月五日に出港している。

ⓑ　米空母と日本潜水艦隊

＊一二月一〇日、カウアイ水道を警戒中の第二潜水戦隊・伊六潜から、レキシントン型空母と重巡二隻が北方に向かうのを発見と報告あり。第六艦隊司令長官はオアフ島北方の第一潜水戦隊に追尾攻撃を命じた。しかしこの伊号潜グループは敵空母を発見することなく、遠くサンフランシスコ、ロサンゼルス、サンディエゴ地帯の米西岸に達したため、艦隊命令により米本土西岸海域の交通破壊戦を実施して、商船、タンカー計一〇隻を撃沈した。
＊一七年一月、クェゼリンで整備を終えた特別攻撃隊の伊号潜五隻は、第二潜水戦隊と哨区を交代するためハワイ方面に進出の途上、伊一八潜はジョンストン島の北東海面でレキシントン型空母を発見。この報告を受けた第二潜水戦隊はハワイ方面の監視を打ち切り、伊一

八潜に策応して敵空母の索敵攻撃に向かった。

一月一一日、遂に伊六潜が米大型空母サラトガ（三万六〇〇〇トン、三四ノット九〇機搭載）を襲撃、修理に数ヵ月を要する大損害を与えた。

二、ハワイ作戦の戦果と南雲機動部隊長官の責任

日本側の戦果は空母艦載機によるもので、特殊潜航艇による戦果の確認はない。

＊艦船の部。

［撃沈］戦艦（アリゾナ、カリフォルニア、オクラホマ、ウエスト・バージニア、ネバダ）の五隻。軽巡一隻、機雷敷設艦一隻、標的艦（旧式戦艦）一隻

［大破］軽巡一隻、駆逐艦一隻、工作艦一隻

［中破］戦艦（テネシー、メリーランド）の二隻、水上機母艦一隻

［小破］戦艦（ペンシルバニア）、重巡一隻、軽巡一隻、水雷母艦一隻

＊航空機の部。海軍機　喪失一二三機、使用不能一五〇機　計二七三機

陸軍機　喪失六五機、使用不能一四一機　計二〇六機　合計四七九機

＊人員　戦死・戦傷死・行方不明——二四〇五人

負傷　　　　　　　　——一六二七人

◇日本側の損害　航空機二九機、特殊潜航艇五隻

人員　戦死　搭乗員　五五人　特潜乗組員　九人　計六四人

なお戦艦の撃沈のうち、完全な沈没は「アリゾナ」「オクラホマ」の二隻であり、「ネバ

ダ」は自力で海岸に乗り上げている。海底に沈座した「カリフォルニア」と「ウエスト・バージニア」は後日引き揚げられて改造の上、レイテ湾海戦のあった一九四四年一〇月二四日、スリガオ海峡を突破しようとする西村艦隊の戦艦「山城」「扶桑」を撃沈した米戦艦部隊に、「メリーランド」「ペンシルバニア」「テネシー」とともに参加している。

空襲部隊総飛行隊長の淵田美津雄中佐は、第一次・第二次攻撃隊が帰還した後も、単機オアフ島上空に残って戦果の確認を行い「赤城」に帰投した。

機動部隊参謀長・草鹿龍之介少将

「総飛行隊長、第二波攻撃の目標はどこか?」

淵田中佐

「工廠、重油タンク、陸軍の軍事施設、発電所など、目標はいくらでもあります。それに敵艦船を撃沈したといっても、真珠湾は水深がありませんから、サルベージがすぐに引き揚げてしまうでしょう。ですから、造艦所と修理施設を第一の攻撃目標とすべきです」

南雲機動部隊の反覆攻撃については、「機密機動部隊命令作第三号」で次の如く記されている。「敵基地航空兵力殲滅戦順調に経過せば、ただちに反覆攻撃を加え、決定的戦果を獲得す。また、敵の有力なる出撃部隊ある場合は、攻撃を之に指向するを例とす」しかし数時間後に、南雲機動部隊は一斉に艦首を転じ帰途についた。南雲中将には第二波攻撃をかける意志がなかったのである。この消極的な司令長官は、第二波の攻撃による損害と、所在不明の米空母の反撃を恐れたのである。

南雲機動部隊が帰途についたとの報に、広島湾にいた旗艦「長門」の連合艦隊司令部では参謀達が激昂し、第二波攻撃の下令を山本長官に迫った。山本長官は、「南雲君は気の弱い男だ。アメリカ空母をやれなかったので不安なのだろう。やらないものは遠くから尻を叩いてもやりゃしない」と命令に同意しなかった。

山本大将の作戦目的は、第二波攻撃はもちろん、第三波、第四波と嵩にかかってハワイを攻撃し、アメリカ陸海軍のハワイ基地を徹底的に粉砕することであった。信念の固い山本大将にしては、この処置はいかにも不徹底の誹りを免れない。日本に引き返しはじめた南雲機動部隊に、連合艦隊司令部から電命がとどいた。「機動部隊は帰路状況の許す限り、〈ミッドウェー〉島を空襲し、之が再度使用を不可能ならしむる如く徹底的破壊に努むべし」

南雲は天候不良の理由でこの電命を無視した。連合艦隊司令部の電命に従ってミッドウェー島を徹底破壊しておけば、半年後の一九四二年六月、ミッドウェー作戦の大失敗は起こらなくて済んだのである。

真珠湾奇襲から一〇日後の一二月一七日、米太平洋艦隊司令長官キンメル大将は、一方的に真珠湾被害の責任を問われて解任され、後任に少将から大将に特進した、チェスター・ニミッツ提督が就任した。しかし、南雲機動部隊司令長官の責任は不問に付されたままであった。

なお、真珠湾攻撃に参加した日本潜水艦の、その直後の行動は次の通りである。

伊一　四一・一二・三〇　ハワイを砲撃。
三　〃・〃・九　〃　〃

四 〃・〃・一五 〃 〃
六 四二・一・一一 ハワイ沖で空母「サラトガ」を雷撃、大破。
伊一七 四二・二・二四 ロサンゼルス北方サンタバーバラの油田を砲撃。
二二 四一・一二・一六 ジョンストン島を砲撃。
二四 四二・一・下旬 ミッドウェー島を砲撃。
二六 〃・二・下旬 飛行艇によるハワイ奇襲に協力。
伊六八 四一・一二・下旬 ジョンストン島を砲撃。
六九 四二・一・二五 ミッドウェー島を砲撃。
〃 〃・二・上旬 サンド島を砲撃。
[伊七〇] 四一・一二・九 真珠湾沖において、空母エンタープライズ機の攻撃を受け沈没。

＊ 潜水艦運用に関する評価

大本営海軍部作戦課長の山本親雄少将は「太平洋戦争で一番予期に反したのは、我が潜水艦の不振な戦績であった」と指摘しているが、真珠湾作戦から帰投した潜水隊司令や潜水艦長たちは、次のような意見を出している。

「真珠湾のような防備の整備された警戒厳重な港湾に対する封鎖作戦は、潜水艦をもってしては不可能である。敵の対潜防禦艦艇や哨戒飛行機のために絶えず制圧され通しで、たまに目標を発見しても、我が攻撃に先んじて逆に反撃され、攻撃の機会を得られない。潜水艦は所詮、商船攻撃兵器で交通破壊戦に主用すべきだ」と。

三、南方進攻作戦

①南方作戦担当各隊の編成

開戦と同時に、マレー、フィリピン、ジャワ、スマトラ等、南方各方面を担当した艦隊の編成概要は次のとおりである。

◎南方部隊（司令長官・近藤信竹中将）

イ、主隊（長官直率）

戦艦「金剛」「榛名」。重巡「愛宕」「高雄」。駆逐艦一〇隻。

ロ、マレー部隊（司令長官・小沢治三郎中将）

＊主隊　重巡「鳥海」。駆逐艦一隻。

＊護衛隊　重巡「最上」「三隈」「鈴谷」「熊野」。

軽巡「川内」。駆逐艦一四隻。練習巡洋艦「香椎」。海防艦一隻。

＊監視攻撃隊　軽巡「鬼怒」「由良」。

潜水艦　伊五三、五四、五五、五六、五七、五八、五九、六〇、伊六二、

六四、六五、六六、一二一、一二二、呂三三、三四　以上一六隻。

水雷艇一隻。

＊航空隊　第一、第二航空部隊（元山、美幌、鹿屋、高雄、台南の各隊の一部）
ハ、比島部隊（司令長官・高橋伊望中将）
＊重巡「足柄」「摩耶」「那智」「羽黒」「妙高」
軽巡「球磨」「名取」「那珂」「長良」「神通」
空母「龍驤」。改装空母「千歳」。水上機母艦「瑞穂」
駆逐艦三一隻。水雷艇五隻。特務艦三隻。
＊航空隊　第一、第三、鹿屋、台南、高雄各隊の一部。

②　マレー沖海戦

一九四一年一二月八日、シンガポールを偵察した偵察機は「湾内に戦艦二隻在泊中」と報告してきた。この戦艦がプリンス・オブ・ウエルズとレパルスであった。英東洋艦隊司令長官フィリップス中将は、日本軍のシンゴラ、コタバル上陸の報により、同日午後六時五分、戦艦二隻と駆逐艦四隻を率いてシンガポールを出港した。

翌九日午後三時一五分、仏印の最南端から南南東約二二五海里で哨戒中の伊六五潜水艦が、レパルス型一隻を含む二隻の英戦艦が北方へ航行中であることを発見したが、視界が悪く、その艦隊の全貌を知ることは出来なかった。

マレー部隊指揮官小沢中将は、敵戦艦二隻発見の報により揚陸中の輸送船団を避退させ、第一航空部隊に索敵攻撃を命ずるとともに、第七戦隊及び付近にあった第四、第五潜水戦隊の旗艦鬼怒、由良を結集して夜戦を決意したが、南方部隊長官近藤中将より英艦隊の北方誘致命令を受け、英艦隊との接触に努めた。フィリップス中将は九日朝、マレー北部の英空軍基地が日本機の攻撃で壊滅し、艦隊の上空警戒不能との電報を受け、また九日夕刻に日本機三機に接触されたため、九日夜半シンガポールに向け艦隊を反転させ帰途についた。

しかし、帰途途中の一〇日午前一時半、日本軍がクワンタンに上陸中との情報を得てクワンタン沖の日本船団を攻撃することを決意し、同地に向けて進路を変更した。この英艦隊を伊五八潜水艦が、一〇日午前一時二〇分、クワンタンの東北東一七〇浬で南下中を発見し雷撃したが命中せず、水上追跡をしたが午前六時一五分に英艦隊を見失った。

一〇日午前六時二五分、第一航空部隊松永少将は索敵機九機を発進させた。次いで元山空陸攻二七機、鹿屋空陸攻二七機、美幌空陸攻三三機の計八七機の陸上攻撃機が英艦隊を求めて出撃した。

早朝発進した索敵機が午前一一時四五分、英艦隊を発見し接触を開始した。この報告により逐次英艦隊の上空に到着した攻撃隊は、午後〇時四五分より攻撃に移り猛烈な防御砲火を冒し編隊爆撃と雷撃を敢行した。約一時間半の攻撃により「プリンス・オブ・ウエルズ」に爆弾二発、魚雷七本命中（英側資料では爆弾一発、魚雷六本）、「レパルス」に爆弾一発、魚雷一三本命中（英側資料では爆弾一発、魚雷五本）し、「レパルス」は午後二時三分に転覆沈没、次いで午後二時五〇分「プリンス・オブ・ウエルズ」が大爆発を起こして沈んだ。英東洋艦隊司令長官のフィリップス中将とリーチ艦長は、退艦を断って艦と運命をともにした。英戦艦二隻の戦死者八四〇人に対し、日本軍の損害は対空砲火による陸攻三機とその搭乗員計二一名であった。

マレー沖海戦の勝利は何といっても海空一体の索敵行動である。まず九日午後三時一五分に英戦艦を発見した伊六五潜水艦と、一〇日午前一時二〇分に発見追跡した伊五八潜水艦の功績は大きい。

南方作戦では、連合艦隊直属の第四潜水戦隊（伊五三〜五八）の六隻と、第五潜水戦隊（伊六二、六四、六五、六六）の四隻、計一〇隻が待機地点であった海南島の三亜を出撃し、開戦時にはマレー半島の東方洋上に散開線をはり、我が陸軍部隊の援護並びに付近海面の哨戒、敵艦艇の攻撃任務に従事した。

また、第六潜水戦隊から一時編入されていた機雷敷設潜水艦二隻をもって、隠密裡にシンガポール沖に機雷を敷設した。

しかしこのマレー沖海戦で、「英戦艦発見」の報に接し全潜水艦をもって追尾を敢行したが、これを攻撃する機会を得なかったのは残念であった。

㊟「プリンス・オブ・ウエルズ」

「キング・ジョージ五世」型の新戦艦、排水量三万六七二七トン、速力二九・二五ノット、一四インチ砲一〇門、五・二五インチ砲一六門

「レパルス」一九一六年進水の旧式巡洋戦艦、排水量三万二〇〇〇トン、速力二八・五ノット、一五インチ砲　六門

③　蘭印攻略をめぐる海戦

日本にとって太平洋戦争開戦の直接目標が、蘭印の占領、即ち石油獲得にあった。この蘭印占領のために一方でマレー・シンガポールの攻略があり、もう一方がフィリピンの制圧であった。日本軍は昭和一七年一月二日マニラに入城し、二月一五日にはシンガポールが陥落した。これにともないフィリピンの米アジア艦隊（司令長官ウィリアム・ハート大将）は蘭領東インド諸島に後退していた。

ジャワ島の面積は日本本土の三分の一、人口は五〇〇〇万人。オランダ総督府はじめ政治経済文化の中心であり、また防衛兵力もオランダのテルプールテン中将指揮の下、オランダ軍二万五〇〇〇、イギリス軍一万、豪州軍一万、米軍一〇〇〇、現地兵四万。数からいえば我が一六軍（軍司令官・今村中将）四万余の二倍であった。しかし指揮の統一性に欠け、独立を求めるインドネシア人は一致して日本軍に協力的であった。

また、連合軍の海軍部隊は、スラバヤ方面にフィリピン、ボルネオ、スマトラ等から遁走してきた米国アジア艦隊（重巡ヒューストン）、オランダ艦隊（軽巡デ・ロイテル・ジャワ）豪州艦隊（軽巡パース）、英艦隊（エクゼター）の五巡洋艦の他一〇数隻の駆逐艦、潜水艦、魚雷艇が行動し、米英豪の艦隊は機を見て豪州方面に脱出せんとしていた。

イ、外郭要地攻略に伴う海戦

日本軍のジャワ島攻略に先駆けて、「マカッサル海峡海戦」、「ジャワ沖海戦」「バリ島沖海戦」が行われた。

ⓐ「マカッサル海峡海戦」一月二四日。ボルネオ・バリックパパン東方海面。

日本軍輸送船団一五隻に米アジア艦隊の駆逐艦五隻が突入、輸送船四隻と哨戒艇の一隻を撃沈した。日本海軍の第四水雷戦隊（軽巡一、駆逐艦九）は泊地東方で潜水艦狩りを実施中で、敵駆逐艦の襲撃に気づかず不覚の一戦であった。

ⓑ「ジャワ沖海戦」二月四日。バリ島の北東方、マドゥラ海峡付近。

オランダのドールマン少将指揮下の連合軍艦隊（巡洋艦四、駆逐艦八）に対して、三七機の日本海軍爆撃機が攻撃し、米重巡ヒューストンは後部砲塔使用不能の大損害、軽巡は大破。オランダの軽巡デ・ロイテルも一時戦闘力を失って、ドールマン艦隊は後退した。日本機の損害は僅かに二機であった。

ⓒ「バリ島沖海戦」二月一九～二〇日。バリ島東方海面。

二月一八日夜半、日本陸軍はバリ島に上陸した。揚陸中の輸送船団に対し敵艦隊が来襲。巡洋艦三隻と駆逐艦七隻、魚雷艇七隻の連合軍艦隊に対し、日本は第二水雷戦隊の駆逐艦四隻で反撃、オランダ駆逐艦一隻撃沈、軽巡トロンプは大破遁走。日本の駆逐艦一隻は航行不能の損害を受けたが輸送船に損害はなく日本側の勝利。

ロ、ジャワ島上陸支援海戦

蘭印の最大拠点であるジャワ攻略戦は、二月二〇日以降、ボルネオ、セレベス、バリ島方面及びスマトラのパレンバンに展開した第一一航空艦隊（基地航空部隊）によって開始された。二月二七日にはジャワ南岸のチラチャップ沖で、ジャワ方面に向かっていた米水上機母艦ラングレー（一万一〇五〇トン）を撃沈した。

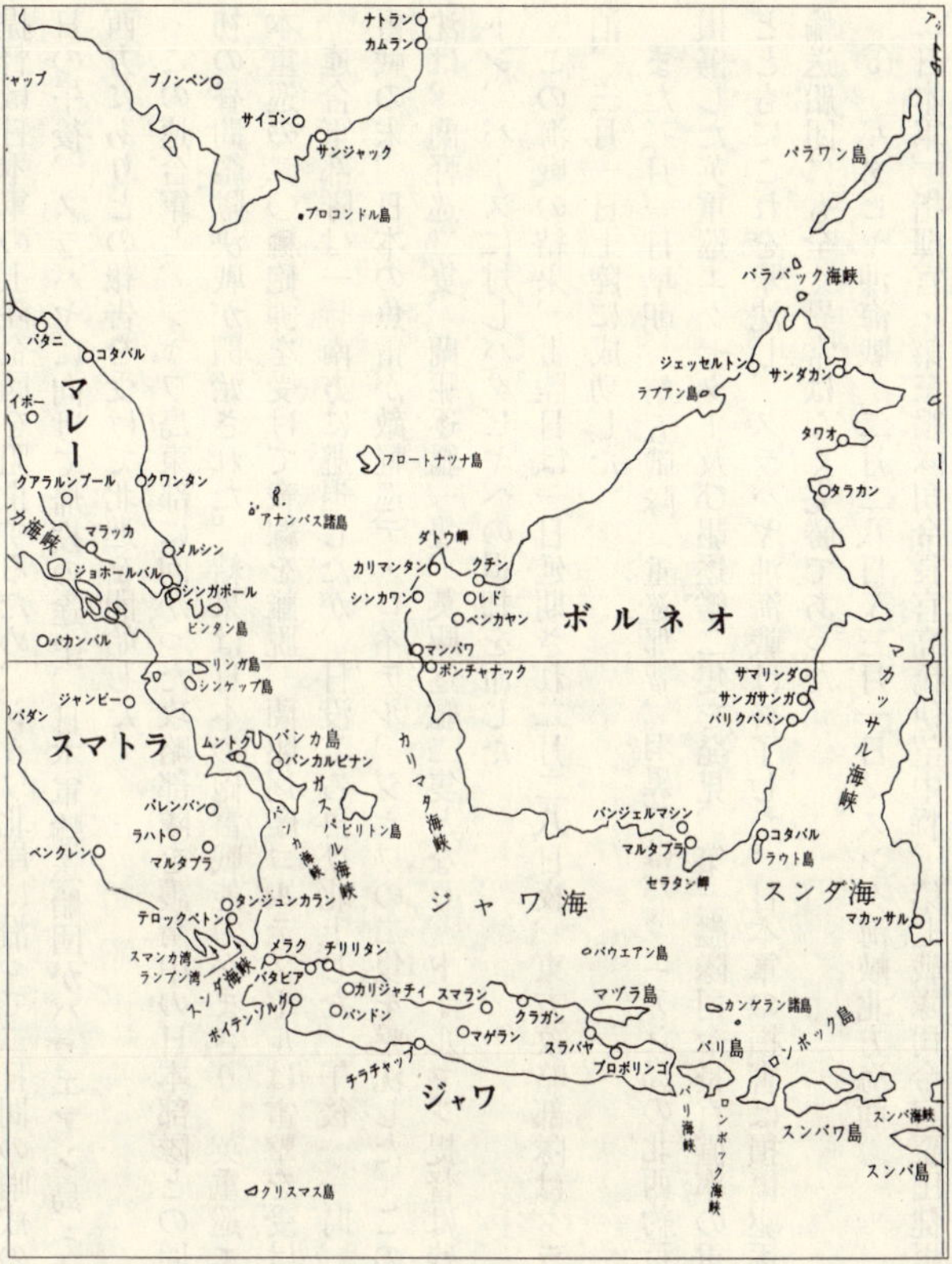

ⓐスラバヤ沖海戦　二月二七日。ジャワ島北方海面。［日本軍］指揮官・第五戦隊司令官高木武雄少将。重巡二、軽巡二、駆逐艦一四。［連合軍］指揮官・オランダ海軍少将ドールマン。重巡二、軽巡三、駆逐艦一〇。ドールマン

提督は日本軍の上陸企図を阻止するため、ジャワ北岸に沿って二日間の哨戒の後、二月二七日の午後、スラバヤに向けて帰投の途中、日本軍輸送船団がバウエアン島（スラバヤ北方）西方にありとの報告を受けて北進を開始した。

この連合軍と、ジャワ島東部に向かった攻略部隊を護衛中の日本部隊との間に、開戦以来初の昼間艦隊決戦が開始された。結果は日本の砲雷戦能力がまさり、英重巡エクゼターは日本重巡の二〇糎砲弾を受けて戦線を離脱、蘭駆逐艦コルテノールは雷撃を受けて沈没した。

連合軍部隊は一時南方に避退したが、日没ごろ再び北上した。午後一一時、二〇分間の砲雷戦の末、日本の魚雷が敵軽巡デ・ロイテル、ジャワの二隻を撃沈した。この海戦による撃沈は、蘭軽巡二隻、蘭駆逐艦一隻、英駆逐艦二隻となり、ドールマン提督は残存艦ヒューストン、パースに対しバタビヤへの退却を命じた。

この海戦の結果、上陸日は一日延期され二月二八日夜、東方攻略部隊はクラガン泊地に入泊、三月一日上陸に成功した。

また三月一日早朝、第五戦隊（重巡那智、羽黒）はバウエアン島の北西約百浬において、損傷した英重巡エクゼター及び駆逐艦二隻を発見、第三艦隊司令長官直率の重巡足柄、妙高とともにこれを撃沈し、スラバヤ沖海戦は終了した。日本軍の損害は損傷駆逐艦一隻のみで、輸送船団にも全く異常はなく完勝であった。

ⓑ　バタビヤ沖海戦　二月二八日～三月一日。スンダ海峡北方海面。

［日本軍］指揮官・第三艦隊司令長官高橋伊望中将、第七戦隊司令官栗田健男少将、第三水

雷戦隊司令官原顕三郎少将。
参加部隊・重巡七、軽巡二、駆逐艦一四、空母機二。
［連合軍］指揮官・ルックス大佐（ヒューストン艦長）、ゴードン大佐（エクゼター艦長）
参加部隊・重巡二、軽巡一、駆逐艦七。

二月二七日のスラバヤ沖海戦の結果、西方攻略部隊の上陸も一日延期された。そして輸送船五六隻を連ねた大船団は、今村第一六軍司令部と軍主力の第二師団を載せ、三月一日未明、重巡最上、三隈ほか第三艦隊の護衛を受けながら、ジャワ島西北端のバンタム湾に侵入した。

スンダ海峡を経てインド洋に脱出を図る米重巡ヒューストンと豪軽巡パースは、二八日の夕刻、プリオクを出港してスンダ海峡に向かう途中、バンタム湾を埋める日本の大輸送船団を発見した。

直ちに二艦は砲火を開いて輸送船団を攻撃したが、警戒中の第七戦隊（重巡最上・三隈）、軽巡名取、由良、駆逐艦八隻等が総反撃を加えた。ヒューストンとパースはそれぞれ魚雷四本ずつと無数の砲弾が命中して撃沈された。

日本軍の被害は掃海艇一隻と輸送船一隻が沈没、輸送船三隻大破。沈没輸送船には今村軍司令官が座乗しており、油の海を数時間泳いだという。

かくして、夜陰に乗じてバリ海峡を突破した米駆逐艦四隻をのぞく連合軍艦隊は、すべて一掃されてジャワ海の制海権は完全に日本軍のものとなった。

一方、ジャワ南方における機動部隊及び第二艦隊主力をもってする敵の退路遮断作戦は、スラバヤ、バタビヤ沖海戦に呼応し、三月一日から四日にわたり、ジャワ南岸のチラチャップ港から脱出する敵艦艇五隻及び輸送船一一隻を撃沈し、別に機動艦隊は三月五日、同港を空襲して輸送船一三隻を撃沈した。

かくて今村中将の率いる第一六軍は、東西よりジャワ要地を攻略し、三月九日、総督は降伏し、ここに作戦は完了した。

④ラバウル攻略

戦前の教育を受けた我々も、ニューギニアは世界第二の大きな島として習ったので承知しているが、ニューブリテン島のラバウルまでは知らなかった。

ニューブリテン島はソロモン諸島の西北端に位置し、その島の北東の端にある港がラバウルである。もともとこの島はドイツ領で、南太平洋における軍事拠点としていたが、第一次大戦後はオーストラリアに統治権が移っていた。

日本海軍のカロリン群島における有力基地であるトラック島から一三〇〇キロしか離れていないラバウルは、オーストラリア軍の飛行場や港湾施設も整備されている。更にラバウルは、ニューギニア東部やオーストラリアに至る要の位置にあり、ソロモン海や珊瑚海も望める格好の地でもあった。

遠く南太平洋に進出してラバウルを攻略することは、南東に出すぎるきらいはあったが、トラック基地の保全という海上防衛の立場からは、どうしてもラバウルを攻略しておく必要があった。

海軍航空部隊によるラバウル空襲は昭和一七年一月四日から開始され、真珠湾がえりの第一航空艦隊も参加してオーストラリア空軍を撃滅した。

上陸部隊である陸軍の南海支隊（堀井富太郎少将指揮、第五五師団所属・高知編成の歩兵第一四四連隊、山砲兵一大隊、工兵一中隊）は、一月一三日グァム島を出港して南下し、二二日夜半から上陸を開始、二三日午前中に豪州軍守備兵一四〇〇名を駆逐してラバウル市を占領。楠瀬大佐の主力は島内の索敵を続けて二月六日迄に逃走中の豪軍八三三名を捕虜にした。

また海軍の陸戦隊は、同島の中部南側海岸スルミに上陸して航空基地を設定し、同時にニューアイルランド島の要港カビエンを占領して飛行場を整備した。

かくして米豪軍が豪州を防衛し、あわせて日本へ反撃する場合の第一線基地となる要地を、敵の機先を制して攻略してしまったのである。

しかし日本軍にとっての戦略要点は、連合軍にとっても重要な戦略要点である。占領の翌一月二四日から早速夜間爆撃を受けた。敵機は豪軍の飛行艇でモレスビーを基地としていた。また二月二〇日にはソロモン群島北方海面からラバウルを奇襲せんとした米機動部隊（大型空母レキシントン基幹）を、陸攻一七機が攻撃したが一四機撃墜、二機大破の壊滅的損害を受けた。

これは米空母と最初の戦闘であり、準備の関係で護衛戦闘機なしの陸攻隊の攻撃とはいえ、日米海空軍戦力の格差を明確に証明した注目すべき戦闘と云えるだろう。そしてラバウル～ニューギニア～ソロモンを舞台にした航空消耗戦の開幕であった。

四、真珠湾以降におけるアメリカ軍の対応

米英蘭豪（ABDA）艦隊が自らの壊滅という大きな犠牲によって時をかせいでいたとき、他の方面の連合軍部隊は太平洋の交通線保持のため、米国から豪州への進出路上にある重要基地を強化し、次いで豪州における兵力の建設を必要とした。

米国は防勢には立っていたが、その戦略は守勢には程遠い積極的なものだった。敵を叩くには当分の間、潜水艦と、空母によらなければならなかったが、真珠湾惨敗の直後、空母「ヨークタウン」は大西洋から太平洋への進出を命ぜられ、その到着により米国の太平洋における空母は四隻となった。しかし「サラトガ」はオアフ島の南西五〇〇マイルで一月一一日、日本の伊六潜水艦の雷撃を受け自力で帰港することはできたが、重要な五ヵ月の間、修理のため作戦に参加することができなかった。

日本は四一年一二月初旬、英領ギルバート諸島を占領したので、真珠湾では日本がマーシャル・ギルバートの両諸島から、サモアに対して行動をとるかもしれないという大きな不安があった。したがってサモアに増援兵力が派遣され、二つの空母部隊が日本軍基地攻撃のために派遣された。二月一日フレッチャー海軍少将指揮の「ヨークタウン」隊が、ギルバート諸島北部のマキンとマーシャル諸島のヤルート、ミリを空襲し、ハルゼー海軍中将の「エンタープライズ」隊は更にマーシャル諸島に奥深く侵入して、ウォッゼ、マロエラップ、クェゼリンを攻撃した。

ラバウルからトラックに帰投したばかりの南雲空母部隊は、米空母艦隊を追いかけたが果たせなかった。クェゼリンの損害は絶大であり、日本は南雲部隊の「翔鶴」と「瑞鶴」空母二隻を分派して日本の勢力圏の防衛哨戒に当たらせたので、強力な空母部隊の三分の一がこの目的のために釘づけされた。

二月中旬、シンガポールが陥落した当時、米豪両国政府は日本軍がラバウルから進撃して、ニューカレドニアとニューヘブライズを攻撃するかもしれない、と心配していた。そこでブラウン中将の空母「レキシントン」部隊は、臨時にリーリィ提督のアンザック（豪州・ニュージーランド）部隊に編入され、ラバウルを攻撃することとなった。しかし二月二〇日、ラバウルに向けて近接中、同部隊は日本軍機の攻撃を受け、奇襲の目的を達成できなくなりブラウン提督は攻撃を断念した。

二月二四日、ハルゼー提督は空母「エンタープライズ」部隊の飛行機をもって、ウェークを、次いで東京から一〇〇〇マイル足らずの南鳥島を攻撃した。

この南鳥島に対する攻撃までに、連合軍海軍部隊はすでにジャワを放棄していた。ポートモレスビーを含むニューギニアの要地、及びソロモン諸島南部のツラギに対する日本の爆撃は、更に南方または南東方への進撃の前兆と思われた。このような日本の行動を抑えるため、ブラウン提督は空母「レキシントン」と「ヨークタウン」を基幹とする兵力をもって、日本軍の重要基地ラバウルに対し改めて攻撃を加えることとなった。しかし、日本軍が三月八日、ニューギニアの北岸ラエ、サラモアに対し上陸したという報告は、ブラウン部隊の攻撃目標をこれら地点に変更させることになった。ニューギニアの南方海上から発進した空母機は、オーエン・スタンレー山脈を越えて奇襲に成功し、まだ停泊していた日本軍船舶を攻撃、相当の損害を与えた。

一月中旬、タイからビルマに侵入した日本軍は、三月上旬迄に南部ビルマの要衝首都ラングーンを攻略し、英軍は北部ビルマから印度へ後退のやむなきに至った。

三月後半、日本は印度を脅威する位置にあるアンダマン諸島を占領し、日本の作戦線の左側を防衛した。次いで、ビルマに至る日本の海上交通線を二重に確保するため、日本軍は印度洋における英軍部隊を攻撃すべく、南雲機動部隊を派遣するにいたった。

以上が真珠湾以降の米機動部隊の行動と対応に追われた日本海軍の動きである。日本軍は、太平洋の第一線基地を完全に哨戒できる兵力を配備出来なかったことを暴露した。同時に、出現する米空母を探索する部隊が連絡し合う大量の無線交信は、米通信諜報班に傍受され、個々の艦と基地の呼出符号、地点略語の解明、判読を容易にした。

その他考えさせられる事項を取り上げると次の通りである。

ⓐ 真珠湾で戦艦部隊が全滅的被害を受けたにかかわらず、三隻の空母（ヨークタウン、エンタープライズ、レキシントン）をフルに運用して、太平洋狭しとばかり活動させた米軍指揮官の対応能力は、日本海軍指揮官を明らかに凌駕している。

ⓑ 日本が第二段作戦の妥協案として計画したFS作戦などは、米側は開戦直後から予測しており、四二年二月一日のギルバート、マーシャルに対する空母部隊の攻撃行動となって

いた。ミッドウェー敗戦のため、結果的にFS作戦は中止となったが、もし実施していたら、ソロモン諸島より更に一〇〇〇キロも東南の遠隔地であり、米豪の勢力圏内でもあるから、結末は惨敗以外のなにものでもなかったであろうと思われる。

ⓒ ブラウン部隊（空母レキシントン・ヨークタウン）によるニューギニア北岸のラエ、サラモアに対する空襲は、輸送船の撃沈と揚陸した軍需品の大部分を失うという大損害で、米空母艦隊の出現が、海路による日本のモレスビー攻略を断念させ、陸路の攻略に転換させた結果、ガ島とともに「地獄の戦場」といわれ、一二万七六〇〇人の戦没者を出したニューギニア作戦の端緒を作った点から考えて、極めて大きな意義を持つ米側の作戦行動であったといえる。

五、インド洋作戦──第一段作戦の締め括り

この作戦は日本海軍の一方的な勝利であったが、空母中心の機動部隊運用に関する多くの問題を含んでいるので特にふれておきたい。

＊作戦目的

陸軍のビルマ作戦を支援、イギリス東洋艦隊の撃滅。インドに退却した英印軍ビルマ反攻のための英本国からの補給遮断。

＊日本艦隊

南雲機動部隊　空母「赤城・蒼竜・飛竜・瑞鶴・翔鶴」

戦艦「比叡・霧島・榛名」
重巡「利根・筑摩」　軽巡一隻　駆逐艦八隻

＊英東洋艦隊（ジェームス・ソマービル大将）
空母三隻「インドミタブル・フォーミダブル・ハーミス」
戦艦五隻「ウォースパイト・リゾリューション・ラミリーズ・リヴェンジ・ロイヤルソブリン」
重巡二隻「コーンウォール・ドーセットシャー」
軽巡六隻（内二隻はオランダ海軍）　駆逐艦十五隻

南雲部隊の構想は、まず東洋艦隊の根拠地セイロン島（現スリランカ）を空襲、迎撃に出てくるであろう英東洋艦隊を撃滅する。これは二ヵ月後のミッドウェー作戦と同様、基地と敵艦隊を同時に攻撃するという二兎を追う構想であった点を注目したい。

マレー沖海戦で戦死したフィリップス提督の後任として三月末セイロンに着任したソマービル提督は、着任直後、日本軍が四月一日頃セイロンを攻撃するであろうという警報に接した。提督は直ちに部隊に対してセイロン南方に集結を命じ、夜間攻撃で日本艦隊に損害を与えることを考えた。しかし三日間にわたって捜索したが日本艦隊は現れない。

そこで提督は、重巡「ドーセットシャー」をコロンボに分派して修理させ、また「コーンウォール」の方は四月八日にコロンボ到着予定の豪州輸送船団の護衛に従事させた。さらに軽空母「ハーミス」と駆逐艦一隻をツリンコマリーに送って、仏領マダガスカル島攻略の準

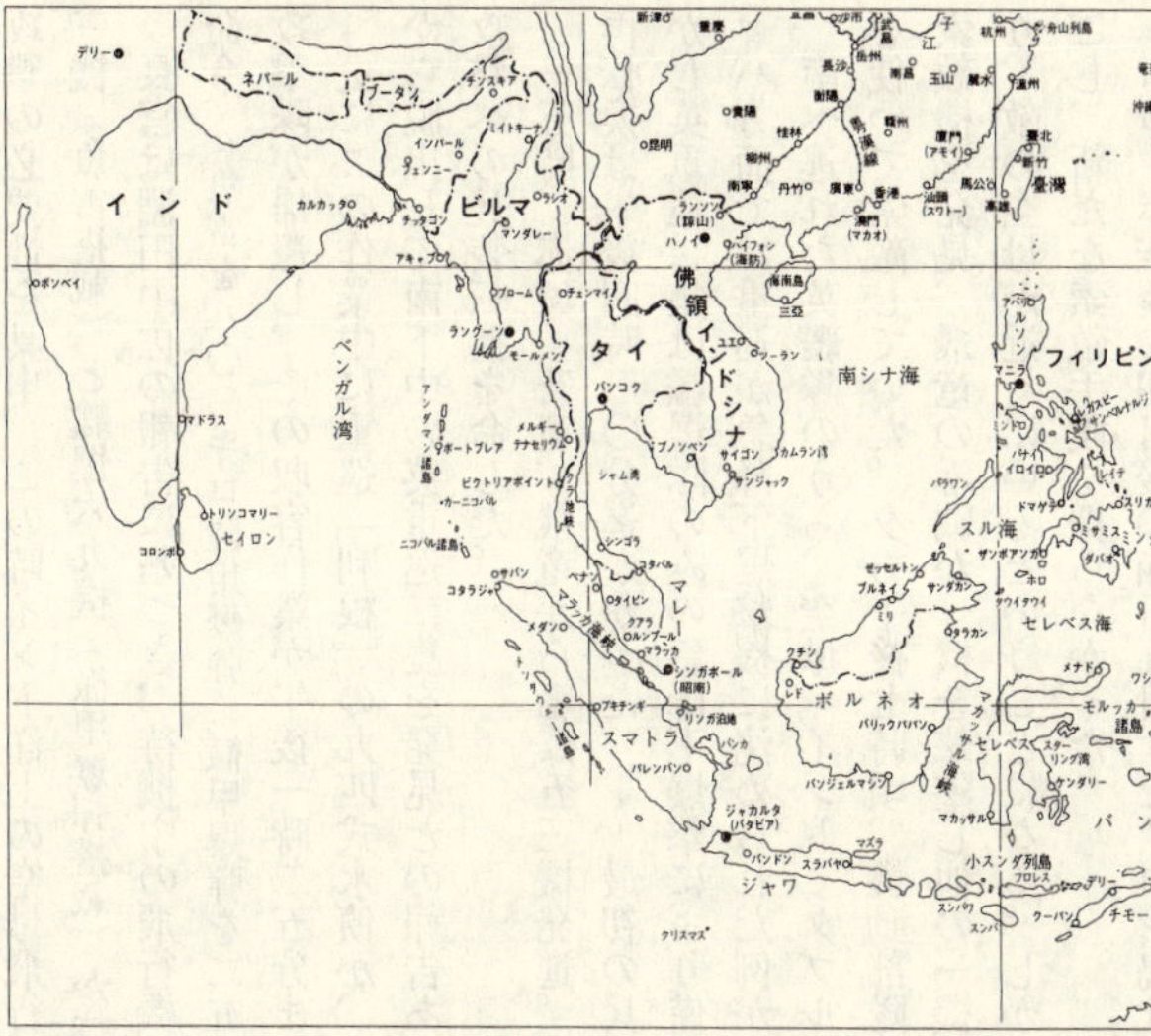

備をさせた。残りの艦隊を率いた提督は、セイロン南西約一〇〇〇キロにあるモルジブ諸島南端の秘密基地アッヅ環礁に後退した。

＊戦闘の推移

四月四日朝、南雲艦隊はセイロン島五〇〇マイルに接近。一〇時カタリナ飛行艇一機が南雲艦隊に接触。

四月五日朝、日の出前三〇分にセイロン南方二〇〇マイルから、第一次攻撃隊艦爆三八機、艦攻五四機、戦闘三六機、計一二八機が発進して飛行場、港湾、鉄道を爆撃した。英戦闘機四二機（スピットファイヤー、ホーカーハリケーン）と零戦三六機の空戦で、英側喪失一九機、日本側喪失一機。

一一時一八分、第一次攻撃隊総指揮官淵田中佐は南雲長官に対し、第二次

攻撃の必要性を具申。この時インド洋上の空母飛行甲板では、英艦隊の出現に備えて艦攻六三機（魚雷搭載）と艦爆六九機（徹甲爆弾搭載）が待機中であった。長官は淵田中佐の報告に基づき、待機中の飛行機を陸上攻撃に変更するための兵装転換を命令。（魚雷を八〇〇キロ陸用爆弾に徹甲爆弾を二五〇キロ陸用爆弾へ）この作業中に第一次攻撃隊が帰還し、その収容作業が午後一時二五分まで続く。

更にこの作業中に重巡「利根」の九四式水偵が、コロンボ南西四八〇キロ地点でコロンボから脱出して南下中の英重巡二隻を発見との報告あり。この水偵報告で南雲長官は再度艦船攻撃への兵装転換を命じた。

一五時、赤城、蒼竜、飛竜から艦爆五三機発進。そして艦攻隊の「魚雷―爆弾―魚雷」の再転換は午後四時三〇分迄かかった。――最初の兵装転換命令から四時間四〇分である。しかし英重巡二隻は艦爆隊のみの急降下爆撃により僅か二〇分で撃沈、命中率八八％、ヨーロッパ方面では重巡が急降下爆撃機に沈められた例が皆無であった。

南へ逃れた英艦隊のうち、空母「インドミタブル」がフェアリー・アルバコア複葉雷撃機を使って索敵していた。夕方午後七時頃、機動部隊の側面海上を哨戒していた駆逐艦がこの索敵機を発見、飛竜の零戦が一機を撃墜し他の一機は逃したが、これは明らかに艦載機であり、敵の空母が近くにいるということになる。しかし、司令部の幕僚たちはこの事実を見過ごし、新たな索敵手段を採らなかった。

コロンボ空襲の四日後の四月九日、セイロン島北東岸のツリンコマリー空襲のため、セイロン島の東四〇〇浬から艦攻九一機、零戦四一機が発進した。この日の英軍の防空は迅速であり、迎撃のハリケーン戦闘機との空戦の結果は、英軍の損害三九機に対し我が損害は零戦三機、艦攻一機であった。

攻撃隊は航空基地や海軍工廠に対する爆撃で大損害を与えたが、戦艦「榛名」から発進した水偵が英艦隊を発見、日本空母の南南西一五五浬の位置を軽空母の「ハーミス」と駆逐艦三隻が逃走中と報告。直ちに南雲部隊は艦爆八五機と零戦六機が発進し、午後一時半に攻撃隊は「ハーミス」を発見し、攻撃開始後二〇分で撃沈、命中率八二％という成績であったが、これは日本海軍が初めて空母を撃沈した歴史的瞬間であった。

その頃日本空母の飛行甲板では、ツリンコマリーに対する第二次攻撃のため、燃料や爆弾の補給に忙殺されていた。そのとき「赤城」の艦首左右に水柱が上り爆発音がした。英空軍のブリストル・ブレニム重爆九機である。日本軍の攻撃隊が「ハーミス」に取りついたころ、このブレニム隊も南雲機動部隊の上空に到達、「赤城」を奇襲したのであった。しかし鈍速の重爆では高速の空母に爆弾を命中させることは困難である。上空直衛の零戦に追撃され五機が撃墜されたが、全くの不意討ちで、爆弾の水柱が上がるまで「赤城」の対空砲火は一発も発射されなかったという無様さである。攻撃準備に忙殺されている場合の空母は、特に対空警戒が必要であり、もし爆弾が命中して複数の空母に大損害を被れば、せっかくの戦果は台なしとなり、南雲機動部隊の印度洋作戦は失敗となるところであった。

☆インド洋作戦の評価

①　作戦開始前にセイロン島に対する戦略偵察を実施したか？
コロンボには強力な英戦闘機スピットファイヤー（独空軍のメッサーシュミット一〇九戦闘機を制して英本土を守り抜いた名戦闘機）も配備されていたから、空母艦載機による偵察は無理であったろうと思われる。

しかし、ビルマ攻略の陸軍部隊は、一五軍隷下の三三師団が一七年三月八日朝、歩兵二個連隊で首都ラングーンに突入し、東洋一といわれるミンガラドン飛行場を確保していたから、ここを基地とした陸軍第五飛行集団の百式新司令部偵察機（最高時速六〇四キロで当時世界最高水準）の協力を得れば、英東洋艦隊の動向を把握できたのではないかと考えられる。
②　インド洋に進入してからの作戦中の索敵は十分であったか？
日本海軍は鈍速の水上偵察機（九四式二号水偵で一四九ノット＝二七二キロ）を専ら索敵に使用しているが、九七艦攻（三号型で二〇四ノット＝三七二キロ）でも十分可能だろう。

本作戦で英空母は複葉の雷撃機アルバコアを索敵に使用している。

日本海軍では艦上偵察機の開発が遅れ、昭和六年採用の九〇式（一二六七キロ）から、昭和一九年採用の彩雲（三二九ノット＝六〇〇キロ）まで無かったのは、作戦指導部の索敵に関する意識の低さを証明している。
③　要地攻撃と艦隊撃滅の二つの目的達成は容易か？
敵艦隊は常にその基地周辺を行動しているとは限らないから、長距離偵察実施は避けられないが、空母艦隊自身の戦術的対応としては、五隻の空母があれば、これを二隻と三隻に任

務を分担させ、甲班の飛行機が要地攻撃に行っている間に乙班は艦船攻撃の準備を完了して索敵を強化している方が、戦法として常識的であり堅実と思われる。

兵装転換の問題も、これによって概ね解決出来るのではないかと判断される。

④　空母中心の南雲艦隊と重巡中心の小沢艦隊の統合運用は出来なかったか？

マレー部隊（小沢治三郎中将指揮）の主力重巡五隻、軽巡一隻、駆逐艦若干、潜水艦七隻が、四月一日にタイ西岸のメルギーを出港してベンガル湾に侵入し、カルカッタ沖からセイロン島にかけてのインド東海域で交通破壊戦に従事、四月六日までに輸送船二一隻（約一三万五〇〇〇トン）を撃沈した。

しかしこの作戦は南雲部隊とは全く別の指揮系統（近藤中将指揮の南方部隊）によるものであり、セイロン作戦との整合性は見られなかった。この時期の最大目的は英東洋艦隊の激滅であり、何といっても新型空母二隻と戦艦五隻は無キズである。旧式戦艦とはいえ改装済であり、英軍の一五インチ砲計四〇門に対し、我が軍は一四インチ砲計二四門と劣勢である。高速の重巡五隻とマレー部隊の全潜水艦一六隻をインド洋に投入し、敵に先んじてその所在を発見して、昼間は母艦機で叩き、残敵は夜間の砲雷撃で殲滅するという念願の艦隊決戦が出現したのではないか。それが出来なかったのは日本海軍の建制第一主義によるものか、或いは連合艦隊司令部の机上戦術によるものだろうか、誠に残念な結果であったと言わねばならない。

参考までにハワイ作戦後の日米機動部隊の動きを表示すると以下のとおり。

年月	日本軍			アメリカ軍		
一六年一二月	二二日	ウェーキ占領	蒼竜・飛竜			
一七年一月	四日	ラバウル空襲	赤城・加賀・蒼竜・飛竜・翔鶴・瑞鶴			
	二一日	アンボン空襲	蒼竜・飛竜			
二月	一九日	ポートダーウィン空襲	赤城・加賀・蒼竜・飛竜	一日	マーシャル・ギルバート砲爆撃	エンタープライズ・ヨークタウン
	二〇日	チラチャップ空襲	同右 翔鶴・瑞鶴	二四日	ウェーキ砲爆撃	エンタープライズ
三月	七日	ラエ空襲	翔鶴・瑞鶴	四日	南鳥島空襲	エンタープライズ
				一〇日	ラエ・サラモア空襲	レキシントン・ヨークタウン
四月	五日～九日	インド洋セイロン空襲	赤城・蒼竜・飛竜・翔鶴・瑞鶴	一八日	東京空襲	ホーネット・エンタープライズ

六、第一段作戦の評価

① 真珠湾攻撃の評価と「トップ・マネジメント」の機能

やや大まかな評価基準として、攻撃目標の分類をⓐ戦艦、ⓑ航空母艦、ⓒ航空機及び飛行場施設、ⓓ石油タンク、海軍工廠等軍事施設——の四項目とし、各目標をほぼ撃滅した場合の配点を二五点とすれば、ⓑとⓓは無傷であるから次の如くなる。

ⓐ二五点、ⓑ〇点、ⓒ二五点、ⓓ〇点、　合計 五〇点。

一〇〇点満点の五〇点を、甲、乙、丙、丁で表すと「丙」であろう。即ち「落第」と評価されるものであり、この評価が絶対的とは勿論思わないが、考え方としては解りやすいと思う。

ⓓに手を付けなかったのは、第一義的には南雲機動部隊長官の責任であるが、あくまで実行を命令しなかった山本連合艦隊司令長官もその責めを免れない。

前述のとおり、南雲長官は真珠湾に対する第二波の攻撃による損害と、所在不明の米空母の反撃を恐れた。そして山本大将も「南雲君は気の弱い男だ。米空母をやれなかったので不安なのだろう」と是認した。

企業におけるトップ・マネジメントの機能の一つに「企業のあらゆる要職に適材を配置すること。それは各人が企業の全体計画の実現に十分貢献出来るようにするため」と云われている。山本大将は機動部隊長官の人事に関し、南雲中将が適任でないことを承知しながら人事当局の案をのみ、しかも第二次攻撃の回避によって米海軍の重要拠点を覆滅するという、日本海軍の全体計画の達成を著しく阻害したのである。

次に、ⓑの空母を補足出来なかったのは、諜報員の情報にのみ依存して潜水艦による積極的な自前の索敵を行わなかったためで、連合艦隊司令部の手抜かりといえる。二七隻の潜水艦隊の内地出発は機動部隊の攻撃に間に合う程度のものであり、米空母の所在を自ら突き止めるという意図が見られない。隠密裏に敵水上艦艇を索敵できる潜水艦の運用を忘れていた。

② ガラ空きの中部太平洋

一七年一月のラバウル攻略以降、豪北や蘭印方面にも南雲機動部隊の主力が出撃した結果、中部太平洋方面がガラ空きとなり、ハワイで撃ち漏らした米空母三隻にギルバート、マーシャル、ウエーキ、をはじめ南鳥島までも空襲された。日本海軍として特に南雲機動部隊として真珠湾後の第一目標は米空母であった筈であり、南方作戦に全空母を使用することなど、連合艦隊首脳は戦略目標の選定を過ったと云える。敵の弱い方面ばかりを叩き回って多少の戦果に驕り、戦訓の検討をしないまま第二段作戦に移行した――というのが一七年四月頃の日本海軍の実態であった。そして四月一八日に東京が米空母に空襲されるという大失態を招いてしまったのである。

第二章　日本海軍のバブル構想とその崩壊

一、第二段作戦構想と陸海軍の対立

昭和一七年四月二二日、第一航空艦隊（南雲機動部隊）はインド洋作戦を終えて日本に帰還した。修理のためインド洋作戦に不参加の空母・加賀を含み、真珠湾以来の歴戦の制式空母六隻が再び勢揃いした。

南雲機動部隊が南方海域からインド洋へと転戦していた一七年の初頭以来、内地では海軍軍令部、連合艦隊司令部、陸軍参謀本部の三者間で、第二段作戦をめぐる熱い論争が行われていた。

即ち、マレー、ボルネオ、ジャワ、スマトラという東南アジアの資源地帯を占領する第一段作戦が終了した後の第二段作戦をどう行うかについては、開戦前に十分な検討がなされておらず、昭和一七年に入って早急な方針決定を迫られていたのである。しかし第二段作戦の計画論議が進むに従い、軍部内に大きな意見の対立が表面化してきた。

①［連合艦隊］

短期決戦を意図する山本連合艦隊が、最も急進的ともいえる戦略思想であった。即ち、米国の戦意を喪失させる最も効果的なのが「ハワイ攻略」であり、その前哨戦としての「ミッドウェー攻略」であると主張。「攻略」とは「占領」のことである。

②［海軍軍令部］

同じ海軍でも軍令部は連合艦隊と意見を異にした。連合軍の反抗拠点になると予測される豪州に焦点をしぼり、北部豪州の攻略、米豪遮断のためのニューカレドニア、フィジー、サモアの攻略である。

ミッドウェー攻略は危険が大きく、占領後の維持が困難であり反対。ハワイ攻略に至っては距離、兵力、船舶の点から到底不可能とした。

③［陸軍参謀本部］

陸軍の意見は、豪州攻略には一二個師団、船舶一五〇万トンを要し、かかる遠距離の進攻は補給面からも不可能と反対した。但し、米豪遮断の必要性については理解を示した。

昭和一七年一月、日本海軍の重要基地トラック島の防衛をカバーするために、ニューブリテン島のラバウルを占領したことは前章で述べた。

ラバウルを占領すれば連鎖的に要求されるのが、この基地を確実に維持するために、ラバウルから七〇〇キロの距離にある東部ニューギニア南岸のポートモレスビーの占領であった。際限のない海軍の主張はポートモレスビー攻略を陸軍に迫った。

モレスビーは海上から攻撃すれば占領は可能であろうがその維持は容易ではないと陸軍は慎重であった。しかしラバウル占領の直後から、ポートモレスビーよりする連合空軍のラバウル空襲が開始され、結局、モレスビー作戦（ＭＯ作戦）は第二段作戦最初の作戦として決定された。

しかし山本連合艦隊長官は米空母部隊のことが念頭を離れなかった。サラトガは一月一一日にオアフ島南西五〇〇浬で伊六潜水艦の雷撃を受け、修理に数ヵ月を要する損傷を受けて戦列を離れているが、開戦時からの空母・レキシントン、エンタープライズのほか、大西洋から回航された空母・ヨークタウン、ホーネットの計四隻がいる。

山本大将は、「太平洋の全戦局を決定するのは米機動部隊の撃滅である。米豪遮断のフィジー、サモア海域は、ソロモン群島の更に一〇〇〇キロも南東で余りにも距離が遠い。ミッドウェー攻略によって米機動部隊をおびき出し、これを撃滅するのが最優先すべき方策」と強く主張していた。

開戦時のハワイ奇襲作戦の場合と同様、第二段作戦においても山本大将の強烈な個性が常に上級の軍令部をリードする感があり、丁度、満州事変における関東軍と参謀本部の関係に似ているように思える。

このような時にミッドウェー作戦の実施を決定づけたのが、四月一八日正午頃の東京空襲であった。この日ドウリットル中佐指揮の米陸軍Ｂ二五双発爆撃機一六機は、日本本土の東方五〇〇浬の沖合で空母・ホーネットを発進、一三機をもって京浜地方を、他の三機をもって名古屋、大阪、神戸を空襲した。

この日私は陸軍予科士官学校在学中で、重機関銃の実弾射撃訓練のために戸山ヶ原の射撃場（新大久保）に居た。突然の高射砲の射撃音で空を仰ぐと、新宿方向を超低空で南西に向かう見慣れない機影を見たが、これがB二五であった。

高射砲弾は米機の後上方で爆煙を上げており、空襲警報のサイレンは鳴らなかった。〈一体、帝都の防空体制はどうなっているのか？ なっとらん！〉と、当時の我々も憤慨したものであった。

この帝都空襲の衝撃により、軍令部や陸軍の猛反対にあっていたミッドウェー攻略作戦は、山本大将の主張どおり本決まりとなったのである。ハワイ奇襲作戦の時と同様、「この作戦が不許可であれば連合艦隊司令長官の職を辞す」と表明していた山本大将の責任の重大さを感じるのは筆者だけであろうか？

かつてのバブル期において、業容拡大を図るあまり融資の審査を甘くして不良債権の大量発生を招いた金融機関の姿が、遠距離攻勢一本やりの昭和の海軍と極めて類似性に富んでいるのに驚かされる。

二、第二段作戦における潜水艦用法

イ、第八潜水戦隊の編成と特殊潜航艇の要地攻撃

既に述べたとおり、連合艦隊における潜水艦部隊の編成は、大型潜水艦中心の第六艦隊が

あり、これは第一、第二、第三潜水戦隊の計三〇隻の伊号潜水艦で構成されていた。他に連合艦隊直属として第四潜水戦隊の八隻、第五潜水戦隊の七隻があり、また第三艦隊に第六潜水戦隊四隻、第四艦隊（内南洋部隊）に第七潜水戦隊九隻（呂号）、合計五八隻のうち一隻が開戦直後に事故で沈没したので、結局五七隻で開戦に臨んだのであった。

昭和一七年三月一〇日、第八潜水戦隊が編成され、特殊潜航艇の第二次攻撃が準備された。特潜は真珠湾攻撃時よりも種々の改善が実施されていた。即ち従来は母艦潜水艦の中との交通連絡はなく、発進前に潜水艦は一度浮上して搭乗員を特潜に乗せた後、再び潜航してこれを発進させていた。今回は交通筒が出来て潜航しながら艇への移乗が可能で、艇の整備も事前にでき発進時の浮上も必要がなくなった。その他、小型ジャイロコンパス等の改善も行われて信頼度も増大した。

太平洋の戦局が第二段作戦に移行しつつあった一七年四月、第八潜水戦隊の第三潜水隊と第一四潜水隊は東方先遣支隊となり、ポートモレスビー攻略に協力の後、特殊潜航艇を搭載して豪州方面に進出する任務を帯びていた。

五月初旬から五月末に至る各潜水艦の行動を簡単に表示すると次の如くである。

*第三潜水隊　［五月初旬］　［五月中旬］　［五月下旬］

		［五月初旬］	［五月中旬］	［五月下旬］
伊二一	乙型	ヌーメア監視	一九日スバ偵察	二四日オークランド偵察
		貨物船二隻撃沈		（ニュージーランド）
伊二二	丙型	ガダルカナル島	一七日トラック島	三一日突入・松尾艇

伊二四　〃〃　〃　南西・散開戦　一八日特潜搭載豪州へ　爆雷で沈没
一七日トラック着　三一日突入・伴艇
二〇日特潜搭載豪州へ　魚雷発射・消息不明

＊第一四潜水隊
伊二七　乙型　ブリスベーン　一七日トラック着　三一日突入・中馬艇
伊二八　〃〃　監視（豪州）　一八日特潜搭載豪州へ　防潜網で自爆
伊二九　〃〃　ガダルカナル島　一七日・米潜水艦に
南西・散開戦　撃沈される
〃　〃　一三日以降シドニー偵察
戦艦一隻・駆逐艦または軽巡一隻の在泊確認

シドニー攻撃の戦果は、米重巡シカゴを狙ったが艦底を通過し、宿泊艦一隻を撃沈したにとどまった。（伴艇）

東方先遣支隊はその後豪州東岸の交通破壊戦を行い、伊二一号の二隻を含み五隻を撃沈し三隻を撃破、六月二五日までにクェゼリンに帰投した。

一方、第八潜水戦隊所属・第一潜水隊の四隻の行動は次のとおりであった。

五月三一日、特潜搭載の伊一六、一八、二〇はアフリカ・マダガスカル島のディエゴスワレスに侵入、英戦艦ラミリーズ（二万八〇〇〇トン）を大破、タンカー一隻撃沈。

六月中旬、マダガスカル島沖で船舶一二隻（五万二八四〇トン）撃沈。

六月下旬〜七月中旬、アフリカ東岸〜インド洋西部で船舶一〇隻（五万六五六トン）を撃沈。

七月二六日、ペナンに帰投。

ロ、第二段作戦における潜水艦の運用方針

一七年四月五日、永野軍令部総長は「山本長官が十分な自信と成算を持っている」との理由で、連合艦隊案のミッドウェー作戦を採択することを決意した。

これに基づいて四月一三日、連合艦隊は作戦日程表を軍令部に提出した。

五月七日　ポートモレスビー攻略。

六月七日　ミッドウェー・アリューシャン攻略。一八日　作戦部隊トラック集結。

七月一日　機動部隊トラック出撃。八日　ニューカレドニア攻略。

一八日　フィジー攻略。二一日　サモア攻略破壊。

四月一二日、軍令部はミッドウェー・アリューシャン両作戦を海軍単独で実施することを大本営陸軍部に伝えた。同一五日、第二段作戦計画は天皇に裁可された。

この連合艦隊の作戦構想に基づく、潜水部隊の任務分担は以下のとおり。

第一潜水戦隊（伊九、第二潜水隊、第四潜水隊、計伊号七隻）

アリューシャン方面要地攻略作戦協力。

第二潜水戦隊（伊七、第七潜水隊、第八潜水隊、計伊号七隻）

インド洋方面から五月一日横須賀帰着、整備のうえ豪州方面に作戦予定。

第三潜水戦隊（伊八、第一一・一二・二〇潜水隊、計伊七隻）ミッドウェー作戦協力。

第一三潜水隊（機雷潜二隻）ミッドウェー作戦協力。

第五潜水戦隊（第二八・二九・三〇潜水隊、計伊号四隻）ミッドウェー作戦協力。

ハワイ作戦は第六艦隊（潜水艦部隊）の全力をもって実施したが、ミッドウェー作戦は老朽の第五潜水戦隊（一九三〇～三二年竣工）及びハワイ飛行艇偵察に従事する機雷潜の転用が含まれており、ハワイ攻撃時の三〇隻に対し四割強に過ぎない。

三、珊瑚海海戦

昭和一七年一月二三日、日本軍はニューブリテン島ラバウルを占領し、ここを基地としてオーストラリア北部のポートダーウィンを直接爆撃するようになった。これにともない連合軍も危機感を高め、ニューギニア東南岸の航空基地ポートモレスビーからラバウル空襲を開始し、激烈な航空消耗戦が始まったのである。

連合軍にとってポートモレスビーは重要な戦略基地であり、ここを失えばオーストラリア防衛が危うくなり、米豪を結ぶ海上交通路が脅威にさらされる。

またここは将来のフィリピン奪回作戦の基点となる所でもある。

前章でも述べた如く、三月八日、日本軍はニューギニア北岸のラエ、サラモアに上陸した。南海支隊の一個大隊がサラモアを、海軍陸戦隊がラエを占領し飛行場を確保した。しかし連合軍は機敏に反応し、ブラウン提督の指揮する「レキシントン」「ヨークタウン」は一〇日朝、艦載機約一〇〇機をもってニューギニアの南側からオーエンスタンレー山脈を越えて攻撃、輸送船を撃沈したほか揚陸軍需品に大きな損害を与えた。

四月一〇日、連合艦隊司令部は第二段作戦第一期兵力部署を発令した。

これに基づき南洋部隊指揮官（第四艦隊司令長官）井上成美中将は、「五月三日、ツラギを占領し、横浜航空隊の大艇を同島に進出させて珊瑚海の偵察圏を拡張し、五月一〇日、ポートモレスビー攻略に続き一五日、ナウル、オーシャン両島を占領する」という作戦令を下達した。作戦部隊の編成の詳細を次に説明する。

＊MO機動部隊本隊（高木武雄中将）

重巡　妙高、羽黒（一三〇〇〇トン、三三・九ノット、二〇糎砲一〇門）

駆逐艦　潮、曙（一六八〇トン、三八ノット、一二・七糎砲六門）

＊MO機動部隊（第五航空戦隊・原忠一少将）

空母　翔鶴、瑞鶴（二五六七五トン、三四・二ノット、搭載機八四機）

駆逐艦　有明、夕暮（一七〇〇トン、三三・三ノット、一二・七糎砲五門）

〃　白露、時雨（一六八五トン、三四ノット、一二・七糎砲五門）

＊MO攻略部隊本隊（第六戦隊司令官・五藤存知少将）

重巡　青葉、衣笠、古鷹、加古（八七〇〇トン、三三ノット、二〇糎砲六門）

空母　翔鳳（一一二〇〇トン、二八ノット、搭載機三〇、潜水母艦剣崎改装）

駆逐艦　漣（一六八〇トン、三八ノット、一二・七糎砲六門）

＊ＭＯ攻略部隊支援部隊（丸茂邦則少将）

軽巡　天竜、龍田（三二三〇トン、三三ノット、一四糎砲四門）

特設水上機母艦　神川丸（六八五三トン）、聖川丸（六八六二トン）

＊ポートモレスビー攻略部隊（梶岡定道少将）

軽巡　夕張（二八九〇トン、三五・五ノット、一四糎砲六門）

敷設艦　津軽（四〇〇〇トン、二〇ノット、一二・七糎高角砲四門）

駆逐艦　追風、朝風（一二七〇トン、三七・二五ノット、一二糎砲四門）

〃　　睦月、望月、弥生、卯月（一三一五トン、他同右）

＊ツラギ攻略部隊（志摩清英少将）

敷設艦　沖島（四〇〇〇トン、二〇ノット、一四糎砲四門）

駆逐艦　菊月、夕月（一三一五トン、睦月に同じ）

＊奇襲隊（岩上英男大佐）

潜水艦　呂三三、呂三四、（七〇〇トン、水上一九ノット、水中八・二ノット）

㊟第六戦隊の重巡四隻とＭＯ攻略部隊支援部隊の軽巡二隻はそれぞれの最旧型。

南洋部隊（司令長官井上成美中将）の本来の任務は、グァム、ウェーキ、ギルバートの攻略と、マーシャル、トラック、パラオ、サイパンの防衛であり、トラックを基地とし練習巡洋艦「鹿島」を旗艦としている。いわば内南洋防衛の警備艦隊といってよい。

したがってMO作戦参加の空母三隻、重巡妙高、羽黒や大型駆逐艦七隻は臨時に配属された艦である。また、井上長官は機動艦隊を実際に指揮した経験はない。

一方の連合軍側の陣容はどうであったか。真珠湾攻撃以来、米国は日本海軍の暗号を解読していたので、その作戦計画に関してかなり正確な情報を得ていた。そこで、ポートモレスビー攻略を目論む日本海軍に対処するため、可能な限りの兵力をかき集めた。

しかし東京空襲に参加した空母「ホーネット」と「エンタープライズ」は珊瑚海に間に合うように到着できる可能性はなかった。

直ちに使用出来る空母は、以前から南太平洋に行動していた「ヨークタウン」と真珠湾から回航したばかりの「レキシントン」だけであった。米重巡「シカゴ」はニューカレドニアのヌーメアから、英海軍少将クレース指揮の「オーストラリア」と「ホバート」の巡洋艦二隻が豪州から急行した。結局、連合国海軍の合計兵力は、空母二隻、重巡七隻、軽巡一隻、駆逐艦一三隻、水上機母艦一隻、給油艦二隻となり、フレッチャー海軍少将が総指揮官となった。

日本側の問題点は第一に、参加部隊の軍隊区分が多岐に分かれ、実戦海面における総合戦力の発揮に相当のデメリットがあったのではないかという点である。

具体的には、ツラギ攻略部隊と潜水艦を除く部隊が、MO機動部隊本隊、MO機動部隊、MO攻略部隊本隊、MO攻略部隊支援部隊、ポートモレスビー攻略部隊の五個の部隊から成り、合計二八隻。

第二点としては、連合艦隊司令部の状況判断と対応処置についてである。

ⓐ 二月下旬、ラバウルの南海支隊がモレスビー攻略準備を整えて出陣しようとしつつあった時、米空母を中心とする機動部隊がニューギニア東海面に出没し、船足の遅い輸送船団の動ける状態でないことが判明した。そして米機動部隊主力は「レキシントン」「ヨークタウン」の強力空母ということも明らかとなった。

ⓑ 米空母群が珊瑚海方面に南下した隙に、ニューギニア北岸のラエ、サラモアに上陸した日本軍に対し、空母「レキシントン」「ヨークタウン」の艦載機が猛攻をかけ、大きな損害を被った。

以上の経緯から、日本海軍が捜し求めて止まない米空母のうち、「サラトガ」が日本潜水艦の雷撃で大破され、残り四隻のうち「ホーネット」「エンタープライズ」が東京空襲のため日本本土東方に出撃し、「レキシントン」と「ヨークタウン」が珊瑚海からニューギニアを窺っているという情勢であった。

六月上旬のミッドウェー攻略によって米空母をさそいだしこれを一挙に撃滅せんとしていた日本海軍にとって、その五割の二隻が珊瑚海に出現しているのだから、南雲機動部隊の主力(少なくも四隻)をもって、分断されている米軍主力を各個に撃破する絶好の戦機と考えられなかったのだろうか。

この点、山本連合艦隊司令部の状況判断ミスが、太平洋戦争の勝敗に極めて重大な影響を及ぼしたものと判断せざるをえない。

即ち、戦略の常道に基づき、珊瑚海に決戦を求めて米空母二隻を撃沈しておけば残りの二隻だけではミッドウェー島の防衛をあきらめ、米海軍は空母勢力の再建を図ったであろうと推論する。

日本はポートモレスビーを占領し、豪州大陸に直接脅威を与えることが可能となり、ガダルカナル戦もあの時期には生起しなかったであろう。その結果、ソロモン海域における我が海空軍の一大消耗戦を避けることが出来たものと考えられる。

戦闘経過については多くの書物に記されているので、ここでは戦闘の推移に関し簡単に列記するにとどめる。


四月三〇日（日）　ツラギ攻略部隊ラバウル発。MO攻略部隊トラック発。

五月　一日（日）　MO機動部隊　〃　〃発。

　　　二日（米）　一八時、フレッチャー少将の第一七機動部隊出撃。

　　　三日（日）　深夜一時、陸戦隊ツラギ上陸。豪軍撤退済。

　　　四日（日）　一六時、MO攻略部隊ラバウル発。

　　　〃　（米）　七時、空母「レキシントン」からツラギ攻撃隊発進、第一次〜三次にわたり攻撃。日本側の損害は小艦艇四隻のみ。

　　　五日（日）　一二時、MO機動部隊サンクリストバル島の東方迂回。

　　　〃　（米）　第一一・第一七機動部隊合同、以後第一七機動部隊となる。

　　　六日（日）　MO機動部隊ガダルカナル島西方一一〇浬のソロモン海を進攻

五月　七日（日）八時、哨戒機が米機動部隊発見（ツラギ南南西四二〇海里）、その後見失う。一八時、日本空母は反転北上。

〃（米）五時五三分、MO機動部隊、攻撃隊を発進。

〃（日）駆逐艦「シムス」タンカー「ネオショー」撃沈。

〃（日）六時一五分、第一七機動部隊攻撃隊発進。

〃（日）九時三三分、空母「翔鳳」沈没。

八日（日）一四時一五分、空母「翔鶴」「瑞鶴」から攻撃隊三〇機発進。

米戦闘機の迎撃で殆ど全滅。

〃（米）六時三〇分、「翔鶴」の索敵機が米空母を、米軍も同じころ日本空母を発見し、七時一〇分頃ほぼ同時に攻撃隊出撃。

日本軍、戦闘機一八機、艦爆三三機、艦攻一八機、計六九機。

〃（日）米軍、戦闘機一五機、艦爆三七機、艦攻二一機、計七三機。

「翔鶴」に爆弾三発命中し飛行甲板大破、自軍機の着艦不能。

〃（日）「レキシントン」に魚雷二本、爆弾二発命中し大爆発後処分。

「ヨークタウン」に魚雷二本、爆弾三発命中し大破。

一七時、ラバウルの南洋部隊井上長官は、高木MO機動部隊長官に戦闘中止、引き揚げを命じ、同時にモレスビー攻略部隊に対してもラバウル帰還を命令した。

山本連合艦隊長官は井上中将の決定を不満として追撃を命じたが、「ヨークタウン」ら米艦隊は戦場を離脱した後だった。

両軍の主な損害を集計してみよう。

日本側　沈没・改装空母「翔鳳」（一一二〇〇トン）
大破・制式空母「翔鶴」（二五六七五トン）
航空機　当初一二二機　残存・戦闘機二四機、艦爆九機、艦攻六機
損害　八三機　損害率　六八％

米国側　沈没・制式空母「レキシントン」（三三〇〇〇トン）
大破・〃　〃「ヨークタウン」（一九八〇〇トン）
航空機　当初一二一機　残存・戦闘機一二機、爆雷撃機三七機、
損害　七二機　損害率　五九％

以上の如くであるが、空母の沈没は単純比較でも米軍側の方が大きい。空母の大破は両軍とも制式空母一隻ずつだから互角と見られるが、実際は「翔鶴」が最大限の努力でも修理に一ヵ月かかると査定されたのに対し、「ヨークタウン」はニミッツ太平洋艦隊司令長官の厳命で、僅か四八時間の修理により戦列復帰した。その結果「ヨークタウン」はミッドウェー海戦に参加し「翔鶴」は不参加となった。

☆　珊瑚海海戦の総評

①　南雲機動部隊の主力をもって珊瑚海に決戦を求めておれば、この海戦の勝利は疑いなく、

ポートモレスビーを占領して（基地の維持には問題もあるが）豪州北部の制空権を握り、第二段作戦を有利に展開できたであろう点は既に述べた通りである。

② この海戦は空母同士の戦闘で、護衛艦艇は対空砲火で空母を守り、敵の艦船とは水上砲戦を行わないという、近代海戦の先駆けとなった戦いでもあった。

米艦隊は直衛駆逐艦も多く、空母を中心に五隻の巡洋艦で囲み、更にその外周を八隻の駆逐艦が取り巻いて二重の輪型陣を敷いていた。空母の六・五倍の護衛艦が守り、日本機の攻撃時にはその来襲方向に半円形にシフトして対空砲火網を濃密化しているのであった。我が攻撃隊の損害が多かったのは、米機動部隊の陣形に起因する点もあったと指摘されている。

これに対し日本側は、二隻の空母に直衛は重巡二隻と駆逐艦六隻だから、四倍の護衛艦数となり米軍に比して明らかに劣勢である。しかも日本駆逐艦の対空装備は僅かに機銃二丁に過ぎず、陣形も空母の前後に配置されたので空母の両側は全くの裸同然という陣形であり、機動艦隊の運用で日本は明らかに研究不足であった。

③ 日本海軍の弱点である「索敵」については、この海戦でも反省すべきものがある。まず「潜水艦」の運用についてであるが、MO作戦準備のため第七潜水戦隊所属の「呂号三三・三四」が、四月二〇～二一日ニューギニア最東端の水路偵察を実施し、五月七～八日に同じ二隻でポートモレスビー沖哨戒配備についている。

井上中将の第四艦隊には第七潜水戦隊として九隻の呂号潜水艦がありながら、一隻も珊瑚海に投入していない。その他では、五月末にシドニーを特潜で攻撃した東方支隊の「伊号二

二、二四、二八、二九」の四隻が、五月五日頃までにガダルカナル島南西の散開戦についた。しかし三月以来米国の空母が珊瑚海に出没しているのだから、一個潜水戦隊（一〇隻）ぐらいの大型潜水艦を配備すべきではなかったか。

海軍中央部では、日米作戦の主戦場は南洋諸島水域であり、南太平洋即ち珊瑚海、ソロモン、ニューギニア周辺は米軍にとって助攻正面と見ていたのではないか。だからこそ、さきに述べた第二段構想に基づく潜水部隊の任務分担に、南太平洋方面は全く抜けているのである。山本大将の頭にはミッドウェー作戦以外のことはなかったと見てよい。実戦部隊の最高指揮官として重大なミスと私は指摘したい。

次は航空機による索敵であり、これも種々問題があった。

＊五月六日。ツラギから発進した哨戒機五機のうち一機が八時一〇分、ツラギから四二〇海里の地点で「空母一、戦艦一、重巡一、駆逐艦五の機動部隊を発見」との報告あり。これが珊瑚海海戦最初の索敵成果であったが、九時以降接触を失うに至った。この問題点としては、一機が敵を発見した場合、継続追跡のためには基地指揮官の指令により、索敵網の重点移動や圧縮措置が必要なことである。

＊五月七日、五時二二分、空母「瑞鶴」の索敵機から「空母一、巡洋艦一、駆逐艦三の機動部隊発見」との報告あり。直ちに攻撃隊七八機が発進、七時一〇分目標発見したが空母ではなく油槽船であった。

この攻撃隊発進のすぐ後に、ＭＯ攻略部隊（第六戦隊の重巡）の索敵機から報告が入り、

「敵機動部隊ロッセル島の南方にあり」と。しかしMO機動部隊としてはさきに発艦した攻撃隊の帰艦を待つしかなかった。この間にMO攻略部隊が攻撃されて空母「翔鳳」が九時三三分沈没した。

原因は「翔鶴」索敵機の目標誤認であり、索敵訓練の不足ということに尽きる。日本軍の攻撃隊がすべて母艦に帰投したのは実に一三時一五分であった。

＊五月七日、ラバウルを基地とする第二五航空戦隊は、陸上攻撃機の全機をもってポートモレスビー攻撃を準備中であった。二五航戦は台南航空隊（戦闘機四五機、九八式陸偵三）、第四航空隊（一式陸攻三六）、元山航空隊（九六式陸攻四五）、横浜航空隊（九七大艇一二、二式水戦九）という編成で、MO作戦協力、哨戒、敵艦艇攻撃待機、東部ニューギニア及びオーストラリア北東部方面制空等の任務を帯び、洋上哨戒は交代で東方海上六〇〇浬の索敵を連日実施していた。

モレスビー攻撃準備中に索敵機より「敵艦隊発見」の報告があり、四空は魚雷を、元山空は爆弾を装着して進発した。元山空の熟練小隊長土屋誠一中尉の体験では、「右前方の水平線に何かの気配を感じた。こんなに視界の良いときは、水平線の上に陽炎のような気配を感じるものだ。これは艦の汽缶から上る排気のために起こる現象のようだった。だが、相当熟練しないと、この見分けはつかない。このときも直感的に何かいると思い、注意深く見守ると、次第にマストの先端が、水平線上に浮き上がってくる。そして、かすかに白い線が見えはじめ、その線が数個に分かれた。まぎれもなく艦隊の編隊行動である、と確信を持った」

とある。

これは真に模範的な索敵眼というべきで、この艦隊こそポートモレスビーからのB一七爆撃機に発見されたMO攻略部隊輸送船団を攻撃のため、米一七機動部隊から分派された、グレイス少将指揮の巡洋艦三隻と駆逐艦三隻の米艦隊であった。
＊五月八日早朝、四時一五分から二五分にかけて、ロッセル島東方二〇〇浬に達したMO機動部隊は、「瑞鶴」から二機、「瑞鶴」から四機の索敵機を発進させた。ちょうどこれと同じ四時二五分に、フレッチャー少将の機動部隊の「レキシントン」から一八機の索敵機が発進した。そして日本側は米機動部隊を六時二二分に発見し、米軍は日本機動部隊を六時一五分に発見した。この七分の違いを索敵機数の違いによると考えるのは早計であろうか。日本海軍の空母は、攻撃機の機数を増やすために索敵機を減らす傾向があったと聞いている。索敵が成功して初めて攻撃が成功するものであろう。大いに反省すべき点であった。
＊最後に取り上げたいのが菅野兼蔵兵曹長の超・英雄的行為である。五月八日、最初に米空母二隻を発見して報告した索敵機のパイロット菅野兵曹長は、燃料ギリギリまで米空母に接触して正確な報告を送り、帰途についた時に自らの報告で母艦を発進し敵に向かう味方の攻撃隊の機影を見て、帰りの燃料が無くなるにも拘らず、再び反転して友軍攻撃隊の先頭にたって誘導し、米空母一隻撃沈、一隻大破の大戦果をあげる原動力となった。これこそ海軍軍人の鑑であり、後世に永く語り継ぎたいと思う。

四、ミッドウェー海戦

真珠湾において日本海軍に奇襲された米海軍は、被害を免れた空母四隻を駆使し、積極的な反攻作戦を展開した。即ち、フレッチャー少将指揮の「ヨークタウン」部隊が四二年二月一日、ギルバート諸島北部のマキンとマーシャル諸島のヤルート、ミリを空襲し、ハルゼー中将指揮の「エンタープライズ」部隊は、更にマーシャル諸島に奥深く侵入して、ウォッゼ、マロエラップ、クェゼリンを攻撃した。また二月二四日「エンタープライズ」部隊はウェーク島を、ついで東京から一〇〇〇マイル足らずの南鳥島を攻撃した。そしてブラウン中将指揮の空母「レキシントン」と「ヨークタウン」は三月一〇日、日本軍が占領したニューギニア東部のラエ、サラモアを空襲した。

この間、真珠湾攻撃を成功させた日本の南雲機動部隊は、陸戦支援の名目のもとに南方各地域を転戦しており、東太平洋正面に有力な日本艦隊は存在しなかった。

山本大将が最も気にかけていた、ハワイ作戦で討ち漏らした米空母部隊が、早くも東太平洋正面で反攻を開始したというのに、制式空母六隻を擁する世界最強の日本軍機動艦隊は、軽空母や改装空母で間に合うような上陸作戦の支援や、緊急度に疑問のあるインド洋作戦を中途半端に手がけて貴重な時間を浪費していた。

宿敵の米空母群を迎撃する絶好の機会であったにもかかわらず、昭和一七年の一～三月を無為に過ごした日本海軍は、大きな戦略ミスを犯したと云うことが出来る。

「統率は申し分ないが作戦は落第」「戦術・戦闘はよくても戦略には危ない」と評された山

本大将を、連合艦隊司令長官すなわち海軍実戦部隊の最高指揮官にいただいた日本海軍が、その運命を過った第一歩が開戦当初のこの時期にあったことを、歴史上の大きな転機として、現代の日本国民は正しく認識すべきものと考える。

ミッドウェー作戦の決定の経緯に関しては既に述べており、その海戦の経過についても多くの図書で詳しく説明されているので、本書では記述の視点を変えて、次の項目について敗因につながるポイントを明らかにしたいと思う。

①　ミッドウェー島の兵要地誌。
②　情報戦と索敵。
③　米軍の優れた兵力展開。
④　日本海軍の兵力分散と機動部隊の防空。
⑤　戦訓の軽視。
⑥　ミッドウェー海戦の総評。

①　ミッドウェー島の兵要地誌

アメリカは太平洋制覇の長期戦略の一環として、一八六七年にミッドウェー島を、一八九八年にウエーキ島を占領した。

ミッドウェー島はハワイ列島の最西端に位置し、北太平洋上のほぼ中央にある。日本からは日付変更線を越えてすぐの所である。数字で説明すると、東京～ミッドウェー間は二二五〇マイル（四一〇六キロ）、ミッドウェー～ハワイ間は一一三〇マイル（二〇六二キロ）。即ち日本～ミッドウェー間は、ハワイ～ミッドウェー間の二倍の距離となる。参考までに、日本～珊瑚海は三〇〇〇マイル（五四七五キロ）。

ミッドウェー島を正確に表すと、直径九・八キロの環状の珊瑚礁で、周囲二九キロ高さ一・五メートルから六メートル、全体は環状になっていて中心は深さ六メートルから二〇メートルの湖となっている。

その湖の南部にサンド島、イースタン島という二つの島があり、イースタン島は八〇〇〇平方メートル、サンド島の半分強の大きさである。イースタン島には陸上飛行場が、サンド島には飛行艇基地がある。また米海軍は一九〇四年、サンド島に海底電線所を開設している。

② 情報戦と索敵

アメリカが開戦前から、日本の外交暗号と海軍暗号を解読していたことは、ひろく知られている事であり、ミッドウェー海戦もこの海軍暗号の解読によって攻撃目標、攻撃時機、攻撃部隊の編制等を事前に入手していたことが、米軍勝利の基本となっていたのであった。

ハワイの通信諜報班（ハイポ局）は、昭和一七年三月一一日には、日本海軍の地点略語符号「ＡＦ」は「ミッドウェー」、「ＡＨ」は「ハワイ諸島」、「ＡＧ」は「ジョンストン」と判読していた。既にミッドウェー作戦の二ヵ月半も前に、「ＡＦ」が「ミッドウェー」である事を、米海軍通信諜報班内では確認されていたのであって、有名な「ミッドウェーでは真水蒸留装置の故障で真水が不足している」との偽情報を流して、「AF」＝「ミッドウェー」を確認したというのは、米軍トップに対する証拠の提示目的であったに過ぎない。

この様な米軍の情報戦略に完敗したのがミッドウェー海戦であり、よく「魔の五分間」といわれる「兵装転換」などは、インド洋海戦時の貴重な戦訓を等閑に付したが為であって敗因とは言えない。

山本連合艦隊司令長官は駐米大使館付き武官であった時、補佐官に対し「スパイの真似して情報など集めなくてよい」と言ったほど、情報収集を重視しなかった。日本帝国が浮沈の岐路に立っていたこの時機に、情報オンチの山本大将を実戦部隊のトップに戴いたということは、大変不運であったと私は思わざるを得ない。

以下、ミッドウェー作戦における日本海軍の索敵行動を、情報管理の面から多角的に検証してみたいと考える。

A、飛行艇によるハワイ、ミッドウェー偵察

昭和一七年二月一五日、山本大将は横須賀軍港から二機の大型飛行艇を出発させて米空母の探索を試みた。二機は先ずクェゼリン島に飛びハワイに向かった。三月二日未明にクェゼリンを出発した二機は、午後六時三〇分ミッドウェーに近い「フレンチ・フリゲート」環礁で、伊一五、伊一九両潜水艦から各機三〇〇〇ガロンの給油を受けてハワイを目指した。

両機は午前二時過ぎ、それぞれ真珠湾上空に達したと判断した時、四発の爆弾を投下した。

しかし主目的の空母探索は天候不良のため失敗した。

山本大将は更にミッドウェー、ジョンストン両島の写真偵察を命じたが、ミッドウェー島に向かった橋爪大尉機は、レーダーで近接を探知した米海兵隊機に撃墜され、ジョンストン島の反野大尉機は撮影には成功したが、空母の所在はつかめなかった。結局この偵察は失敗に終わり、ハワイ、ミッドウェーの敵情は不明であった。

B、潜水艦部隊の索敵

連合艦隊の計画では、潜水艦部隊が索敵の面で重要な役割を担っていた。潜水艦部隊である第六艦隊所属の第三潜水戦隊と連合艦隊直属の第五潜水戦隊が作戦に参加したが、先に述べたように第三潜水戦隊九隻のうち、ハワイ方面で伊七〇潜と伊七三潜が沈没しており伊八潜と一七二潜は不参加で残り五隻が参加。また第五潜水戦隊の六隻は伊六〇潜が南方で交戦沈没、伊六四潜は本作戦参加の途上に足摺岬沖で米潜の雷撃で沈没、伊一六五潜は不参加、新たに第四潜水戦隊から第一九潜水隊三隻を加え計六隻。合計一一隻の潜水艦がハワイ～ミッドウェー間に二重の散開戦を張り米空母の出撃を監視・捕捉すべく、四隻をオアフ島の西北五〇〇浬、他の七隻をハワイ～ミッドウェーの中間に展開させ、配置完了は六月一日とされた。こうすると真珠湾を出撃した米空母は必ずどこかの散開戦に引っかかる。米空母発見を報告した後に潜水艦は攻撃に移り、米艦隊に第一撃を与える。次いで南雲機動部隊が航空攻撃をかけ、後方三〇〇浬を続行する山本大将の戦艦部隊が止めを刺す――という段取りになっていた。

また、これら潜水艦散開戦とは別に、再び飛行艇によるハワイ偵察が計画された。前回と同様、フレンチ・フリゲート礁を給油地点とする方法で、第一三潜水隊所属の三隻の機雷潜、伊一二一、一二二、一二三が派遣されたが、同礁には米駆逐艦の存在を認めたので偵察を断念した。

しかし、もしフレンチ・フリゲート礁の代わりに近くのネカー島を利用していたら恐らく、真珠湾を出発する米機動部隊を発見出来た筈であり、あきらめが余りにも早過ぎたと言わねばならないだろう。

「粘り強さ」に欠け「あきらめ」が早過ぎるのは、日本人の習性と云われているが、誠に残念な結果であった。

ミッドウェー作戦における潜水艦索敵の最大のミスを指摘するとすれば、それは散開線配備の遅延である。日本海軍の伊号潜水艦一一隻が散開線についたのは、予定の五月三一日より二五時間も遅れた。潜水艦部隊は開戦以来連続の出動で修理や整備を必要とし、また、先に述べた飛行艇偵察の進路にあって、飛行艇の無線誘導、不時着搭乗員の収容、並びに気象通報にあたるため、散開線に直行出来なかった等の理由が一部の艦にあるにせよ、極めて大きな失態であった。

米空母「ホーネット」「エンタープライズ」は、日本潜水艦の哨戒線を五月二九日に通過しており、「ヨークタウン」の通過は五月三一日夜であった。予定の通り五月三一日に配置については、少なくも「ヨークタウン」は発見出来た筈であり、ミッドウェー海戦における米艦隊の奇襲は成立せず、海戦の結果は大いに異なったものになっていたと思われる。そもそも、日本海軍は、ミッドウェー島に対する攻撃前には米空母が真珠湾から出撃しそうにない、という前提に立って作戦スケジュールを組んでいたので、潜水艦の出撃時機自体が遅すぎていたのである。

C、通信解析

課報とは、暗号解読と通信解析という二つの主要な方法によって、無線通信から導き出されることを意味している。通信解析とは、通信量、宛先、発信者、周波数、呼出符号、電文形式等の観察によって、暗号の解読によらない方法で、敵の電文から情報を引き出す方法である。本作戦直前に次のような事があった。

ⓐ　山本大将は出港直前の五月三〇日、無線課報によりハワイ方面の米軍活動状況、特に哨戒機の動きが急に活発化した旨の通報を受けた。これは真珠湾から強力な米艦隊の出動した事が推測される。艦隊という防御力が無くなったために、哨戒強化措置が採られたと考えられるからである。

山本大将は首席参謀の黒島亀人大佐に、南雲部隊に連絡するように指示した。しかし黒島大佐は反対し、「大和が受信した無電は当然南雲部隊も受信している筈である。いま打電すれば折角の電波管制は破れ、米国側に日本艦隊の所在を知らせることになる」と反対し打電

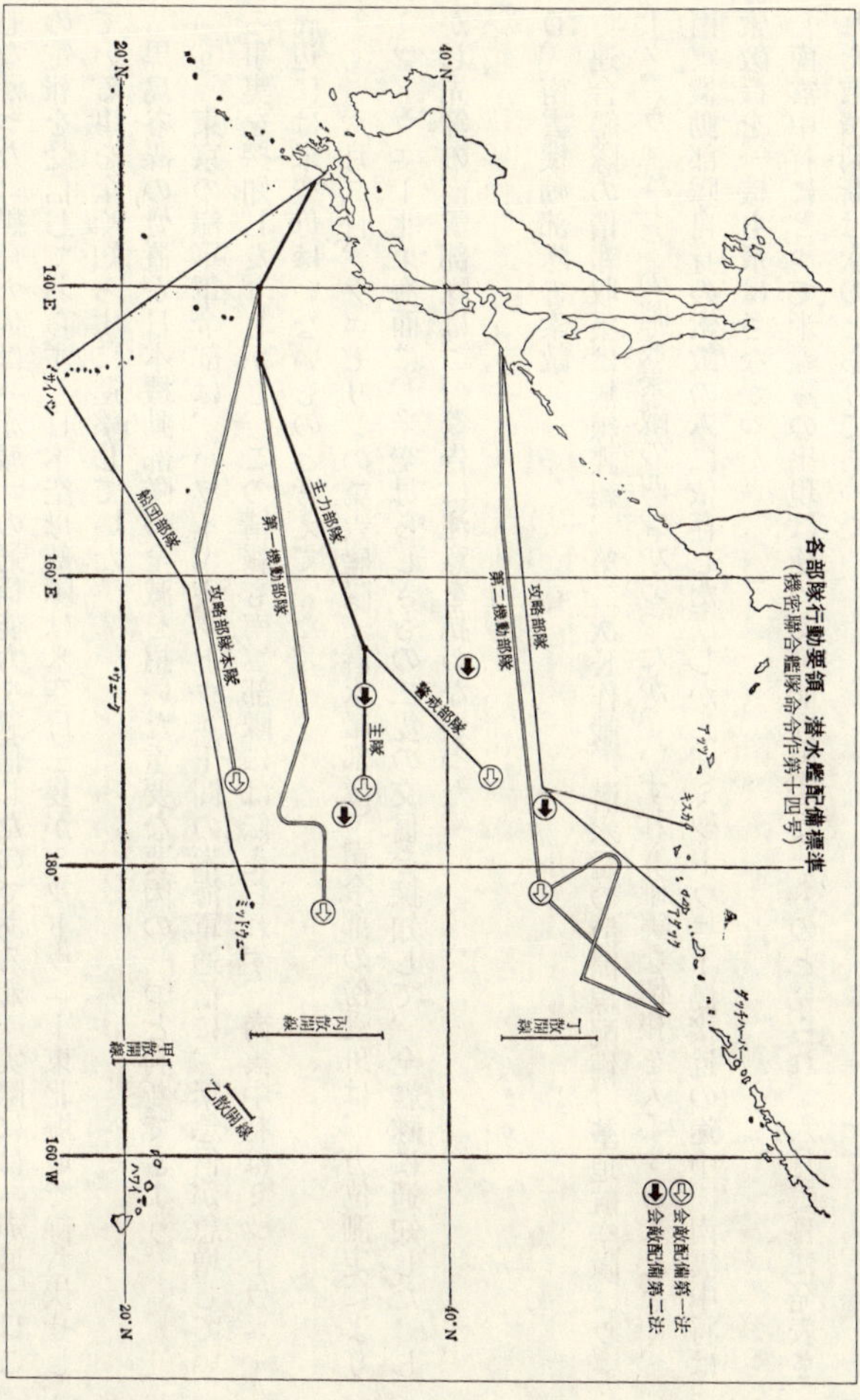
各部隊行動要領、潜水艦配備標準
（機密聯合艦隊命令作第十四号）
会敵配備第一法
会敵配備第二法
攻略部隊
第二機動部隊
警戒部隊
主隊
主力部隊
第一機動部隊
攻略部隊本隊
船団部隊
丁散開線
丙散開線
乙散開線
甲散開線
サイパン
ウエーク
ミッドウェー
ハワイ
アッツ
キスカ
アダック
ダッチハーバー
40°N
20°N
140°E
160°E
180°
160°W

しなかった。黒島大佐は「赤城」の通信能力を過信したのであるが、実際には「赤城」はこの電報を受信しておらず、日本空母部隊は米空母三隻がミッドウェー東北海域で待ち伏せしている事を全く知らずに進撃していた。

黒島参謀の処置が日本機動部隊の全滅を招いた重要な要因の一つと判断できよう。

ⓑ 東京の海軍軍令部は、ハワイ〜ミッドウェー間の米海軍通信に、緊急信が急増している事実を探知した。しかし、この情報も南雲部隊には伝えられず、南雲中将はミッドウェー周辺には米空母はいないものと考えていた。

ⓒ 六月二日、クェゼリンの第六艦隊（潜水艦部隊）司令部の傍受班は、方位測定によりミッドウェー北東海面に、米空母らしきもの二隻の交信を探知して、全艦隊に通知した。しかし先鋒の南雲部隊はこの警告に注意を払わなかった。

D、南雲機動部隊の索敵

連合艦隊の情報収集は無線諜報、第二次K作戦、潜水艦の散開線配備、基地航空隊（ウェーク、ウォッゼ）の哨戒索敵の四つがあったが、いずれも確実な情報を入手することなく、南雲機動部隊自身の索敵のみに依存した。しかし、ミッドウェー島接近の途中、南雲中将は索敵機を一機も飛ばさなかった。

南雲中将にとって米艦隊の出現は極めて可能性の少ないものと見られ、六月二日に発表された敵情判断は次のとおりであった。

＊敵は我が企画を察知せず、少なくとも五日（現地時間四日）早朝までは発見されざるものと認む。
＊敵空母を基幹とする有力部隊、付近海面に大挙出動中と推定せず。
＊我は「ミッドウェー」を空襲して基地航空兵力を破壊し、上陸作戦に協力した後敵機動部隊反撃せば、これを撃滅すること可能なり。

（しかし米軍はこの時、ミッドウェー島北東約三二五浬の海面で、三隻の空母が待機し北西から近接する日本機動部隊を狙っていたのである）

ミッドウェー攻略作戦が決定された五月初旬、南雲機動部隊司令部では、この作戦は友軍の基地航空部隊の届かない海面で行われるので、偵察機の索敵力を高める必要を認識していた。具体的には燃料の増加タンクを装着、四〇〇浬進出して索敵できるように改造した艦攻一〇機を準備し、また航続距離の長い新鋭二式艦上偵察機（高度三〇〇〇米、速力二一〇ノットで二一〇〇浬）二機を、臨時に「蒼竜」に搭載して索敵を重視する処置をとった。ところが敵の空母は出現しないと判断するようになったため、南雲司令部では当初の念入りな索敵計画を変更し、増加タンクを装着した艦上攻撃機の殆どを索敵任務から除き、攻撃部隊に回してしまった。

本来日本海軍では、黎明時に全索敵機を同時に発進させる「一段索敵」と、黎明前に第一次、黎明時に第二次索敵という「二段索敵」の二種類の方法を採用していた。

日米初の決戦となったミッドウェー海戦で、南雲部隊は六月五日四時三〇分、ミッドウェー北西二四〇浬の地点から、ミッドウェー基地攻撃のため第一次攻撃隊一〇八機を発進させたが、この発進時刻になって初めて、零式水偵五機と九七艦攻二機の計七機を進出距離三〇〇浬、帰りの幅六〇浬の扇形索敵に飛び立たせた。（一段索敵）

この方法では隣の機との間隔が一二〇浬となり開き過ぎである。しかも発進時刻を守ったのは空母「赤城」機、「加賀」機、戦艦「榛名」機のみで、重巡「筑摩」の二機は五分遅れ、重巡「利根」一号機は十二分遅れ、同四号機に至っては三〇分遅れだった。（この四号機の遅延原因は、極めて稀にしか起こらないカタパルトの故障）。

そのうえ、水偵の索敵は目視によるため、通常三〇〇～一〇〇〇米の高度でしかも雲下を飛行することになっているが、「筑摩」一号機は雲上飛行を行っている。同機が雲を避けて雲下飛行を行っていれば、スプルーアンス少将指揮の空母「エンタープライズ」と「ホーネット」の機動部隊を発見できたと指摘されている。

結局、扇形索敵に進発した七機の索敵機のうち、「利根」四号機を除く六機は何ら敵情を報告することなく帰着している。そして最も遅れて一〇〇度の方向に飛び立った「利根」四号機（甘利機）だけが敵機動部隊を発見した。

重巡「利根」四号機（甘粕機）の報告は次のとおり。

七時二八分　甘利機　「敵らしきもの一〇隻見ゆ――」

　　　南雲司令部　「艦種知らせ」

八時二〇分　甘利機　「敵兵力は巡洋艦五隻、駆逐艦五隻」

八時三〇分　甘利機「敵はその後方に空母らしきもの一隻を伴う」
　〃　「さらに巡洋艦らしきもの二隻見ゆ。地点、ミッドウェーよりの方位八度、距離二五〇浬」

なお、その後九時三八分に発進し一〇時四五分に接触に成功した「筑摩」五号機、一一時一〇分同じく接触に入った「蒼竜」の二式艦偵からの報告でも、敵空母の数は判然とせず、日本側が米三空母の存在を知ったのは、一三時、駆逐艦「嵐」が救助した捕虜の自白情報によるものであった。

日本の四空母に対し、米急降下爆撃隊が攻撃を開始したのは一〇時二〇分であり、南雲機動部隊壊滅の戦術的要因の第一は、索敵活動の杜撰《ずさん》さにあったと判定できる。

E、読まれていた海軍暗号と破れなかった陸軍暗号

日本海軍の暗号は、単語をまず暗号表に従って五桁の数字に置き換え、さらに用意された乱数表によって、その数を順々に足し算するダブルシステムであった。乱数式暗号の長所は、コードブックが手に入っても、同じ乱数を使ったところを見つけられなければ解けない点である。乱数を一回限り使い、同じ乱数を二度と使わない方式を「無限乱数方式」というが、日本海軍では「無限乱数方式」を使用していなかった。と共に同じ乱数を数回使う迄は解かれないと考えていた。現実には同じ乱数を二回以上使うと、そこが発見されると解かれるの

である。

陸軍では「無限乱数方式」を使っていたが、海軍では乱数系列を繰り返し使用する「有限乱数方式」である。解読防止には暗号書と乱数表の頻繁な更新が必要であるが、海軍はその能力を欠いていた。この海軍の「D暗号」は昭和一四年九月に使用開始、米軍の発表資料を見ると、この「D暗号」を一五年春には既に解読していた。

ある暗号専門家によると、陸軍の暗号を大学生とすれば、海軍暗号の堅さは中学生程度だったと云う。この乱数方式の違いのほか陸軍暗号が堅かったのは、海軍のように暗号作成者と解読者を分化することなく、一人で両役を兼ねさせた点にもあったようである。

昭和一九年二月に、暗号書類を沢山積んだ潜水艦が、ニューギニアの沖で撃沈されて陸海軍の暗号書が多く引き揚げられた。それから陸軍暗号も少し解かれたり読まれるようになった。しかし、それ以降陸軍暗号で解かれたものは、電報発信通数の大体一万分の八ぐらい(〇・〇八%)であり、戦争前半期はそれこそ〇%という難攻不落であった。

更につけ加えると陸軍は、重要な作戦に関しては海軍の様に無電を多用せず、作戦計画書は大本営参謀が伝書使となって現地軍司令部に届ける習慣だったために重大な機密漏れは無かった。

ミッドウェー海戦の前でも日本海軍は四月一日に暗号を改定する予定であったが、その予定は五月一日に延期され更に六月一日に再延長された。理由は新暗号書の印刷部数が膨大で相当の海軍文庫の手に余ったこと、南方各地に散在した艦船・航空隊へ迅速に配布する航空機の都合がつかなかったというが、こんなのはやれば出来る事で理由にならない。ミッドウェー作戦に関係する部隊との通信だけでも新暗号書に切り替える事は出来た筈だ。

少なくとも五月一日に改変しておれば、米海軍も日本の作戦計画をつかめず、貴重な制式空母四隻、重巡一隻、航空機三二二機を失うことなく、熟練乗組員三五〇〇人（うち第一線パイロット一〇〇人以上）の戦死も避けることが出来たであろう。

このように見てくると、日本海軍は戦う前に情報戦で完敗していたのであり、尊い犠牲となった多くの海軍将兵に対し、軍令部や連合艦隊の指導部は如何なる責任をとったのであろうか。

③　米軍の優れた兵力展開

イ、米軍は日本の暗号電報を解読できたので、日本軍の計画に関する情報は極めて完全であった。ニミッツ提督が得た情報は、日本の目的、日本軍部隊の概略の編成、近接の方向、並びに攻撃実施の概略の期日に関するものであった。

ニミッツ提督が直面した最初の決定は、「山本大将はミッドウェーと共にアリューシャンも狙っている。全力ミッドウェーに集中すべきか、それともアリューシャンも守るべきか？」結局ニミッツ大将はミッドウェーを選んだ。アリューシャンにはロバート・シォボールド少将指揮の巡洋艦五隻、駆逐艦一四隻、潜水艦六隻をあて、ミッドウェーに可能な限りの戦力を集中した。

ロ、まず、ミッドウェー島の防備強化のため、日本側が「大和」で図上演習をしている頃、ニミッツ大将はミッドウェー島に飛んで、自ら防備体制確立を指揮した。

（これがもし日本軍であれば先任参謀が派遣されるところだ）

海兵隊員二〇〇〇人の増派、対空火砲の増強、海岸と水際への地雷の埋設。航空兵力の大幅増。（従来は旧式のバッファロー戦闘機二六、爆撃機三四のみだったが、新規に急降下爆撃機一六、ワイルドキャット戦闘機七、陸軍のB一七・四発爆撃機一八、B二六爆撃機四、PBY飛行艇三〇を島に送り込んだ）かくてミッドウェー島の航空機は一二〇機以上になったが、パイロットの練度は低かった。

五月二七日、南雲艦隊が日本を出港した日に、ニミッツ大将はミッドウェー島の指揮官に対し、「日本軍上陸日は六月四日と予想される」と伝えた。

ハ、一方、米太平洋艦隊の兵力集中はどのようにして行われたか。

五月一五日、ニミッツは指揮下の空母「ホーネット」「エンタープライズ」「ヨークタウン」の三隻を、急いで真珠湾に戻す命令を出した。空母「サラトガ」は一月に日本の伊六潜水艦の雷撃で受けた損傷をサンディエゴで修理中であった。修理が終わり六月一日にサンディエゴを出発したが、六月六日までに真珠湾に到着せず、この海戦に間に合わなかった。

南太平洋に向かっていた空母「ホーネット」と「エンタープライズ」は五月二六日に真珠湾に入港、ハルゼー提督が病気入院のため、機動部隊の巡洋艦部隊指揮官レイモンド・A・スプルーアンス少将と指揮官を交代した。

二隻の空母は重巡五、軽巡一、駆逐艦九を警戒艦として二日後の五月二八日には早くも真珠湾を出撃した。（この部隊の空母対警戒艦比率は二対一五で七・五倍）その二八日に、珊瑚海海戦で中破しながら、南洋艦隊長官井上中将の過早な追撃断念によって生き延びた空母「ヨークタウン」が真珠湾に辿り着いた。待ちかまえた一四〇〇人の修理工が「ヨークタウン」に殺到し、猛烈な勢いで作業を開始して、三ヵ月はかかると思われた修理を僅か三日間で完了した。

同じ珊瑚海海戦で三発の中型爆弾を受けた空母「翔鶴」は、五月一七日に呉に入港して修理に一ヵ月かかると査定されたが、その一ヵ月間は放置されたままで見学者の見学に供されていたという。日米両海軍の戦いに臨む気迫の相違を示す格好の出来事と云える。

そして「ヨークタウン」は五月三〇日午前、重巡二、駆逐艦五の護衛下に出港し（この部隊の警戒艦比率は七倍）、二つの空母部隊は六月二日ミッドウェーの北東海上で合同、先任者のフレッチャー少将が戦術指揮をとった。

更に一九隻の潜水艦が空母を守るため、ミッドウェーへの近接路をカバーする地点に配置された。一隻の潜水艦はミッドウェー西方七〇〇浬に配置されたが、ここは日本艦隊の集合点になると考えられていた。三隻の潜水艦がミッドウェーの西方二〇〇浬を哨戒した。更に六隻がミッドウェーから一五〇浬に配備され、南西から北方にいたる弧上に散開した。また他の二隻はミッドウェーの北西方僅か五〇浬に配備された。その他の潜水艦は空母に対する支援とオアフ島援護の配置についた。

ホ、ニミッツ大将は真珠湾から全作戦を指揮し、必要があれば潜水艦、空母及びミッドウェー基地航空隊の行動を統合させることが出来た。

米指揮官は日本の空母に対し、航空兵力を最大限に集中した。そのために選ばれた地点はミッドウェーの北東方であった。この地点は米空母を日本機動部隊の側方に位置させるものであり、兵力を広く分散した日本艦隊が、適時に機動部隊を救援できない地点でもあった。

以上が、暗号解読により日本軍のミッドウェー攻撃情報を入手した米太平洋艦隊が、海戦直前の僅か半月間に大車輪で構築した迎撃作戦準備の大要で、明らかに米海軍の方が日本海軍より一枚も二枚も上手であったと認めねばなるまい。

④　日本海軍の兵力分散と機動部隊の防空

ミッドウェー作戦の目的は、ミッドウェー島の占領による哨戒基地の推進と米空母部隊の誘致撃滅にあった。また、アリューシャン作戦は、米軍に対する牽制作戦と、同じく哨戒基地の推進であった。しかし、ダッチハーバーの空襲はミッドウェー空襲より僅か一日早い六月四日であり、殆ど同時と考えられるので牽制の効果が発生する時間的余裕は米軍になかった。先ず日本海軍の部隊編制から見ていこう。

A、作戦部隊の編制と任務

珊瑚海海戦においても、米空母部隊の撃滅とポートモレスビーの攻略という二つの目的があったが、今回の作戦も再び二つの目的があり、部隊編制の複雑性が見られ、一〇個以上の艦隊が異なる基地から異なる日時に発進して二つの目的を目指した。

ⓐ　アリューシャン攻略部隊（北方部隊　第五艦隊司令長官・細萱戊子郎中将）

＊第二機動部隊　（角田覚治少将）　五月二六日　陸奥湾出港

空母　「竜驤」　一〇六〇〇トン　搭載四八機　速力二九ノット

〃〃　「隼鷹」　二四一四〇トン　〃〃五三機　〃〃二五・五ノット

重巡　「高雄」「摩耶」　駆逐艦三　給油艦一

＊アッツ攻略部隊　軽巡一　駆逐艦四　特設砲艦一　輸送船一

＊キスカ攻略部隊　軽巡一　駆逐艦三　第一三駆潜隊　第二一戦隊　輸送船二

アッツ部隊は五月二九日陸奥湾を、キスカ部隊は六月二日北千島幌筵島を出港。

ⓑ　ミッドウェー攻略部隊

＊第一機動部隊　（南雲忠一中将）　五月二七日　瀬戸内海を出港

空母「赤城」　三六五〇〇トン　搭載九一機　速力三一・二ノット

〃〃「加賀」　三八二〇〇トン　〃〃九〇機　〃〃二八・三ノット

〃〃「蒼竜」　一八八〇〇トン　〃〃七三機　〃〃三四・五ノット

〃〃「飛竜」　一七三〇〇トン　〃〃七三機　〃〃三四・六ノット

支援部隊　（阿部弘毅少将）　戦艦「霧島」「榛名」　重巡「利根」「筑摩」

警戒隊　（木村進少将）　軽巡一　駆逐艦一二

＊主力部隊（山本五十六大将）五月二九日　瀬戸内海を出港
◆主隊
本隊　戦艦「大和」「長門」「陸奥」
警戒隊（橋本信太郎少将）　軽巡一　駆逐艦八
空母隊「鳳翔」七四七〇トン　搭載一二機　速力二五ノット
特務隊　潜水母艦一　水上機母艦一
◆警戒部隊
本隊（高須四郎中将）戦艦「伊勢」「日向」「山城」「扶桑」
警戒隊（岸福治少将）　軽巡二　駆逐艦九
＊攻略部隊
本隊（近藤信竹中将）　五月二九日　瀬戸内海を出港
戦艦「金剛」「比叡」　重巡「愛宕」「鳥海」「妙高」「羽黒」
空母「瑞鳳」一一二〇〇トン　搭載三〇機　速力二八ノット
軽巡一　駆逐艦八
護衛隊（田中頼三少将）　五月二八日　サイパン・グァム出港
軽巡一　駆逐艦一〇　他一六　輸送船一五
支援隊（栗田健男少将）　出港は本隊に同じ
重巡「最上」「三隈」「鈴谷」「熊野」　駆逐艦二
航空隊（鶴田類太郎少将）　出港は本体に同じ
水上機母艦二　駆逐艦一
＊先遣部隊（小松輝久中将）

伊号潜水艦一一（他に機雷潜水艦三）

ミッドウェーとアリューシャンの両作戦部隊を艦種ごとに纏めると次のとおり。

部隊区分	空母	戦艦	重巡	軽巡	駆逐艦	計
第一機動部隊	四	二	二	一	一二	二一
主力部隊	一	七	〇	三	一七	二八
攻略部隊	一	二	八	二	二一	三四
ミッドウェー計	六	一一	一〇	六	五〇	八三
アリューシャン	二	〇	二	二	一〇	一六
合　計	八	一一	一二	八	六〇	九九

㊟他に水上機母艦三、潜水母艦一、潜水艦等あり。

空母で残留しているのは珊瑚海海戦で損傷した「翔鶴」と、パイロットの大部分を失った「瑞鶴」であり、第二機動部隊の「隼鷹」は五月三日に竣工したばかり。不参加の改装空母は「大鷹」「雲鷹」のみであり、稼働空母のほぼ全力と見てよい。

戦艦は全部、重巡は三分の二、軽巡は二分の一、一等駆逐艦は約六割という兵力は連合艦隊全戦力の総動員と考えて間違いないだろう。

次に空母の搭載機数がどうか、捕用機を含む搭載機数で調べると以下のとおり。

第一機動部隊　赤城九一　加賀九〇　蒼竜七三　飛竜七三　計三二七

主力部隊　　鳳翔二二　　　　　　　　　二二
攻略部隊　　瑞鳳三〇　　　　　　　　　三〇
　　　　　　　　　　　　　　　　　小計三七九
第二機動部隊　隼鷹五三　竜驤四八　小計一〇一
　　　　　　　　　　　　　　　　合計四八〇

一方の米軍航空戦力はどれほどであったのか?

米空母三隻は「ヨークタウン」級の同型艦であり、排水量一万九八〇〇トン、速力三三ノット、搭載機数八〇〜九〇機なので三隻の母艦機数は二四〇〜二七〇機となる。ある資料によると、戦闘機七九機、爆撃機一一二、攻撃機四二、計二三三機とある。またミッドウェー島の基地航空機は、前項で触れたように陸軍のB一七重爆一八機やB二六双発爆撃機四機、及び海軍の哨戒飛行艇三〇機など大型機を含み約一二〇機。したがって南雲機動部隊の三二七機に対し、米軍は母艦機二四〇と基地機一二〇機で合計三六〇機となるが、基地機は性能的に劣るのでトータルで互角の戦力だろう。

B、作戦構想と兵力展開上の問題点

ⓐ　ミッドウェー・アリューシャンという南北の遠距離に戦力を分散した。
どちらも容易に成功するという前提にたって、第二段構えの計画を用意していなかった。特に主攻方面のミッドウェーで、もし予想しなかった損害を出した場合の救援対策のなかったことが、惨めな敗北結果を決定づけた。

具体的には、アリューシャンに空母二隻、航空機一〇〇機の戦力を派遣したが、これが第一機動部隊を支援できる海域に存在していたらどうなったか？　ミッドウェー作戦が成功すれば、アリューシャン攻略は後でゆっくり出来るのであり、ミッドウェーが失敗すれば、アッツやキスカを占領して水上機基地を推進したところで、その後の維持が難しい。

ⓑ　空母「瑞鶴」を戦闘に参加させなかった。

珊瑚海海戦で無傷であったがパイロットの大部分を失った「瑞鶴」に、残っている「翔鶴」の熟練パイロットを中心に補充すれば、有力な戦力となることは素人でも考え及ぶ策である。連合艦隊の参謀の中にもこの点を主張する者が少なくなかった。しかし山本大将は四隻で十分と考え、「瑞鶴」の残留を決定した。これは全く山本大将の「驕り」であった。

ⓒ　ミッドウェー方面の日本艦隊も分散していた。

従って機動部隊の空母に対する警戒、護衛が適切でなかった。山本大将の作戦の最大目的が米空母部隊の誘致撃滅にあったから、その目途がつくまでは、攻略部隊の輸送船団とその直接護衛の水雷戦隊は、サイパン、グァムを出撃する必要はない筈である。（実際は過早に出撃して基地索敵機に発見され、我が軍の企図を暴露してしまった）

とすれば攻略部隊本隊（近藤信竹中将）の高速戦艦二隻と重巡「愛宕」以下四隻及び空母「瑞鳳」と水雷戦隊、更には支援隊（栗田健男少将）の重巡「最上」以下四隻は、南雲機動部隊を直接或は間接に支援できる位置に変更することが出来た。

大体において日本の空母護衛は米軍に比して手薄であった。本海戦でも米軍は、フレッチャー少将の「ヨークタウン」に対して重巡二駆逐艦五で比率は七・〇倍、スプルーアンス少将の「エンタープライズ」「ホーネット」に対して重巡五、軽巡一、駆逐艦九で比率は七・五倍。

我が南雲部隊は空母四隻に対して、戦艦二、重巡二、軽巡一、駆逐艦一二であり比率は四・二五倍と米艦隊に比して護衛艦が劣勢であった。

本来、海戦というものは地上戦における「遭遇戦」である。師団規模で遭遇戦を予期する場合はまず前衛があり、前衛の構成は前衛本隊と前兵からなる。前兵は通常尖兵中隊を、尖兵中隊は通常尖兵を出して警戒する。また状況に応じて側衛を配置する。

ミッドウェー海戦の場合、南雲艦隊は北西から南東に進撃しているから、当然、東方向に対する側衛部隊（索敵専門の軽空母一、重巡一個戦隊、駆逐艦数隻）を、一〇〇浬（艦載機二〇〇ノット×半時間）ぐらいの間隔をおいて並進させる策を考えるべきであった。

あれだけの大艦隊を動員しておきながら、直接の戦闘海面にいたのは南雲艦隊の二一隻のみであった。二一隻の戦闘参加だけで、八三隻（駆逐艦以上）の高速重武装の山本艦隊が敗北した最大原因が、実に兵力の分散以外のなにものでもなかったと判断できる。

ⓓ　空母の直接護衛体制にも欠陥があった。

ミッドウェー海戦における南雲機動部隊の陣形は、四隻の空母が二隻ずつ二列に並び、その周辺を戦艦と巡洋艦、更にその外周を駆逐艦で囲む輪型陣であった。問題は護衛艦艇の対空砲火能力であり、詳細は次のとおりであった。

戦艦	霧島	一二・七糎高角砲×八	二五ミリ機銃×二〇
〃〃	榛名	〃　〃　×八	四〇〃　〃　×四　一三ミリ機銃×八
重巡	利根	〃　〃　×八	二五〃　〃　×一二
〃〃	筑摩	〃　〃　×八	〃　〃　×一二
軽巡	長良	八・〇　〃　×二	
小計		一二・七糎高角砲×三二	機銃　五六
		八・〇糎　〃　×二	
駆逐艦	夕雲型	四隻	二五ミリ機銃×四×四隻＝一六
〃	陽炎型	八隻	〃　〃　×四×八隻＝三二
小計			二五ミリ機銃　四八

駆逐艦のうち夕雲型の四隻は、一二・七糎主砲六門が仰角七五度の新型砲塔で、対空射撃が可能であるが、実効の程はわからない。陽炎型の八隻は仰角が五五度で対空射撃は出来ない。とすると、対空射撃で期待できるのは一二・七糎高角砲三二門が中心であり、戦艦二隻と重巡二隻だけとなる。これで四隻の空母を敵機から守るのは如何にも心細い。米軍は三隻

の空母に重巡が七隻もついている。米軍重巡の高角砲を同じく八門としても七隻で五六門、空母一隻当たり一九門に対し、日本軍は空母一隻当たり八門にしかならない。空母護衛の駆逐艦は対潜水艦防御と搭乗員や乗組員の救助活動が主な任務とならざるを得ない。

五月一日から「大和」で行われた宇垣参謀長統監の図上演習の際、参謀達の意見として、山本大将の主力部隊が南雲機動部隊の後方三〇〇浬も離れていては空母の防御力が手薄である。戦艦は強力な対空火器を備えているから、むしろ戦艦は空母の護衛に当たるべきだと。

第二航空戦隊（蒼竜・飛竜）司令官の山口多聞少将は、全部隊を空母、駆逐艦、戦艦編成の三つの機動部隊に組み替える提案をしたが受け入れられなかった。これは誠に貴重な提案であり、これを採用しなかった山本司令部の硬直した思考力には呆れる他はない。

米軍の空母は戦闘の開始に備え距離を開いて別々に警戒艦を配置した。これは珊瑚海海戦の反省の結果であり、山口司令官の提案と同じ趣旨である。珊瑚海では、「レキシントン」と「ヨークタウン」が日本機の攻撃下で、回避運動等により距離が開いたために対空警戒幕に間隙が生じたのである。

日本海軍は攻撃には積極的であったが、防空についてはその重要性の認識に欠け研究も訓練も不十分で、これが被害の拡大～空母の喪失に繋がったと考えられる。

C、最高指揮官の位置

山本大将は自ら主力部隊（戦艦七、軽空母一、軽巡三、駆逐艦一七）を率いて、南雲機動部隊の後方三〇〇浬を進撃した。だが、これは極めて大きなミスであり、全艦隊が厳重な無線封止をしている状況下で、山本大将はいかにして適時適切なる指令や情報伝達をするつもりであったのか？　近代戦においては大艦隊の指揮官が陣頭指揮をとる役割は与えられていない。米太平洋艦隊長官ニミッツ大将は、真珠湾の司令部から適切に全艦隊を指導した。山本大将も横須賀付近に司令部を置き、軍令部と緊密に情報を交換しながら全般指揮に任じていたら、ミッドウェー海戦の結末は違ったものになっていたかもしれない。

⑤　戦訓の軽視

A、インド洋海戦の戦訓

ⓐ　空母の弱点に対する反省――不意を打たれた場合の脆さ。

攻撃第二日目、トリンコマリ軍港を空襲した攻撃隊が帰還し、再度攻撃のための準備中に、英軍重爆六機に「赤城」が奇襲され大型爆弾六発が投下された。幸い僅かに外れたが、命中しておればミッドウェーと同じ結果であった。日本の空母部隊は自ら索敵して直ちに対応するという気構えに欠けていた。

ⓑ　英東洋艦隊司令長官ソマービル大将の指揮する空母「インドミタブル」「フォーミタブル」と軽空母「ハーミス」は、セイロン島の南西海上で南雲部隊の攻撃を待ち受けていた。四月五日午後四時過ぎ、ソマービルの艦載機は南雲部隊に接触し、南雲部隊でもその接触機を目視した。しかし南雲司令部はセイロン島方面に気をとられて、イギリス空母群を捜索する努力を怠った。

これはミッドウェー島攻撃にこだわって、米空母部隊の捜索を怠った二ヵ月後の行動と全く同じケースである。

ⓒ　兵装転換

＊　四月五日、南雲機動部隊はセイロン島のコロンボ軍港を攻撃すべく、戦爆連合の一二八機からなる第一次攻撃隊を発進、指揮官淵田中佐は攻撃結果を破壊不十分とみて第二次攻撃の必要性を報告した。（一一時一八分）

＊　洋上の機動部隊空母五隻には、敵艦隊の出現に備えて魚雷装着の艦攻六三機、徹甲爆弾吊下した艦爆六九機が待機中。

＊　南雲長官は一一時五二分、コロンボ軍港再攻撃のため兵装転換を指令。

　艦攻の魚雷――→八〇〇キロ陸用爆弾
　艦爆の徹甲爆弾――→二五〇キロ陸用爆弾

＊　この作業中に第一次攻撃隊が帰ってきてその収容作業が一三時二五分迄かかる。その作業中の一三時、索敵に出ていた水偵から「敵巡洋艦らしきもの二隻見ゆ」との緊急信入る。

＊　南雲長官は一三時二三分、作業中の第二次攻撃隊に対し「敵巡洋艦を攻撃予定、艦攻は出来得る限り雷撃とす」と下令。この時は最初の兵装転換命令から一時間半たっており、換装作業はかなり進んでいた。

＊　一五時頃「赤城」「蒼竜」「飛竜」の艦爆計五三機発進、しかし艦攻全機の魚雷換装が終わったのは一六時三〇分で実に四時間四〇分を要した。戦闘の結果は艦爆隊だけで英重巡二

隻を撃沈した。(インド洋作戦の項参考)

兵装転換の経過は以上のとおりであるが、インド洋作戦の場合は敵の攻撃がなかったので幸いであった。若し英空母機の攻撃を受けておれば南雲部隊の損害は大であったと推定できる。

このため南雲司令部ではインド洋からの帰途に、「飛竜」の九七艦攻一八機で兵装別による転換の所要時間を実験で測定した。但しこの実験は敵情下にない平常の航海中であり、爆弾や魚雷は予め弾庫から出して搭載準備を整えた状況で実施したものである。その結果は次のとおりであった。

魚雷→二五〇キロ爆弾二個	二時間三〇分
〃→八〇〇キロ通常爆弾一個	一時間三〇分
魚雷→八〇〇キロ徹甲爆弾一個	二時間三〇分
二五〇キロ爆弾二個→魚雷	二時間
八〇〇キロ通常爆弾一個→魚雷	二時間
八〇〇キロ徹甲爆弾一個→〃	一時間三〇分

以上の実験から再度の兵装転換には、合計三時間半から四時間半かかることが判明した。しかし、艦が回避運動中の如く揺れの激しい場合は、さらに時間を要することは勿論である。

この戦訓と実験データを南雲長官はじめ司令部の幕僚達が、果たしてどれだけ認識していたか? 若し認識していたならば、ミッドウェーで同じような命令を出す筈がない。南雲司令部のこの様な戦訓軽視の姿勢が、日本海軍滅亡の導火点であった事は正にこの事実で実証されている。

B、珊瑚海海戦の戦訓

珊瑚海海戦で大きな損害を受け、作戦目的であるポートモレスビー攻略を達成できなかった南洋部隊（第四艦隊、第五航空戦隊「翔鶴」「瑞鶴」）は、珊瑚海海戦の教訓から、「空母用兵の原則」を五項目にまとめている。しかし連合艦隊司令部は、史上初の空母対決という貴重な経験をして帰投した珊瑚海海戦の体験者の意見を取り入れなかった。南雲部隊の一航戦（赤城、加賀）、二航戦（蒼竜、飛竜）の関係者も五航戦（翔鶴、瑞鶴）に対し、「俺たちの腕は違うんだ」と、その貴重な戦訓に耳を傾けなかった。

【空母用兵の原則】

母艦をもってする要地攻撃等は、母艦の特質（爆弾一発の命中でも航空機の発着艦不能になる脆弱性）並びに攻撃効果（一艦を以て敵の数艦を屠るに足る攻撃力）に鑑み、左の条件を具備せざる限りこれが成功の算少なく、母艦の攻撃目標は敵の海上兵力に選定するを要す。

ⓐ 奇襲成功の算大なること。我が企図、所在、行動を秘匿し敵の意表を衝き得べきこと。

「ミッドウェー作戦では、暗号解読によって日本軍の攻撃目標、時期、部隊編制等が殆ど米軍の知るところであり、奇襲は初めから成立する筈がなかった。しかも攻略部隊の輸送船団が、米軍の基地索敵機に早期に発見されて我が企図を暴露した」

ⓑ　敵航空兵力による反撃の顧慮少なきこと。

「米基地航空部隊が損害を顧みず果敢に南雲機動部隊を攻撃した。その直接的成果はなかったが間接的効果は大であった。即ちミッドウェー島は健在であり、第一次攻撃隊長友永大尉のいう再空襲の必要があると確信して、第二次攻撃隊の任務を空母攻撃から飛行場攻撃に変更したからである」

ⓒ　攻撃兵力優大にして一撃よく敵の反撃を圧倒するに足ること。

「南雲中将の敵情判断は六月二日に至っても、敵は我が企図を察知せず敵空母を基幹とする有力部隊、付近海面に大挙出動中と推定せず――という安易なものであった」

ⓓ　行動海面に制肘なきこと。

「南雲部隊はミッドウェー攻略支援と、敵空母撃滅の二つの任務にしばられていた」

「珊瑚海海戦で空母「翔鳳」は輸送船団の防空にあたり、その機動力を制肘せられて敵機動部隊の好餌となった」

ⓔ　敵海上兵力の所在行動明白なこと。

「ミッドウェー作戦では、飛行艇によるハワイ、ミッドウェー偵察が失敗し、潜水艦部隊の散開線到達の遅れにより米空母の通過を許した。通信解析による情報を適時に南雲部隊に送達できず、また第六艦隊からの米空母情報を受け取りながら、南雲司令部は注意を払わなかった。更に南雲部隊自身の索敵も、第一次攻撃隊発進時刻迄は索敵機を出撃させず、米空母群の所在を確認する努力を怠った。即ち日本海軍は米空母三隻を基幹とする有力機動部隊の情報を持たないまま敵の奇襲を受けた」

以上の五原則以外に珊瑚海海戦で注目されるのは、空母の分散出撃に問題があることと、機動部隊の編成方法に欠陥があったことである。特に対空警戒のために空母を中心に輪型陣がしけるよう、護衛の艦艇を十分につけなければならない。

「ミッドウェー作戦での空母対護衛艦艇比率も、珊瑚海海戦の時と同様四倍程度しかなく、米軍の七倍以上とは格段の違いであった」

戦訓重視の米軍に対し、緒戦以来の勝利に驕った日本海軍は、インド洋海戦や珊瑚海海戦の戦訓をよく検討せず、連合艦隊参謀の机上プランを押し通し、各級指揮官の種々の意見具申にも耳をかさなかった。そしてインド洋作戦から帰投した南雲機動部隊に僅か一ヵ月の余裕しか与えず、搭乗員の再訓練も行わずにミッドウェー攻略に駆り出した。

勝利を確信していたのは山本大将だけであり、第一艦隊司令長官高須中将、第二艦隊司令長官近藤中将、第四艦隊司令長官井上中将は何れもミッドウェー作戦に反対であった。機動艦隊司令長官南雲中将は二か月の準備期間を要請したが、山本大将に却下された。山本連合艦隊は各級指揮官の意志疎通を欠いたままミッドウェー作戦に臨み、虎の子の精鋭空母四隻と搭載の全航空機三二二機、更に熟練パイロット一〇〇人を含む三五〇〇人の乗組員を失う大敗北を喫したのである。恐ろしいのは実に「戦訓」の軽視というべきであろう。

⑥　ミッドウェー海戦と「トップ・マネジメント」

A、「トップ・マネジメント」の性格とミッドウェーの山本大将。

近代経営者の性格としてあげられる事項の中から二点を選び、ミッドウェー海戦における山本大将を論評してみる。

イ、科学的専門家であること。即ち、単なる経験や勘では危険であり、経営の科学的な高度の知識、技術によって判断できること。これを更に解りやすく言えば、

ⓐ　勘や直感でなく、組織的な方法による。

ⓑ　経験だけでなく、原則や概念の適用を重視する。

ⓒ　場当たり主義でなく、論理的、総合的パターンによる確固たる方針に基づく。

＊　ミッドウェー作戦における山本大将は、作戦計画の基本となる米軍の戦力分析を誤った。即ち、珊瑚海海戦で米空母「レキシントン」の沈没は確認されたが、他の一隻・「ヨークタウン」の沈没は、第五航空戦隊司令官・原忠一少将の報告でも、「沈没確実なれど未確認」とある。珊瑚海を脱出した可能性もある「ヨークタウン」のその後の消息は、飛行艇によるハワイ偵察が失敗したため入手出来なかった。

山本大将はミッドウェー作戦計画の最後の仕上げをする際、珊瑚海での米空母については、二隻沈没を前提条件として作業したのである。しかも索敵の項で述べたとおり、潜水艦の前方配置は時機を失して失敗に終わった。潜水艦長出身者の意見では、今回のような旧式潜水

艦では散開線配置したところで、点と線を描いて自己満足しているに過ぎない、と指摘している。

山本大将は敵空母の戦力判断にあたり、的確な情報収集手段を講ずることなく、単純に日本空母の優勢を信じていた。即ち判断の基礎に科学的根拠が欠けていた。

ロ、独裁に代わり分権化を図り、部下とのコミュニケーションを高め、参画させる。

山本大将は自らの考えに固執し、実現出来なければ長官の職を辞すと度々軍令部に強要した。ハワイ真珠湾作戦、ミッドウェー作戦の何れの場合もそうであった。

部下の意見を排して自説を押し通したケースをあげると次のとおりであった。

＊印度洋から帰還した南雲司令部が、二ヵ月間の整備・訓練期間を要請したが一ヵ月で出撃させた。

＊大破した空母「翔鶴」の熟練パイロットを無傷の「瑞鶴」に乗せ、五隻の制式空母で出撃する案を参謀達は具申したが、山本大将は四隻で十分とした。

＊第二航空戦隊の山口司令官は、全部隊を空母、戦艦、駆逐艦の三つの機動部隊に組み替える提案をしたが認められなかった。（米軍の輪型陣はこの考え方であった）参謀達も山本大将の戦艦部隊が空母部隊から三〇〇浬も後方でなく、戦艦で空母を護衛すべしと主張したが拒否された。

＊ミッドウェー作戦に対し、山本大将の部将である近藤、高須、井上の各中将（艦隊司令長

官）は皆反対していた。しかもミッドウェー攻略部隊指揮官・近藤中将も、機動部隊指揮官・南雲中将も、南方転戦中でミッドウェー作戦の協議に参加せず、コミュニケーションに欠けるところがあった。

以上の結論として山本大将は、日本連合艦隊という大企業のトップ・マネジメントに相応しくないポリシーをもって、史上最大の海戦に臨んで惨敗した。否、敗れても当然の態勢をもって臨んだというべきであろう。

B、ミッドウェー海戦の総評

ミッドウェー海戦は、ハワイ空襲の帰途に南雲機動部隊がミッドウェー島の飛行場など、施設の徹底破壊を命ぜられながら、南雲中将が天候不良の理由で、この命令を無視したことが伏線として存在するように思われる。山本大将が南雲中将をして確実に命令を実行させておけば、ミッドウェー海戦は多分発生しなかったであろう。

この時点で山本大将は、ハワイ空襲で反復攻撃をせずに早々と引き揚げた失点をも考慮し、南雲中将を更迭すべきであった。

昭和の日本海軍において最適、最高の指揮官は、おそらく山本五十六ではなく小沢治三郎ではなかったか——とも言われている。開戦前の昭和一四年から一五年にかけて約一年間、第一航空戦隊司令官も勤め、航空艦隊編成の卓見を具申した小沢中将が、機動部隊編制にあたり最適任の司令長官であった。しかし日本海軍独特の年功序列（南雲中将が小沢中将よりも一年先輩）のせいで、小沢中将は南遣艦隊司令長官として南方方面を統括指揮した。その小沢中将が南雲中将の後任として第三艦隊司令長官（ミッドウェー敗戦後の空母艦隊）に就任したのは昭和一七年一一月であった。

ハワイ作戦やミッドウェー作戦にあたり、許可されなければ辞職すると軍令部に迫った山本大将として、機動艦隊長官人事でも、なぜ職を賭して要請しなかったのか、即ちミッドウェー海戦の敗因の第一は、機動艦隊長官に人材を得なかった山本大将の幹部人事を指摘せねばならない。

第二に指摘したいのは、ハワイ作戦の表面的な成功による驕りと油断である。それがミッドウェー作戦計画の面にも表れ、大風呂敷を広げて大艦隊を分散配置し、要地の占領と米機動部隊の撃滅という危険を冒した。各種の索敵は悉く成功せず、暗号の変更も二度にわたって延期したため作戦計画は筒抜けとなり、米機動部隊は最適の海面に占位して我が軍を奇襲した。

しかも山本大将は、自ら直率した戦艦部隊による艦隊決戦を意図したかと思われるような、航空第一主義者らしからぬ艦隊編成をとり、防御力の脆弱な機動部隊を支援することも出来ずに作戦を断念して退却した。

連合艦隊の主力を動員し、米太平洋艦隊を圧倒する戦力を展開をしながら、山本大将自身の戦略判断と実戦部隊最高指揮官としての資質が問われる惨めな敗戦であった。しかも敗戦の責任をとらなかったのは何故か、山本大将のために誠に残念に思えてならない。

第三章　ソロモン諸島をめぐる攻防

一、ウォッチタワー作戦の構想

一九四二年（昭和一七年）二月一〇日、米国軍令部長兼合衆国艦隊司令長官キング大将は、ソロモン諸島南東部のツラギ（ガ島の対岸）の確保を提言した。その目的は、ⓐ米豪生命線を護る城砦として。ⓑソロモン諸島を北進し、ラバウルを奪還する為の本拠地として。ⓒ日本軍をしてこれ以上南方に進出することを許さない保障の為であり、欠くことの出来ない軍事行動であると提言した。マーシャル陸軍参謀総長も賛同したので、キング提督は三月二日、ルーズベルト大統領に対して正式に計画書を提出して裁可を得た。

そして直ちにカリフォルニア州サンディエゴ駐屯の海兵第一師団を動員し、同師団は三月末にはニュージーランドに向かって出航するという神速ぶりであった。

キング提督はまた、ラバウル方面からの日本軍の進出に対処するため、並びにソロモン諸島及びビスマルク諸島への連合軍進撃の基地とするため、ニューヘブライズ諸島のエファテに基地の建設を命ずると共に、ニミッツ提督の太平洋方面部隊に従属する別個の南太平洋部隊を創設し、海軍中将ロバート・L・ゴームリーを同部隊指揮官に任命した。ゴームリー提督は司令部をニュージーランドのオークランドに置き、速やかにエスピリッツサントに第二のニューヘブライズの基地建設作業を始めた。

米海軍の計画者たちは水陸両用作戦専門の第一海兵師団が、空母による支援の下にソロモン諸島の南東部に先ず上陸することを要請した。米軍は同地に、ソロモン諸島の島々を占領する場合に備え、これを援護する陸上基地飛行機用の飛行場を建設。これらの島々に米軍は、主目標（ラバウル）に近い爆撃作戦線を推進するため、更に他の飛行場を建設する。かくて一連の作戦の各段階における新たな上陸作戦は基地飛行機の支援を受け、ラバウルそのものを猛烈な航空攻撃下におくことが可能になる。各段階の進出距離は、米軍戦闘機の最大行動半径である三〇〇マイル以下とした。

二、我が南東方面戦略と基地航空体制の整備

日本の第二弾作戦での戦略構想は、東部ニューギニア、ソロモン、及びビスマルク諸島を第一線とする珊瑚海の制空制海権を確保し、豪州と米本土との遮断をしつつ、戦略態勢を固めるというものであった。

そしてこのうち、米豪間の海上ルートの要衝にあたるサモア、フィジー諸島とニューカレドニア島の攻略を予定し、陸軍はこの方面を担当する第一七軍（軍司令官百武晴吉中将）を

新設した。

また、日本海軍は一七年四月上旬、第一一航空艦隊（基地航空隊）を再編強化して、南東方面、南洋方面、本土方面に制空権を広く展開させて太平洋の正面に備えた。このうち南東方面には台南航空隊（戦闘機四五、陸偵六）、第四航空隊（一式陸攻三六）、元山航空隊（九六陸攻四五）、横浜航空隊（九七大艇一二、二式水戦九）がラバウルを基地として第五空襲部隊となり、第四艦隊に編入された。

しかし五月八日の珊瑚海海戦に続く六月五日のミッドウェー海戦は、主力空母四隻を失う日本海軍の敗北となり、FS作戦は中止となったが、空母戦力の弱体化に伴い基地航空隊への負担が増大した。

三、ガダルカナル島の飛行場建設

各基地航空隊とも種々の困難を抱えていたが、特に連合軍の反攻正面であるラバウル航空隊では、東部ニューギニア、オーストラリア北東部、ソロモン諸島など作戦行動地との距離の関係で、作戦機の航続距離の長さに悩まされていた。特に敵機の邀撃で交戦すると燃料の増槽タンクを捨ててしまうので、帰りの燃料を考慮に入れると敵地での滞空時間は極く限られたものになった。例えば、零戦二一型の航続距離は一二〇〇哩で、キロ換算では二二二二キロとなり、ラバウル～ガダルカナルの往復二〇〇〇キロでは、ガ島上空での空戦できる時間は一五分ぐらいしかない。

したがってラバウルに基地をおく第五空襲部隊としては、ラバウルから南の島のどこかに飛行基地を造って、制空権を延伸する必要に迫られていたのである。

一七年五月二五日、第五空襲部隊所属の大艇一機に同部隊及び第四艦隊所属の幕僚と技術者らが乗って、飛行場建設の条件を満たす場所を上空から探した。するとガダルカナル島の北西部にあるルンガ川東方の、海岸線から約二〇〇〇メートル南に適当と思われる土地を発見した。

この報告を受けた第五空襲部隊指揮官山田少将は六月一日、第一一航艦参謀長の坂巻少将に文書報告とともに、急ぎ飛行場の設営にかかるよう意見具申した。

本件具申は、第一一航艦から連合艦隊及び大本営海軍部あて転電されたが、いずれからも即答はなかった。

しかし、ミッドウェー作戦が失敗に終わった六月下旬、第一一航艦司令部を通じて連合艦隊から参謀長名で、ガ島に飛行場設営の許可が下りた。

これを受けて現地部隊では改めて二回目の現地偵察を行い、第四艦隊麾下の第一一設営隊（門前大佐）と第一三設営隊（岡村少佐）が工事を担当することとなり、先遣隊の一五〇人は七月一日、本隊約二五〇〇人は七月六日に、ガ島ルンガ岬海岸に到着した。また別に遠藤大尉の指揮する第八四警備隊派遣隊及び呉第三特別陸戦隊の総勢二四七人が上陸して任務についた。

ガダルカナル島はソロモン諸島を形成する死火山山脈地帯の南端に位置し、赤道から更に

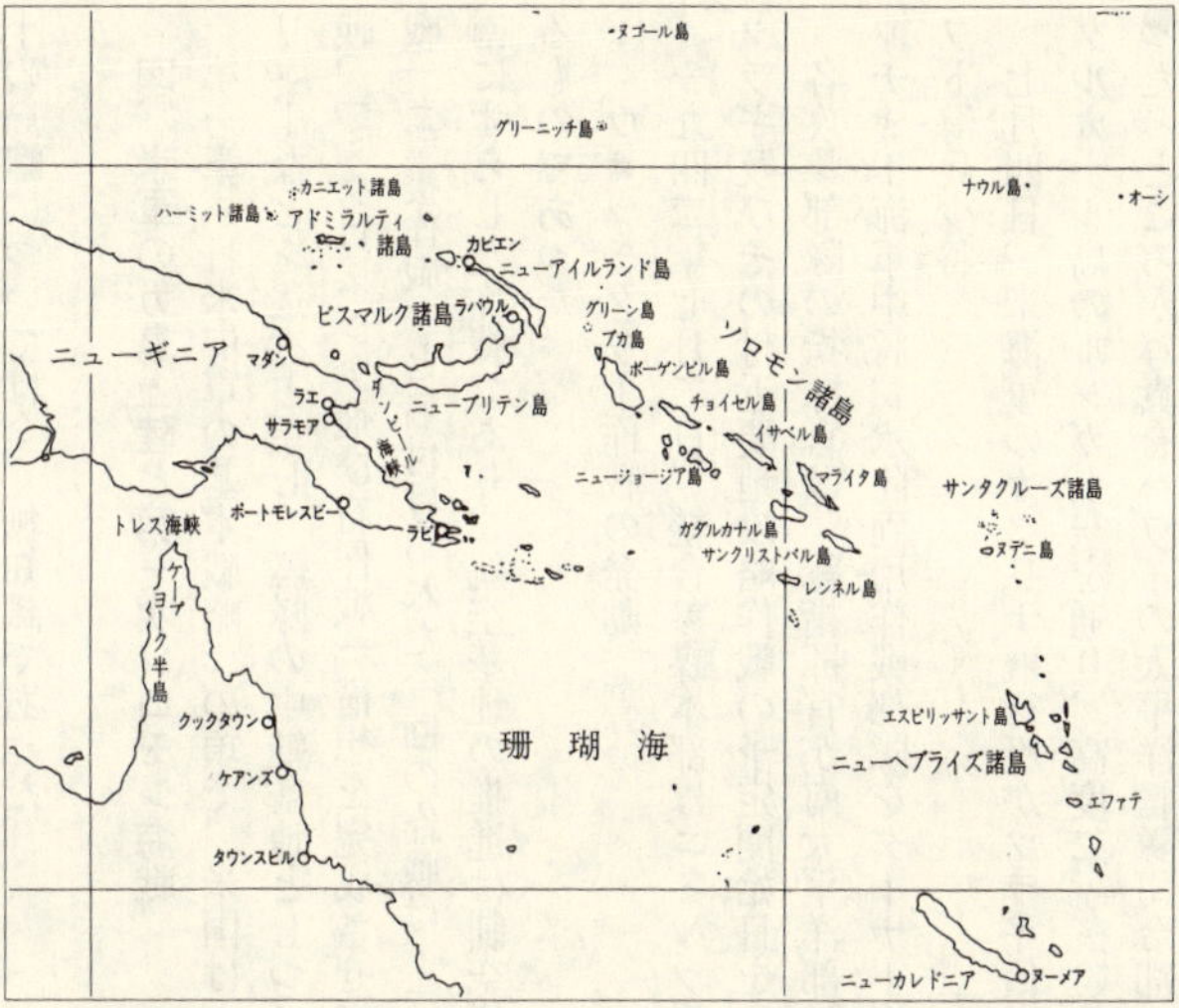

二〇〇哩南にある。東西八〇哩、南北二五哩で我が栃木県とほぼ同じ大きさ。全島はジャングルにおおわれ、島の南岸は狭い平地から急に山地に続いており、僅かに島の北側だけに飛行場を建設できる広さの平地がある。住民はポリネシア人約四〇〇〇人が海辺に住み、豪州の商社が西岸に椰子を植え、年に一、二回、収実に渡航することが、文明人の唯一の接触という未開未墾の島であった。この島を領有する豪州の海軍省さえガ島には軍艦を送ったこともなく、その地形内容に関しては未知の状態であった。

また、世界の島嶼は大概踏査して最も豊富なる「群島知識」を誇っていた米国海兵隊さえも、ソロモン群島だけは調査の外に捨てておき、僅かにツラギ、ニューブリテン島を知っていただけで、他の数十の島嶼については全く無知識であった。

四、米軍のガ島上陸と第一次ソロモン海戦

第一章「日米海軍の基本戦略」の項で、米国は一九二一年六月、パオラ、トラック、ペリリューなどを逐次占領し、艦隊の中継基地としつつ日本本土に接近する太平洋横断の攻勢作戦、「ミクロネシア飛び石作戦」構想を完成させていたことを述べた。「ウォッチタワー作戦」（望楼作戦）と名付けられた今回の作戦は、二〇年前の「ミクロネシア飛び石作戦」を南にずらした作戦であり、航空基地の推進は制空権獲得を第一とする戦闘方式への変化によるものであった。

①　ウォッチタワー作戦の発動

一九四二年七月二日、統合参謀本部はニミッツ提督の指揮の下に、サンタクルーズ諸島、ツラギ及びその付近要地攻略作戦の予定開始日を八月一日と定めた。

各攻撃部隊の指揮官は、総指揮官が南太平洋部隊のゴームリー海軍中将、機動部隊をフレッチャー海軍中将、水陸両用作戦部隊をターナー海軍少将、第一海兵師団長がヴァンデグリフト海兵少将。

七月四日、米海軍のカタリナ飛行艇がツラギ偵察の帰途、雷雲を避けて飛ぶうち、偶然ガダルカナル島のルンガ上空を通り、高度二～三〇〇フィートでパイロットは数枚の写真を撮った。ところが写真をハワイの太平洋艦隊司令部に送り分析されると、拡大された島の北中

部には明らかに椰子林が切り倒され、滑走路を建設中であった。この情報のため望楼作戦計画の中には、ガダルカナル島攻略が包含されることとなり上陸開始予定日は八月七日に変更された。

ウエリントン（ニュージーランド）、シドニー、ヌーメア（ニューカレドニア）、サンディエゴ（米西岸）および真珠湾という広正面の地点から総計約八〇隻の望楼作戦部隊が、七月二六日フィジー南方海上で集合し、上陸予行演習を行った後艦隊は西方に進撃、珊瑚海で進路を北に転じてスコールの中をガダルカナルに向かった。このスコールは日本の索敵機も含むすべての航空機の飛行を不能にした。

第一海兵師団一万八〇〇〇名を載せた二三隻の輸送船を、空母三、戦艦一、巡洋艦一四、駆逐艦三一で支援し、更に基地航空機二九三機を加えた強力な陣容であった。

このように米軍の南東ソロモン諸島進攻作戦は、単に日本海軍がガ島に飛行場の建設を進めたから急に計画されたものではない。進攻兵力と上陸作戦の準備の点で用意万端整えつつ進めたもので、中途半端な思い付き作戦ではなかった。まして威力偵察とか、飛行場破壊目的に限定した作戦でもなかった。

②　米軍進攻直前の日本軍の対応

ガダルカナル島の北側にあるフロリダ島の入江に三つの小島があり、その一つのツラギを日本海軍が占領したのは四二年五月三日であった。ツラギには豪州軍の飛行艇基地があり、日本海軍はここを占領して飛行艇を進出させ、ポートモレスビー作戦に備えて珊瑚海を哨戒圏の下に置こうとした。

七月二日、海軍軍令部の通信諜報班は、三七隻の大船団が米本土西岸のサンディエゴを出港し、八月上旬に豪州東方海上に達するだろうと通報した。しかし軍令部は、それらは豪州か東部ニューギニアに増援として上陸する兵力だろうと誤算していた。

八月四日、再び通信諜報班は全軍に警告を発した。また五日にはガ島の現地部隊から使役に出ていた原住民が山中に逃げ込んだとの報告が入った。

一方、突貫工事を進めてきたガ島飛行場は、八月五日には第一期工事を終了、長さ八〇〇メートル幅六〇メートルの滑走路が完成し「戦闘機の進出可能」と報告した。ここで素早く戦闘機を進出させれば、その後の戦局に変化があっただろうが、第一一航空艦隊では戦闘機隊のガ島進出を八月一六日と予定していた。

そのうえツラギを基地としていた横浜空の飛行艇三機は、八月六日早朝、いつものように半径四〇〇浬の扇形哨戒に出たが、視界一〇〜二〇浬の曇り空とスコールに妨げられ、眼下の米大船団を見落としてしまった。

九七式大艇二三型の性能は、四発、乗員九名、速力二〇八ノット（三八五キロ）、航続距離三六五六浬（六七七〇キロ）。

フィジー諸島からガ島まで一八〇〇キロだから、船団の速力一二ノットで三・四日、一五ノットで二・七日の行程であり平均三日と試算して、もし哨戒距離を米軍並みに七〇〇浬（一三〇〇キロ）に伸ばしていたら、天候が不良とはいえ八月五日と六日のいずれかの哨戒飛行で、米軍船団を発見できた可能性もあると考える。

どうも日本海軍はミッドウェー海戦以来、ついていなかったように思われる。

③　米第一海兵師団のガ島上陸

米軍上陸当時の状況は米側記録に要約されているので「ニミッツの太平洋海戦史」から引用してみたい。

八月七日、「サラトガ」「エンタープライズ」「ワスプ」の空母部隊が、ガ島南方所定地点に向けて航行していたとき、ターナー提督指揮の水陸両用作戦部隊はガ島の西岸に沿って北上、サボ島付近で二つのグループに分かれ、後にアイアンボトムと呼ばれた水道に進入した。この水道の名称は、それから数ヵ月間にこの海底に沈んだ多くの艦船の墓地として名づけられたものである。

海軍の決定によるガ島への近接は夜間に行われ、上陸は昼間に実施され、そして海軍艦船の砲撃と飛行機の攻撃の下に作戦が進められた。海兵隊が日の出時に水際に突入したとき日本軍の抵抗はなく完璧な奇襲であった。

暗くなる迄に、一万名の海兵隊はガダルカナルに上陸、水際は補給物資でごった返した。一つの戦闘チームは海岸線に沿って西進、他方、もう一つの隊は南西方向にジャングル地帯を突破した。同島にいた建設作業員を主体とする二〇〇〇名乃至はそれ以上の日本人の大部分は、米艦による砲撃のさい西方に遁走したが、隠れていた若干の勇敢な兵は狙撃をなし機銃を発射した。海兵隊は上陸第二日の進撃で遭遇した日本兵を粉砕した。八日午後の半ばごろ、一つの海兵隊チームは日本の主要基地に突入した。この基地には機械工場、発電所、多量の糧食、火器、弾薬があった。それから少し遅れて、他の部隊が滑走路を占領した。その後ヘンダーソン飛行場となったのは、この地である。

アイアンボトム水道北側の作戦はあまり順調に進展しなかった。この作戦の目標は大きい方のフロリダ島の入江の内側にある三つの小島である。その一つは、水道から急に高くなっている長さ二マイルの台地があるツラギ、他の二つは狭い土手道でつながった一対の小島、タナムボゴとガブツであった。この方面の作戦で、艦砲射撃と空母飛行機による爆撃と機銃射撃が、日本の全水上機を撃破したにもかかわらず、海兵隊は苦戦した。（当日の日本軍水上機は九七大艇七機と水上戦闘機九機）

ツラギにおいては、上陸地点の選定が日本軍の意表をついたため、上陸は極めて容易に行われた。海兵隊が台地に進出したとき、日本軍は巧みに塹壕を利用したので、海兵隊は機銃、手榴弾、臼砲をもってこれを駆逐しなければならなかった。

ガブツ島では、日本軍の猛烈な小火器の抵抗を受け、水陸双方の攻撃で占領した。八月七日のタナムボゴ島の占領は失敗に終わった。これら三つの島を確保する迄に、ヴァンデグリフト将軍は七八〇名の日本軍守備隊に対し、当初派遣した一五〇〇名の海兵隊を二倍にしなければならなかった。これは海兵隊の予備隊全部を使用する結果となり、望楼作戦のサンタ・クルーズ作戦は延期され、事実上放棄を意味した。

「ニミッツの太平洋海戦史」では米上陸軍の戦闘模様を以上の如く述べている。ここで一つ疑問に思うのは、八月七日の索敵出発時間の問題である。前日の出発時間は午前四時頃という記録が別にあり、一方の米軍艦艇の艦砲射撃開始時刻が午前四時過ぎという。また、ツラギ通信基地からの最初の電報「敵猛爆中」の発信時刻が、四時一二分となっているので、艦砲射撃開始が四時一〇分として、九七大艇は出発準備中でエンジンは始動していたかもしれない。恐らく哨戒機の出発時刻も米軍は承知していたのであろうと推測できる。それは豪州の沿岸監視哨（コーストウォッチャー）が、戦前から南太平洋の島々に配置されており、彼らは秘密裏に携帯用無線機で敵艦船や飛行機、地上部隊の動静を住民の援助を受けながら偵察し、連合軍指揮官に適切な情報を提供していたからである。事実、ガダルカナルの山中においても、彼らが隠れ家としていた場所を日本軍が捜索中に発見している。ツラギの水上基地やガ島飛行場の工事情報は、当然連合軍指揮官に逐次通報されていたと見るのが至当であろう。

④ラバウル基地航空隊の反撃

ツラギからの緊急電を受けたのは、三川軍一中将の指揮するラバウルの第八艦隊である。大本営海軍部は七月一四日、山本連合艦隊長官に対し「第八艦隊は主として南太平洋方面における作戦に任ずると共に、東部ニューギニアの戡定及び同地以東の南太平洋方面占領地域の警備に任ず」と指示した。山本長官は新設の第八艦隊に対し、さらに第六戦隊（重巡「青葉」「衣笠」「古鷹」「加古」）と第二九駆逐隊等の部隊を増勢し「外南洋部隊」とした。

上級司令部の情勢判断は、米軍の反攻は昭和一八年後半からとの見通しであり、また直前にギルバート諸島のマキン島に対し威力偵察があったため、米軍の兵力は一個大隊程度の威力偵察目的と判断した。

基地航空部隊である第一一航空艦隊所属の第二五航空戦隊は、陸攻隊をラバウルに戦闘機隊をラエに駐留させていたが、七日午前七時三〇分にツラギへの出撃命令を下した。当日はポートモレスビー爆撃の予定であったが、即時発進の命を受けた攻撃隊は陸用爆弾装着のまま出撃した。

第二五航空戦隊の一式陸攻二七機と護衛戦闘機の零戦二七機は、一〇時二〇分にツラギ上空に到着した。ブーゲンビル島の沿岸監視員からの報告とレーダーで日本機の来襲を知った米軍は、三隻の空母から六二機の戦闘機を発進させて邀撃した。

零戦二七機は二倍以上の敵戦闘機と交戦し、二機を失ったが敵一二機を撃墜した。米軍にしてみれば、一〇〇〇キロもの距離を日本の戦闘機が護衛してくるとは考えられないことであった。陸攻隊の水平爆撃は一弾も命中せず五機を失って帰路についた。また、前日ラバウルに到着したばかりの九九艦爆は整備不足で、その性能は約二五〇浬圏内が攻撃飛行の限度とされていた。しかし二五航戦司令官山田少将は、戦況の重大性を考慮して、この九九艦爆を、飛行距離五六〇浬に及ぶ攻撃に参加させることを決意した。しかしこの搭乗員たちは、片道飛行になることがわかりきっている出撃に臆する色を見せなかった。

日本軍は当時ショートランドに水上基地を持っていたが、九九式艦爆に関しては、この基地までの帰投さえも危ぶまれたのである。そこで第二五航戦司令部は、水上機母艦「秋津洲」（竣工、一七年二月、四六五〇トン、搭載大型飛行艇一機）及び二式大艇をショートランドのはるか南東海上に進出させ、更に、第八艦隊に対して駆逐艦一隻の特派を要請した。燃料のつきた艦爆機を海上に着水させ、飛行機は捨てて搭乗員のみ救助するという非常手段がとられることになった。日本軍にとって、ラバウル〜ガ島間に中継の基地がないという弱点は、殆ど致命的ともいえるものであった。

この艦爆隊九機は午前八時五〇分ラバウルを出発、午後一時から猛烈な対空砲火と十数機の敵戦闘機の妨害を排除して攻撃を敢行し、米駆逐艦二隻を大破した。この隊は四機を失い、五機はショートランド南東海上に不時着し救助された。

洋上に不時着した艦爆隊員から七日の夕方までに「戦艦一、重巡二、軽巡八、駆逐艦四、輸送船約三〇、小型艇無数輸送船と陸岸を往復しあり」と敵情が報告された。

翌八月八日、前日塚原第一一航艦長官とともにテニアン島からラバウルに前進した三沢航空隊の陸攻隊を交え、陸攻二三機、零戦一五機がツラギ沖の敵艦船攻撃に向かった。前日の失敗にこりて、陸攻の胴体には魚雷が吊り下げられていた。

この日もコーストウォッチャーの予報が入り、米艦隊は超低空で肉薄する一式陸攻に激しい対空砲火を集中した。防弾能力が低くライターと呼ばれた陸攻の損害は大きく、傷ついた五機を除いて八割が帰らなかった。燃える一機は輸送船に体当たりし、駆逐艦一隻が大破炎上したのが、この日の戦果のすべてであった。

⑤　三川第八艦隊のガダルカナル島突入（第一次ソロモン海戦）

A、初動時における指揮官の判断と処置

第八艦隊司令長官三川軍一中将は、七日午前五時三〇分、ラバウル泊地に投錨していた麾下の艦艇に対して、手旗信号をもって出撃命令を下した。ラバウルには第一八戦隊の軽巡「天龍」（三二三〇トン）、「夕張」（二八九〇トン）、駆逐艦「夕凪」敷設艦「津軽」（四〇〇〇トン）が在泊していた。軽巡「龍田」（三二三〇トン）と駆逐艦「夕月」「卯月」はブナ輸送作戦に従事していたので、この作戦には参加できなかった。

一七年七月、新設の第八艦隊司令長官に任ぜられた三川中将は、広島出身、海兵三八期、海軍大学卒業後フランス大使館付武官、戦艦「霧島」艦長等を経て第三戦隊司令官として戦艦「金剛」に乗りミッドウェー作戦に参加した。

昭和九年には重巡「鳥海」の艦長を勤めたこともあり、今、再び「鳥海」に乗って七月一九日呉を出港し、途中トラックで第四艦隊司令部から任務を継承して七月三〇日午後三時、ラバウルに到着した。米軍がガダルカナル島に上陸した僅か一週間前の着任である。

第八艦隊の編成概要は、旗艦「鳥海」以下、第六戦隊（五藤存知少将）の重巡四隻（青葉、衣笠、古鷹、加古）と第一八戦隊の軽巡三隻（天龍、龍田、夕張）、第二九駆逐隊の駆逐艦四隻（夕月、夕凪、追風、卯月）、第七潜水隊の伊号三隻（機雷潜）と呂号二隻（三三、三四）、敷設艦「津軽」、その他駆潜艇、掃海艇等。

午前八時三〇分、三川中将は出撃前の慌ただしい中で、ラバウル所在の各指揮官を集めて作戦の打ち合わせを行った。その要旨は次のとおり。

イ、八日夜半、敵輸送船に対し夜襲決行す。ロ、攻撃は一航過をもって終る。

ハ、全艦は一戦隊に見做し旗艦に続行す。ニ、各艦の距離を一〇〇〇メートルとす。

ホ、突撃前速力を二六ノットとし、爾後、速力を変更せず。

ヘ、攻撃は旗艦の攻撃をもって示す。

ト、水偵は艦隊の攻撃前に敵後方に吊光弾を投ず。

チ、翌朝予想される敵空母の艦載機よりの攻撃距離外にある如く戦場より離脱す。

リ、航路はブーゲンビル島の北方に出て、然る後ソロモン群島の中間航路を南東下するを予定航路とす。

ヌ、サボ島の南よりツラギ海峡に突入する。

三川第八艦隊司令部の乗り込んだ「鳥海」が「天龍」「夕張」「夕凪」を従えてラバウルを出港したのが午後二時三〇分、ニューアイルランドとニューブリテン島の中央で第六戦隊と合同したのが午後四時五分であった。

以上は、戦局の急変に直面した三川中将が連合艦隊司令部の指示を待つことなく、急遽下した決断と行動であった。

今回の作戦計画の要点は、一万トン級の重巡艦隊が、五〇〇浬余に及ぶ洋上を疾走して、空母を含む艦艇に支援された敵輸送船団の在泊する未知の海面に、敵情不明のまま躍り込む、そして水雷艇や駆逐艦の雷撃でなく、重巡の二〇センチ主砲群を連ねて敵船団を狙い撃ちするという、世界海戦史に前例のない破天荒な作戦であった。

この作戦を計画した主席参謀の神重徳大佐は、海兵四八期、砲術専門で海軍大学を優等卒業、軍令部作戦課専任参謀から第八艦隊に着任したばかりである。

三川中将が戦後もらした回想（防衛庁戦史室資料）によれば、中将は当初「鳥海」と第六戦隊の重巡だけで出撃するつもりでいたという。理由は第一八戦隊の「天龍」「夕張」「夕凪」の各艦とも「訓練が十分でなく、夜戦ともなれば尚更のこと足手まといになる」と考えていたからである。それが参加することになったのは、一八戦隊参謀篠原多磨夫中佐が、連れていってくれといって艦隊司令部に座り込んで動かなかったからだともいう。誠に上から下まで見事な程の気概と感嘆せざるをえない。

B、慎重な索敵と果敢な進撃

旗艦「鳥海」を先頭に予定の進路をとって七日夜、ブカ島の北方海域を通過した。翌八日明け方の位置は、ブーゲンビル島の北東約六〇浬であった。

八日四時、「鳥海」「青葉」「衣笠」「加古」の各艦から、各一機の水偵が索敵のため、ガ島泊地及びその東方海域を目指して発進した。約四時間の後、各水偵から「輸送船のほかに艦艇あり」との報告が送られてきた。

一一時頃水偵の収容を終えた第八艦隊司令部は、先の基地航空部隊からの通報と合わせて敵の情勢を検討分析した結果、「概ね戦艦一、巡洋艦四、駆逐艦九、輸送船一五」と判断した。問題は敵機動部隊の動静であるが、八日午前九時前後において、少なくともガ島の二五〇浬圏内に敵空母はいないと断定するに至った。そして八日午後からガ島泊地目指して進入しても、日没までに艦載機の攻撃を受ける公算は少ないという結論に達した。

ここに至って三川中将は、あらためてガ島突入の決意を固め八日午前九時一〇分、第一一航空艦隊長官塚原中将、山本連合艦隊長官並びに永野軍令部長宛に自隊の索敵機の報告内容と「飛行機収容次第ブーゲンビル海峡を南下、イザベラ島、ニュージョージヤ島間を高速にて突破し、二〇時三〇分頃ガダルカナル泊地に殺到、奇襲を加えたる後急速避退せんとす」という決意を打電した。

（米海軍諜報班は、この「鳥海」からの打電を傍受していたが、八月二三日まで判読出来なかった。もし突入時間までに判読されていたら、三川艦隊の勝利は無かったであろう）

なお、三川艦隊は八日午前八時頃、オーストラリア空軍のハドソン哨戒機に発見されたが、哨戒機は無線封止の命令を墨守し、日本艦隊発見を打電せず、基地に帰還後に報告した。報告は「一五ノットで巡洋艦・駆逐艦各三隻、水上機母艦二隻が南東に向かっている」とあり、この報告に接した米水陸両用部隊指揮官ターナー提督は、日本軍は中部ソロモンに水上機基地を建設中だったので「そのための移動かも知れぬ」と判断した。即ち日本艦隊が南東に進んで来る旨だけは知ったが、ガ島向けとまでは思わなかったのだろう。誠に幸運であった。

八日未明に水偵を発進させてからブーゲンビル島の北方海上を行きつ戻りつして、機宜行動を行っていた第八艦隊が南下を始めたのは午前一一時頃であった。速力二〇ノットでブーゲンビル水道を通過すると、二六ノットに増速してチョイセル島とベララベラ島間に進入した。待望の日没時が来て空襲の心配もなくなり、一七時四〇分頃旗艦「鳥海」のマストに三川長官訓示の「帝国海軍の伝統たる夜戦において必勝を期し突入せんとす。各自冷静沈着よくその全力を尽くすべし」との信号が掲げられた。

C、米機動部隊と水陸両用部隊、警戒部隊の状況

八月七、八日に実施された日本軍基地航空部隊の空襲は、泊地の米軍艦船の損害は軽微であったが、船団の泊地にとどまる日数を予定より二日間伸ばす必要が生じた。また揚陸作業とは別に、日本空軍の攻撃が現地の連合軍に対して、心理的に与える影響は大きかった。機動部隊指揮官フレッチャー提督は、八日午後四時頃にはサボ島から一二〇浬離れたサンクリストバル島北西端の沖合にあったが、提督は、珊瑚海で「レキシントン」、ミッドウェーで「ヨークタウン」を失っている。当然、山本大将としては日本海軍の残存空母を率いて奇襲をしてくるだろう。提督としてはこれ以上空母喪失の責任をとりたくなかった。燃料不足並びに空戦による戦闘機二〇機の喪失を理由に、八日午後六時、南太平洋部隊指揮官ゴームリー中将に引き揚げの具申をした後、三隻の空母を率いてサンクリストバル島北西端から南下を開始した。

この事態を受けて水陸両用部隊指揮官ターナー少将は、第一海兵師団長ヴァンデグリフト少将並びに警戒部隊指揮官クラッチレー英海軍少将と協議した結果、一応緊急物資のみを夜明けまでに陸揚げ、九日早朝に輸送船を泊地から離脱させることに意見が一致した。そして警戒部隊指揮官クラッチレー提督は、船団を護衛する各艦艇の配備を次のように決めた。

＊南方部隊（クラッチレー少将）サボ島とガ島間の南方水路七浬の警戒

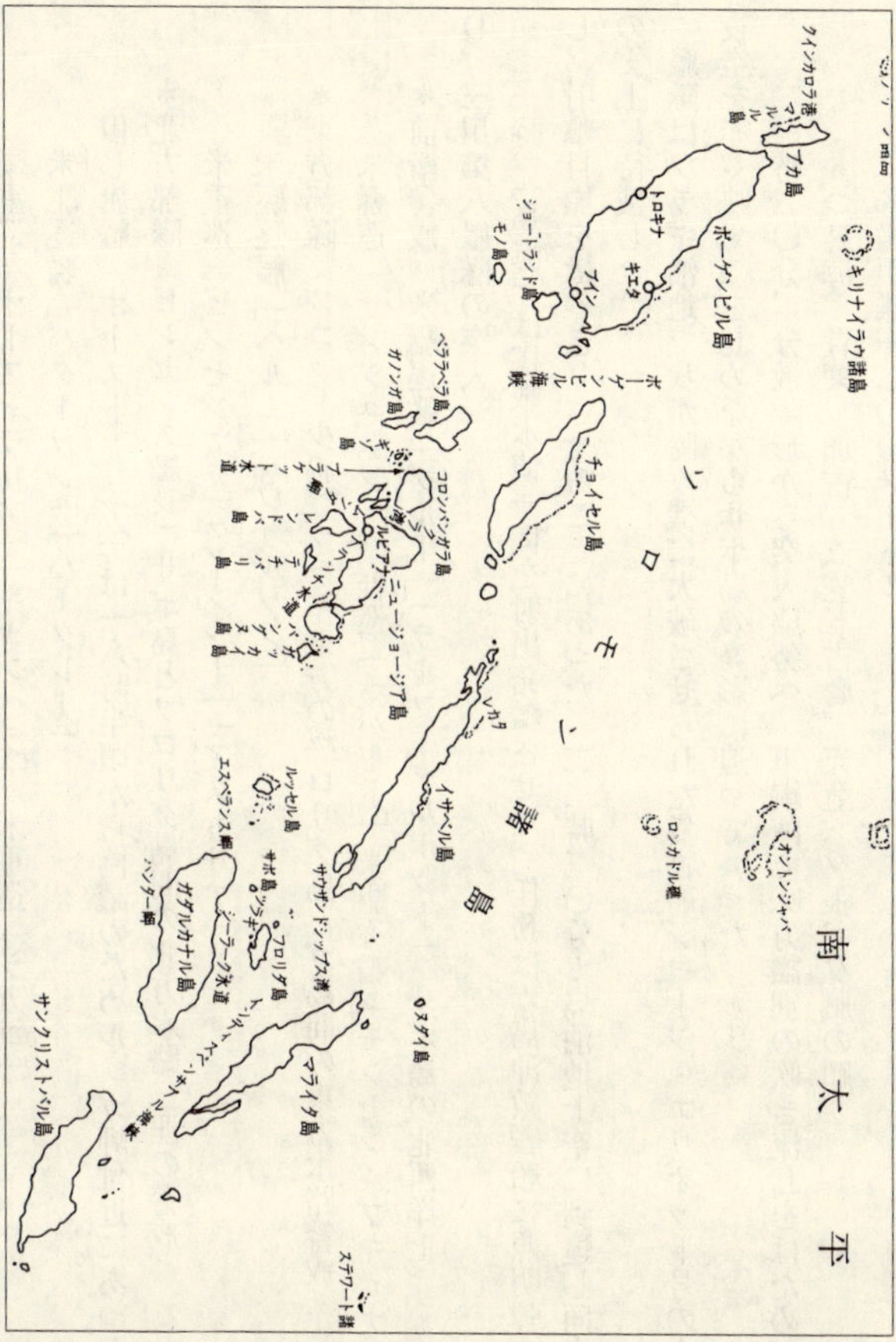
南太平
ソロモン諸島
キリナイラウ諸島
ブカ島
ボーゲンビル島
トロキナ
キエタ
ブイン
ショートランド島
モノ島
ボーゲンビル海峡
チョイセル島
ベララベラ島
ガノンガ島
コロンバンガラ島
ニュージョージア島
レカタ
イサベル島
ロンカドル礁
オントンジャバ
ルッセル島
エスペランス岬
サボ島
フロリダ島
ガダルカナル島
ハンター岬
マライタ島
サンクリストバル島
ステワート諸島

豪重巡「オーストラリア」「キャンベラ」 米重巡「シカゴ」

米駆逐艦「パターソン」「バークレー」

但し旗艦「オーストラリア」は一八時半頃から協議のためルンガ岬付近にあった。

＊北方部隊（ビンセンス艦長）サボ島とフロリダ島間の北方水路三浬の警戒。

米重巡「ビンセンス」「クインシー」「アストリア」

米駆逐艦「ヘルム」「ウィルソン」

＊東方部隊（スコット少将）ツラギ東方のフロリダ島とガ島間の東方水路警戒。

米軽巡「サンジュアン」 豪軽巡「ホバート」 米駆逐艦「モンセン、ブキャナン」

＊前衛警戒 米駆逐艦「ブルー」「ラルフ・タルボット」 サボ島の北西洋上。

D、三川第八艦隊の突入

二一時、「鳥海」は搭載水偵一機を射出発艦させた。任務はガ島沖敵艦船に照明弾を投下し、射撃目標をはっきりさせることにあった。二三時三〇分ガ島泊地上空に到達し同島西部の雲上に待機した。

艦隊はツラギ泊地で我が陸攻機に大破させられた貨物船ジョージ・エリオット号の火災が夜空を赤く映すのを認めながらサボ島の島影に迫っていった。

二一時二〇分、分散隊形から突入態勢へ。単縦陣で味方識別の吹き流しをはためかしつつ鳥海、青葉、加古、衣笠、古鷹、天龍、夕張、夕凪の順、

各艦距離一二〇〇メートル。

二二時四三分、速力二六ノットでサボ島の南方水道に進入しようとした時、右舷三〇度方向、距離九〇〇〇メートルで艦影を発見、駆逐艦らしき敵（ブルー）は気づかず。

二二時五〇分、新たに左舷二〇度に駆逐艦一隻（ラルフ・タルボット）を発見したが敵は反転。両駆逐艦は旧式であったが捜索用レーダーを装備しており、約一〇浬の探知性能を備えていたが、陸地が近くて能力が落ちていたらしい。

二三時二六分、三川長官は各艦独自に艦長が戦闘指揮をとれと命令。

二三時三〇分、「全軍突撃」を下令。

二三時三八分、「鳥海」は左七度に敵巡洋艦を発見、四五〇〇メートルで魚雷四本を発射したが命中せず。その直後、更に右四〇度の方向に数隻の艦影を認めた。いまや敵輸送船団に遭う前に敵艦隊と遭遇したと判断、直ちに先行させていた哨戒機に吊光弾の投下を命じた。その照明の中に陸地を背景にした敵の艦影がくっきりと浮かび上がった。

㊟　米重巡「ビンセンス」を中心とする五隻の北方部隊と、豪重巡「キャンベラ」を中心とする四隻の南方部隊は、サボ島の東側海域の哨戒航路を一〇〜一二ノットの速力で単縦陣のまま航行していた。

㊟　この海戦の詳細は、出合いがしら同然の衝突であったこと、暗夜に高速で走りながらの混戦であったため、はっきりとしたことは不明とされ、生存者の証言もまちまちで、各艦戦

隊の「戦闘詳報」も一致しない点が多い。

二三時四七分、「鳥海」は豪重巡「キャンベラ」に魚雷四本を三七〇〇メートルで発射、二本が右舷艦首に命中し二〇センチ砲弾も艦橋に命中。他艦からの分も合わせて合計二八発命中、艦長戦死。火災が始まってから応戦に移り、魚雷一本を発射、四インチ砲数発を撃ってから戦闘不能に陥った。命中弾を受けてから五分と立たぬ間に艦は左に傾き始め、翌朝まで浮いていたが味方の魚雷で処分された。

二番艦「シカゴ」は左舷艦首に魚雷一本が命中し、砲撃で応じながら戦場を離脱し、日本艦隊が去ってから引き返し「キャンベラ」の救助にあたった。駆逐艦「パターソン」は砲塔に命中弾を受け中破。

二三時四四分、第六戦隊旗艦「青葉」は僚艦の「加古」「衣笠」とともに吊光弾の照明に浮かび上がった敵に対し砲雷撃を浴びせ、四本の魚雷命中と判断された。第六戦隊の殿艦「古鷹」は、前続艦「衣笠」に続いて前進中、火焔を背負った巡洋艦が前方に突っ込んでくるのを見て、やむなく左に転舵して大破した敵艦との衝突を避けようとした。このとき前の「衣笠」を見失い、針路の変わってしまった「古鷹」は、敵巡洋艦に向けて魚雷を発射し更に砲撃を加えながら、単艦北上するという形になった。

後続の第一八戦隊の軽巡「天龍」は砲戦中、羅針盤が故障し前を行く「古鷹」

を見失わないよう懸命に続行、同戦隊の二番艦「夕張」も砲雷戦中に隊列からやや左にずれて進む。殿艦の「夕凪」は「夕張」について高速突進中「夕張」の変針に狼狽し、衝突を避けるための転舵をしている間に「夕張」を見失い、同士討ちを考慮して、当初決められたサボ島を回らずに反転した。

第八艦隊が、南方水路を警戒していた敵艦隊と交戦した第一次の戦闘は、最初に「鳥海」が魚雷を発射してから僅か六分という短時間に大勢は決した。

二三時五〇分、連合軍南方部隊と交戦してサボ島沖を北東に進んだ第八艦隊は、引き続き北方水路の警戒にあたっていた北方部隊（米重巡ビンセンス、クインシー、アストリア、米駆逐艦ヘルム、ウィルソン）と遭遇した。予期しない敵の出現に三川中将はサーチライトの照射を命じた。自分が撃たれるのは承知の上で、部下艦艇のため旗艦が敵弾を引き受けるのは日本海軍の伝統だろう。「鳥海」は「ビンセンス」に対して二〇糎主砲を撃ち三回まで一斉射撃が命中した。敵艦長は初め味方が誤って撃ってきたのだと思いこんでいた。燃える同艦に「鳥海」は一二・七糎高角砲まで撃ち込み後続の第六戦隊も撃ち始めた。

二三時五五分、「鳥海」は二番艦「クインシー」に目標を変えた。距離五七〇〇メートル。「鳥海」は二〇センチ砲八回の一斉射撃のほか、二五ミリ機銃まで撃ち「クインシー」の艦尾の水上偵察機が炎上、艦長は戦死した。

三番艦「アストリア」も初め味方から撃たれたと思いこみ「反撃するな」と艦

長が叫んだ。機関室や艦橋に次々と砲弾が命中する。「アストリア」の反撃で「鳥海」の艦橋後部に砲弾三発が命中し、死傷者三六名。

九日〇時五分、再度、「鳥海」はサーチライトを照射して射撃、「クインシー」が炎上しつつ迫ってきて、「アストリア」が艦尾から沈没してゆく。

南方水路の途中から北に進路を変更した「古鷹」とこれに続行した「天竜」「夕張」の三隻は、敵の北方部隊を鳥海隊と挟み撃ちするような形となった。距離が近いため重巡の主砲は殆ど水平弾道を形成するという乱戦で、日本軍の戦果は米豪重巡四隻撃沈、重巡一隻と駆逐艦二隻を大中破した。

九日〇時二三分、三川中将は「全軍引き揚げ」を命令した。続いて進路を示し速力を三〇ノットに増速し、探照灯をつけて「鳥海」の位置を知らせた。

一時二〇分、分離していた「古鷹」及び第一八戦隊との合同を終え、全艦揃って往路を反航しはじめた。

「鳥海」が最初の魚雷を発射してから三五分、左舷に敵巡洋艦群を発見して第二次の戦闘を開始してから二〇分間で交戦を終了した。

この間の第八艦隊の発射弾数は次のとおり。

「鳥海」――二〇糎砲弾　三〇八発（一〇門の一斉射撃の三〇回分）

一二糎高角砲弾　一二〇発、二五ミリ機銃五〇〇発　魚雷八本

第六戦隊（青葉、加古、衣笠、古鷹）

二〇糎砲弾　七一二発、一二糎高角砲　四五四発、
二五ミリ機銃　四八六発、魚雷　三七本
第一八戦隊（天竜、夕張）一四糎砲弾　一七六発、魚雷　一〇本
＊損害　日本軍、「鳥海」のみが大小数十発の命中弾を受け、戦死三四名
連合軍　戦死四〇〇〇名
九日七時頃、ベラベラ島の北二〇浬で第六戦隊をニューアイルランド島のカビエン泊地に回航、一八戦隊は故障修理と燃料補給の為ショートランド島に寄港。
「鳥海」は「天竜」のみを連れ、翌一〇日早朝にラバウルに帰着した。

E、ガダルカナル泊地再突入の是非

三川第八艦隊が、連合軍警戒部隊と交戦して勝利を得た後、反転してガ島泊地に再突入することなく、在泊中の敵輸送船団を見逃したまま引き揚げた問題に関しては、戦中戦後を通じて種々論議されているところであるが、重要かつ興味深い問題なのでいささか意見を述べて本項の締め括りとしたい。
☆まず、前後の状況につき要点を整理してみる。
イ、出撃前の協議事項より
＊八日夜半、敵輸送団に対し夜襲決行。
＊攻撃は一航過をもって終わる。
＊翌朝予想される敵空母機よりの攻撃距離外にある如く戦場より離脱す。

ロ、連合軍兵力に関する情報

＊八月七日にガ島を攻撃した艦爆隊員の同日夕刻頃の報告。

「戦艦一、巡洋艦二、軽巡洋艦八、駆逐艦四、輸送船約三〇、小型艇無数輸送船と陸岸とを往復しあり」

＊七日早朝ラバウルを発進した索敵機の報告。

「ツラギにある敵艦、駆逐艦七、輸送船二七、輸送船の大部分はルンガ岬東方六浬の地点に集まりつつあり、敵飛行機は見えず」

＊七日午後六時、山田二五航空戦隊司令官の第一一航空艦隊長官宛の報告。

「ツラギ沖、甲巡三、駆逐艦数隻、輸送船一三

ガダルカナル沖、駆逐艦数隻、輸送船約一七

一一・二〇〜一二・二〇頃まで敵機六〇〜七〇機泊地上空にあり」

＊八日一一時、第八艦隊司令部の判断。

「概ね、戦艦一、巡洋艦四、駆逐艦九、輸送船一五」

「八日午前九時前後において、少なくともガダルカナルの二五〇浬圏内に敵空母はいないことを確認」

ハ、「鳥海」水雷長小屋愛之大尉の証言。

「出発時の打ち合わせでは、攻撃目標は輸送船団であった。しかし現場に着いてみると、敵の輸送船群に行き着く前に、敵艦隊に遭遇して予定が狂った」

ニ、「鳥海」砲術長仲繁雄氏の証言。

「ラバウル出発前に神参謀に呼ばれ、『五、六〇隻もある敵を盲滅法撃ったのでは弾がいくらあっても足りない。大型艦だけ、軍艦だけ探照灯で選別して撃つ』といわれた」（「鳥海」戦闘詳報――各艦の砲弾・魚雷は六割以上残っている）

ホ、「鳥海」艦長・早川大佐の再突入具申（大西新蔵参謀長の証言）

「早川進言があったのは事実である。しかし一航過で去ったのは、やっつけたのが輸送船では無く艦艇だったという誤算は生じたものの、それが出撃前からの既定方針だったからである。敵空母部隊が出動してきているという報が早くから届いていたので、夜が明ける前までに、その勢力圏外に離脱しておく必要があった」

ヘ、突入時間と揚陸作業の進捗状況。

＊連合軍の上陸作戦が、八月七日の夜明けと共に実施されたことからみて、第八艦隊が突入予定する八日深夜になっても、泊地の輸送船上に上陸すべき戦闘人員が満載されていたという考えには非常に無理がある。

＊武器弾薬と糧食が未だかなり積み込まれていた点は推測できる。これらを撃沈すれば陸上の橋頭堡の強化を遅延し、上陸兵力の士気に影響を与えることはできる。

＊しかし九日午後輸送船団が出港したとき、物資の半分以上を船内に残したままであった（ニミッツの太平洋海戦史）から、これも第八艦隊夜襲の成果であったと考えるべきであろう。

＊揚陸したのは人員の大部、糧食六〇日分中二五日分、弾薬一〇単位中約四単位、有刺鉄線一八巻。積み残しは、重砲、レーダー、他重装備。

ト、ガダルカナル飛行場の使用開始。

＊八月一五日、四隻の輸送用駆逐艦が航空ガソリン、爆弾、軍需品、航空隊基地員を揚陸した。

＊八月二一日、一隻の護衛空母が南東方からガ島に近接、急降下爆撃機一二機、戦闘機一九機を発進させ、飛行場の使用を開始した。

☆以上、第八艦隊のガダルカナル泊地再突入をめぐり、関連する諸要点を吟味した結果、私は次の如く判断し、評価する。

チ、出撃前の協議事項は即ち作戦計画の骨子である。

ここでは目標を敵輸送船団と規定し、一航過で退避するとなっている。しかし輸送船団に必ず護衛艦隊がついていることは素人さえ承知している。まして今回も基地航空隊や第八艦隊水偵の報告で、敵巡洋艦、駆逐艦各数隻を確認している。

従って第八艦隊の作戦計画は、敵の護衛艦艇を撃破排除してガ島泊地に侵入し、在泊中の敵輸送船団を撃滅するとの意味に理解するのが正解であろう。また日本の艦隊が攻撃してくる方向は当然西北方、即ちサボ島の方向だろうから、警戒艦艇の配置はサボ島の南北両水道となる。

故に敵艦艇と遭遇しないで泊地に突入することは、不可能と判断するのが当り前である。

この点で第八艦隊司令部の見方は甘い、というより不可解である。リ、単縦陣で進む一番艦「鳥海」は、敵重巡「キャンベラ」と「シカゴ」に一撃後、左（北方）に変針しており、北上してから敵の北方部隊（重巡三、駆逐艦二）と遭遇している。この、北方へ変針したのは何故か？　敵輸送船のいる泊地を目指すには直進しなければいけない筈ではないか。

この段階で第八艦隊司令部は、敵輸送船団の撃滅第一という目標は念頭から離れてしまい、敵艦隊を求めて変針したと考えざるをえない。

ヌ、第八艦隊の先陣四隻が、直進して泊地の輸送船団に砲雷撃を加えると、東方水路の軽巡二隻の他、南方部隊の豪重巡「オーストラリア」がおり、北方部隊も気がついて反転して来るだろう。そこでは文字通りの乱戦となり、日本軍にも沈没する艦の発生する可能性を否定できない。

しかし、輸送船団に砲雷撃の後、一航過でフロリダ島とマライタ島の間にあるインディスペンサブル海峡を北に抜けて、ソロモン諸島の北側を一気に駆け抜ければ、九日朝までに敵空母機の圏外に脱出することは十分可能と判断したい。

この場合、南方部隊との交戦で左に変針した「古鷹」及び後続の「天龍・夕張」に対しては、サボ島とフロリダ島間を北に抜けた後、本隊に合流するよう指令するのが妥当だろう。

陸戦に例をとれば、戦車部隊の陣地攻撃で、攻撃目標を敵陣地後方の砲兵陣地に求めるケースがある。まず敵の第一線陣地に突破口を開ける過程で、側方から敵の速射砲等の反撃を受けるが、一部の兵力でこれに応戦するとしても、主力は直進して敵砲兵陣地に殺到するのが原則である。

第一次ソロモン海戦でも、第八艦隊の主力は直進して泊地に侵入すべきだったし、それは十分可能であったと判断したい。

ル、最後に、敵北方部隊との戦闘を終ってサボ島の北方水路を通過した段階で、態勢を整えて反転し、輸送船団の泊地に突入のやり直しをすべきであったかどうかの点を検討したい。

＊　態勢整理と反転に要する時間を約二時間とする指摘がある。途中から分離北上した「古鷹」及び第一八戦隊と合同したのが九日一時二〇分だから、戦闘が終了した〇時二三分から一時間と計算できる。

＊　次は反転してから泊地突入までの時間であるが、サボ島北側からガ島泊地までは約五三キロ、二六ノット（四八キロ）で所要時間が一時間強とすれば、態勢整理、反転突入まではやはり二時間強かかる。更に輸送船の攻撃時間を三〇分、フロリダ島の北に出るまで一時間を加算するとガ島海域離脱は四時頃となり、夜明けになると敵空母機に襲われ全滅の危険が大きい。故に第一次ソロモン海戦の戦闘経過を前提とする以上、泊地に再突入はせずラバウル直行が正解であったと判断する。

＊　たとえ輸送船団が攻撃目標であっても、上陸開始二日目の夜半には人員の大部分が上陸済と見るのが至当であり、重砲は積み残しても榴弾砲・迫撃砲・水陸両用戦車は揚陸済であったから、第八艦隊は全滅の危険を冒しても再突入すべきであったと主張するのは、現実の

戦闘を知らない迷論であろう。

戦闘には時間計算が大切であり、自軍の損害見積もりと攻撃目標の戦力価値とを比較しながら、戦況の変化を瞬時に判断する事が指揮官には要求されるのである。

＊ガ島で米軍は八月二一日から飛行場を使用し始めて制空権を握ったのに対して、日本海軍の航空基地は一〇〇〇キロ離れたラバウルであり、その後の陸軍輸送は重火器や糧秣の海没が多く、悲惨な結果に終わっている。

第八艦隊が再突入を避けた事は、当日の米空母の位置から見て賢明な決断と是認するものであり、ガ島戦の推移には影響なく、その勇戦に心から敬意を表したい。

五、日本軍中央の問題認識と第二次ソロモン海戦

①　米海兵隊のガ島上陸を誤断した日本軍

米軍はガダルカナルを起点として、ダグラス・マッカーサーの陸軍と、チェスター・ニミッツの海軍が二手に分かれて、一方はニューギニアからフィリピンの線を、もう一方はマキン、タラワ、サイパン、硫黄島と、いわゆる飛び石伝いに兵力を北上させて制海権、制空権を伸長しつつ反攻を続け、日本本土においてとどめを刺すという戦略であった。このアメリカの戦争終結戦略に比し、日本にはそのような具体的な戦略は最初から無かった。

アメリカが一九二一年六月には、パラオ、トラック、ペリリュー等を逐次占領し、艦隊の中継基地としつつ日本に接近する、太平洋横断の攻勢作戦「ミクロネシア飛び石作戦」構想

を完成していたことは既に述べた。

そして実際の上陸演習も一九二二年から開始され、図上演習地も対日戦争を想定してパラオ、トラック、グァム、サイパン等が選定され益々具体化していった。一九三三年には海兵隊の人員も戦時定員四万人に増員され、サンディエゴなど二ヵ所に小型旅団規模の海兵部隊を配置していた。

このようにアメリカは、二〇年前から計画し準備していた対日反攻戦略の第一歩をガダルカナルに選定し、実行したに過ぎなかった。国家戦略を数十年の単位で考えるアングロサクソンと数年単位の日本民族との違いが最も端的に現れた、最初の激戦がこのガダルカナル島を巡る攻防であった。

② 日本海軍の反応

いわゆる第二段作戦に移行して、大本営陸海軍部ともに確固とした方針を持つことが出来ないでいる時、突如として届いたのがガ島への米軍上陸の急報であった。当初のガ島戦に対する認識の浅さは、大本営ばかりでなく連合艦隊も同様であった。

米軍が最も危険を感ずる地点に飛行場を建設するにあたり、本来は少なくも混成の一個旅団程度の守備兵力を配備すべきところ、殆ど無防備同然の作業員を送り込み、米本土西岸から大輸送船団が南太平洋に向けて出港したとの警戒情報にも注意せず、空母、戦艦以下連合艦隊の主力が瀬戸内海で整備と休養に専念していた。しかし米軍は東京空襲、珊瑚海、ミッドウェーを戦い続け、休む暇もなくソロモン群島のガダルカナル島へと進攻してきた。

山本連合艦隊長官は、緒戦のハワイ空襲、第二段作戦冒頭のミッドウェー作戦等、単発の思い付き的な作戦は考えたが、長期戦略を画くことは不得手な指揮官であったと思われる。今回も山本長官はガダルカナル島の奪回よりも、敵空母部隊の出現したソロモン海で艦隊決戦を挑み、ミッドウェー敗戦の雪辱を果たそうと考えた。

連合艦隊司令長官は、国家戦略のレベルで全艦隊の指揮をとらねばならないのに、一段下級の機動部隊長官レベルの考えしかなかったように思えてならない。

この段階における連合艦隊司令部並びに大本営陸海軍部の敵情判断と対策は以下のとおりであった。

ⓐ連合艦隊司令部はインド洋方面の通商破壊作戦を中止し、持てる主力のすべてを集めて敵水上艦艇の捕捉撃滅と、ガダルカナル、ツラギ奪回のため出撃させ、司令部自らトラック島に進出することに決した。

ⓑ軍令部は連合艦隊司令部の敵情判断及び対策を容認した。そして連合艦隊の要請による陸軍兵力のガ島方面投入を大本営陸軍部にはかった。

ⓒ連合艦隊の内地出撃。

＊八月一一日、近藤信竹中将の第二艦隊は瀬戸内海を出撃し、一七日トラック着。
（戦艦一、重巡五、軽巡一、水上機母艦二、駆逐艦一〇）

＊八月一六日、南雲忠一中将の第三艦隊は柱島泊地を出撃。
（空母二、軽空母一、戦艦二、重巡四、軽巡一、駆逐艦一一）

＊八月一七日、「大和」以下、山本大将の連合艦隊主力は柱島を出撃。

ⓓ　大本営陸海軍部が出した情勢判断の結論。

＊ガ島及びツラギに対する敵の来攻は、偵察上陸という見方もできる。仮に敵が本腰を入れた占領意図を持っているとしても、我が陸海軍の戦力でこれを奪回することは、さして難しいことではなかろう。

＊但し、何れにしてもガ島及び設営中の飛行場が敵手に入るならば、爾後の作戦がやりにくくなるので、即時奪回作戦に着手しなければならない。なお、ポートモレスビー作戦は予定通り実施する。

（これは中央が、ガ島へ敵上陸の意味を如何に浅くとらえていたかの証拠である）

③　陸軍の反応

従来、海軍の担当区域であるという認識のもとに、南太平洋方面の事情については殆ど無関心であったといってよかった。そして大本営陸軍部は、ガ島に飛行場を建設しているという報告を海軍部から受けていなかった。しかし、海軍から要求されるままに兵力派遣（一木支隊）を決めたのは、海軍同様、局地戦として処理出来るだろうという安易な見方であったといえる。

＊当時陸軍省軍務局軍事課長・西浦進氏の戦後の回想（防衛研究所戦史室編「南太平洋陸軍作戦」）によると、

「一木支援を第一七軍に属し、まずガダルカナル奪回に投入する案に関して、八月九日午前、陸軍省軍事課には次のような意見があった。それは補給、増援至難な絶海の孤島に、陸上の決戦が生起する算なしとしない。この場合ノモンハン事件の再現を見るような事はないか。小兵力とはいえ、軍旗を奉ずる一木支隊の戦闘加入は、今後の作戦指導を著しく硬化させるのではないか。この際、再検討の要はないか」

＊今日、陸軍が兵力を小出しに投入したことだけを取り上げて、とやかく云われる点について、「海軍が最初に手をつけた島の奪回という戦闘の性質上、陸軍としては心理的にも実際問題としても、遭遇戦のような形で逐次戦闘加入に踏みきらなければならなかった」との論もある。

＊八月九日、ソロモン方面に指向する兵力は、一木支隊および第一七軍麾下の歩兵第三五旅団、歩兵第四一連隊（第五師団）のうち何れかと予定し、ポートモレスビー作戦は予定通りと再確認した。

④　ガダルカナル島・日米戦闘記録抜粋

この辺りで、六ヵ月にわたり日米両軍が死闘を演じ、文字どおり太平洋戦争の勝敗分岐点となったガダルカナル戦の、主要ポイントを表示して読者の理解に供したい。

【海　軍】　　　　【陸　軍】

八／七　米海兵師団ガ島上陸、ラバウル航空隊反撃。

／八　三川艦隊第一次ソロモン海戦、米空母離脱。

八／一八　一木支隊九〇〇名ガ島上陸。

／二四～二五　第二次ソロモン海戦。
龍驤沈没、エンタープライズ中破。
／三一　伊二六潜・米空母サラトガ大破
九／一五　伊一九潜・米空母ワスプ撃沈。
一〇／七　ブイン飛行場完成、戦闘機進出。

【海　軍】

一〇／一一　サボ島沖夜戦。
／一三　戦艦金剛・榛名ガ島飛行場砲撃。
／二六　南太平洋海戦、
米空母ホーネット撃沈。
一一／一二　第三次ソロモン海戦、
戦艦比叡・霧島沈没。

／二一　一木支隊イル川河口で全滅。
／二五　一木支隊第二梯団被爆・上陸中止。
／二八　川口支隊先遣隊被爆・上陸中止。
／三一　川口支隊主力ガ島上陸。
九／一三　川口旅団六〇〇〇名・総攻撃失敗。
一〇／三　丸山第二師団長ガ島上陸。

【陸　軍】

一〇／一三　第二師団ガ島上陸完了。
／二四　第二師団川口少将解任、攻撃失敗。
／二五　第二師団攻撃再開、損害多く失敗。
／二六　第二師団攻撃中止、後退開始。
／三一　ガ島米軍海岸沿いに攻撃開始。
一一／五　第三八師団の一部ガ島上陸。
／一〇　佐野三八師団長ガ島上陸。
／一四　三八師団主力の船団一一隻沈

／三〇　ルンガ沖夜戦・完勝。　／三一　第八方面軍新設、今村中将着任。

一二／　八　海軍、ガ島輸送中止提案。　一二／三一　御前会議でガ島撤退を正式決定。

［一八年］　［一八年］　一／一五　第一七軍に第八方面軍参謀より撤退命令を口頭伝達。

一／二九　レンネル島沖海戦　二／一・四・七、一次・二次・三次撤退。

／八　最後の撤退部隊ブーゲンビル島上陸。

⑤　陸軍部隊の派遣と第二次ソロモン海戦

八月一六日、ガ島に逆上陸を意図して歩兵第二八連隊長一木大佐の指揮する先遣隊九一六名は、六隻の駆逐艦に分乗してトラックを出撃、ガ島に急行した。また同日、残りの歩二八連隊一八〇〇名と横須賀第五特別陸戦隊六〇〇名は、三隻の輸送船による第二梯団を編成して続航した。

先遣隊は一八日午後九時頃、ガ島飛行場東方四〇キロのタイポ岬に上陸、一木大佐は「敵兵力は二〇〇名、脱出に腐心している」との情報にもとづき、第二梯団の到着を待つことなく攻撃を決意して進撃したが、八月二一日、米海兵隊の猛烈な砲火と戦車六両に反撃され、イル川東岸でほぼ全滅し一木大佐は自決した。戦死七七七名、生存は一二八名にすぎなかった。

日本軍は、ここに至ってアメリカ軍がガダルカナルの飛行場を占領し、これを拠点として反攻を意図しているものと判断し、まず一木支隊の第二梯団を無事にガ島へ送り込むことが急務と考えた。

第二梯団の護衛には、田中頼三少将指揮の軽巡「神通」（五一九五トン、三五・三ノット、一四センチ砲七門、八センチ高角砲二門、魚雷発射管八門、水偵一機）と駆逐艦五隻があたった。

連合艦隊では輸送作戦を成功させるために、第二艦隊による前進部隊および第三艦隊の機動部隊をもって支援部隊を編成した。この両艦隊の進出によって敵の機動部隊をおびき出し、敵空母部隊を捕捉撃滅しようとの作戦であった。

連合艦隊の内地出撃の時期は、第二艦隊が八月一一日、第三艦隊が八月一六日、山本大将直率の戦艦「大和」以下主力が八月一七日であったことは既に述べた。

ここで新しく登場してきた第三艦隊について若干の説明をしておこう。

A、第三艦隊の編成と運用

第三艦隊というのは、ミッドウェー海戦後に再編された空母機動部隊である。その編成内容は次のとおり。

第一航空戦隊　空母「翔鶴」「瑞鶴」「龍驤」
第一〇駆逐隊　駆逐艦「風雲」以下四隻
第一六駆逐隊「時津風」以下四隻
第一一戦隊　戦艦「比叡」「霧島」
第七戦隊　重巡「熊野」「鈴谷」
第八戦隊　重巡「利根」「筑摩」
第一〇戦隊　軽巡「長良」
第一九駆逐隊　駆逐艦「浦波」以下三隻
第二航空戦隊　空母「隼鷹」重巡「最上」駆逐艦「雷」
他に補給隊　補給船　七隻

この新しい第三艦隊の運用方式で従来の機動部隊と違っている点を述べてみる。従来一つの航空戦隊は二つの空母から成っていたが、これを三隻とし、うち一隻を小型空母とする。これには戦闘機を多く搭載して自隊の防御を担当する。

また大型空母二隻には、戦闘機、急降下爆撃機を多く搭載して雷撃機は減らす。雷撃を担当する艦上攻撃機は、優速性や運動の柔軟性では艦上爆撃機に劣るので、まず敵の戦闘機に対して被害の少ない艦爆が先攻し、あとから艦攻が魚雷攻撃をするという戦法をとるようになった。

第二次ソロモン海戦での日米空母の搭載機内訳は次のとおり。

	【日本】				【米国】			
	翔鶴	瑞鶴	龍驤	計	サラトガ	エンター	ワスプ	計
艦戦	二七	二七	二四	七八	三四	三六	二九	九九
艦爆	二七	二七	○	五四	三七	三六	三〇	一〇三
艦攻	一八	一八	九	四五	一六	一五	一〇	四一
計	七二	七二	三三	一七七	八七	八七	六九	二四三

その他目立った新戦法としては、戦艦、巡洋艦、駆逐艦からなる前衛部隊というものをつくって、空母と駆逐艦からなる本隊の前方一〇〇～一五〇浬（状況により距離は変化する）に横隊に並べて進撃する接敵配備隊形が考案された。これが採用された理由として次の事項が挙げられる。

イ、早期に敵を発見できるので、空母の攻撃機発進の準備に時間的な余裕ができる。簡単にいえばレーダーの代用ともいえるが、空母「翔鶴」と「瑞鶴」はこの作戦で初めてレーダーを装備しており、八月二四日の戦闘では一三時二〇分、敵艦爆二機の来襲を探知している。

実戦では旗艦「翔鶴」の前方一〇キロに前衛を配置し、進行方向に向かって左より「鈴谷、熊野、霧島、長良、比叡、筑摩」の六隻が、各間隔一〇キロで一列横隊に並んでいた。したがって両端の距離は五〇キロとなっていた。

ロ、各攻撃機が帰途に母艦の所在を見失ったとき、前衛部隊が広く一列に散開していると、いずれかの艦を発見し、その誘導によって母艦に帰ることができる。無線封止の場合に有効としている。

ハ、攻撃の主力を艦爆機としたため、艦攻による雷撃よりも敵艦を沈める点で困難性が考えられる。そこで敵に常時接近している前衛部隊を突出させ、艦爆機によって損害を与えていた敵艦を砲雷撃させて、戦果の拡充を図るとしている。

この点に関しては、母艦の対空防衛上で重大な問題点がある。空母を護衛する最大のテーマは対空防衛であり、対空火器の強力な戦艦や重巡（いずれも一二・七糎高角砲八門、機関砲多数）を空母の周囲に配置して輪型陣を形成しなければ、今回の如く直衛が駆逐艦だけでは米艦載機の襲撃を防止することは難しい。

本作戦で米軍は、空母「サラトガ」の護衛に重巡「ニューオーリンズ」「ミネアポリス」と駆逐艦五隻、空母「エンタープライズ」の護衛には戦艦「ノースカロライナ」と重巡「ポートランド」「アトランタ」駆逐艦五隻という重厚なものであり、日本海軍との違いがはっきりしている。これは珊瑚海海戦の戦訓を取り入れてミッドウェー海戦から採用した、各空母ごとに輪型陣を形成し、空母の被弾回避運動による直衛艦の対空砲火の間隙を防止する目的を有している。後でふれるが本海戦でも母艦機の損害は日本側が圧倒的に多い。

前方索敵の問題は、母艦機をもって空母自身が綿密に実施すれば可能であって、直衛対空火力を低下させることは、本末転倒といわねばならない。夜戦による戦果拡充が必要な場合は、直衛艦艇の中から抽出して夜襲部隊を編成するのが本筋であろうと考える。どうも日本海軍の戦法は小手先の技巧に走るきらいがあり、机上論では実戦の役に立たない場合が多いのではないか。

B、第二次ソロモン海戦——攻撃目標は「ガ島」か?「米空母」か?

敵機動部隊発見の報を受けた二〇日正午頃、機動部隊はトラックの北方約三〇〇浬の洋上を南下しており、山本大将の連合艦隊主力はサイパンの北西四八〇浬の地点を通過中であった。

ところが二〇日早朝にショートランド島を発進した我が偵察機は、ガダルカナルの南東二五〇浬の位置で米機動部隊を発見した。

敵機動部隊の出現を知った連合艦隊司令部は、二〇日午後一時四〇分、支援部隊(前進部隊及び機動部隊)に対し直ちにガダルカナル島北方海面に進出せよとの命令電を発した。

支援部隊指揮官・第二艦隊司令長官近藤信竹中将(海兵三五期)は、二〇日午後三時二〇分「支援部隊は速やかにソロモン諸島方面に進出、南東方面部隊を支援し敵機動部隊を撃滅すべし」の電命を発し、直ちにトラック泊地を出撃した。

一方、トラックの北方約三〇〇浬まで進出していた機動部隊は、予定のトラック入港を中止し更に南下を続行することに決した。また、ガ島の飛行場に米軍は航空機を進出させているという情報も受け取った。

機動部隊指揮官南雲忠一中将(海兵三六期)は、二四日には米機動部隊を捜索して発見次第攻撃を加えるつもりでいた。しかし二四日になっても米空母の所在がわからず、そこで軽空母「龍驤」(一万六〇〇〇トン、二九ノット)と重巡「利根」(一万一二一三トン、三五ノット、二〇糎砲八門、一二・七糎高角砲八門、二五ミリ機銃一二丁、魚雷発射管一二門、水偵六機)、駆逐艦「時津風」「天津風」(二〇〇〇トン、三五ノット、一二・七糎砲六門、二五ミリ機銃四丁、魚雷発射管八門)を分離し、ガダルカナルの飛行場攻撃に向かわせ、本隊は北方にあって米軍機動部隊に備えることにした。

この頃、日本軍のガ島上陸を阻止するため、米機動部隊は空母「サラトガ」を中止とする一隊と、空母「エンタープライズ」を中心とする一隊の二隊に別れてソロモン諸島の南東海面を行動中であった。

以下の戦闘経過は機動部隊から分離されてガ島飛行場攻撃任務の「龍驤隊」と、機動部隊本隊のそれぞれについて時間ごとに箇条書きとする。

八月二四日早朝時の日本軍各部隊の位置は、一木支隊第二梯団を護衛する田中頼三少将指揮の部隊はガ島北方二五〇浬、主航空兵力を姉妹空母「翔鶴」と「瑞鶴」に集結した支援部隊指揮官近藤中将は、側翼をカバーするためその東方四〇浬に、原忠一少将の「龍驤隊」はその前方に位置した。

【龍驤隊】　時　分

八月二四日　七・一三　米飛行艇の接触を受く。

一〇・〇〇　ガ島北方二〇〇浬のヌダイ島に進出。

一〇・二〇　第一次攻撃隊(艦攻六、零戦六)遊撃隊(零戦九)発進。

一二・三〇　ガ島飛行場に進入、六〇キロ爆弾三六発投下。
米戦闘機一五機と交戦、全機撃墜。
一二・五五　我が軍損害　零戦二、艦攻三自爆。ヌダイ島不時着二。
四発重爆B一七が二機来襲、損害なし。
八月二四日　一三・五七　米急降下爆撃機十数機、雷撃機五機来襲。「龍驤」に魚雷一
本命中、他至近弾。浸水、機関停止、我が上空直衛機の戦果
急爆三、雷電五を撃墜。
一四・〇〇　ガ島攻撃隊へ「ブカ」基地への着陸を命じたが、既に母艦近
くに帰投しあり、大部分は海上に不時着。
一四・五五　南雲司令部から本隊合流の指示。
一七・三〇　「龍驤」の処分を第一六駆逐隊に命令。
一八・〇〇　「龍驤」浸水のため沈没。ガ島北方二〇〇浬。

【機動部隊本隊】

八月二四日　八・三七　本隊の前衛が米飛行艇に発見される。更に一一時再度発見さ
れた。
一二・〇五　九時発進の水偵六機の右端の筑摩二号機より「敵大部隊を発
見」の報告。
一二・五五　第一次攻撃隊、艦爆二七、零戦一〇発進。

一四・〇〇　第二次攻撃隊、艦爆二七、零戦九　発進。
一四・二〇　スチュワート諸島一六浬に第一群、二七浬に第二群発見。
一四・三八　第一次攻撃隊は第一群「エンタープライズ」を攻撃。
米軍はレーダーで八八浬前に発見、戦闘機五三機上空待機。
爆弾三発命中、至近弾二、大火災、飛行甲板に鉄板を張り修
復、消火班の活躍で一時間以内に二四ノットに回復。
米軍機損害　戦闘機一二機、
日本側　自爆・未帰還・不時着計二四機、母艦収容一三機。
＊第二次攻撃隊の接近を、米軍はレーダーで探知して針路を南
に変えたため、米機動部隊を発見できずに帰還。

【ガ島増援部隊・田中第二水雷戦隊】

八月一六日　五・〇〇　トラック島出発、「神通」「ぼすとん丸、大福丸」
別にグァムより陸戦隊乗船の「金龍丸」追求中。
一八日　一三・〇〇　第二四駆逐隊「海風、江風、涼風」合同。
二〇日　ガ島方面に敵機動部隊出現の報届き一旦反転。
二一日　三川外南洋部隊指揮官の命で再度反転、南下。
八月二三日　七・三〇　敵コンソリデーテッド飛行艇一機来襲、接触を続ける。
八・三〇　三川長官の命で反転し北方に避退。

一〇・三〇　敵機さらに上空に飛来。「八・五ノットという低速船団では
二四日の上陸は無理とし、二五日に変更決定」(空母「龍驤」炎上)
二四日　一四・二三　東方で黒煙が奔騰するのを認める。
針路を西に変更したが、三上長官からガ島へ向えと電命。
二五日　夜明け前から敵飛行艇一機の接触を受く。
五・三〇　第三〇駆逐隊の「陽炎、磯風、江風」と合同。既にガ島の一
五〇浬圏内に入っていた。敵攻撃機約一〇機来襲、「神通」
の艦橋前に命中火災。「金龍丸」後部に一弾命中、大火災、
航行不能、各艦船は北西に避退。
八・五三　「金龍丸」は駆逐艦「睦月」の魚雷で処分。
九・四〇　B一七重爆三機の爆撃で「睦月」沈没。
一〇・三〇　山本長官より二五日のガ島上陸作戦中止決定の命令。
二六日　一二・〇〇　増援部隊はショートランド泊地に帰着。

以上の如き各部隊ごとの戦闘経過を振り返るとき、幾つかの疑問点が生じてくるのを無視できない。この第二次ソロモン海戦の成功するかしないかが、実はガ島戦の運命を左右する分岐点であったと私は考える。それは米軍の橋頭堡の固まらない八月中旬から下旬が、最初で最後の機会であったからである。

イ、日本海軍の目的は何であったか、ガダルカナル島を海・空から制圧して強力な陸軍部隊を送り込む点で、強い意志が働いていたか？

この点に関しては先ず次の命令文を吟味したい。

八月二三日午前四時二五分、南下中の機動部隊指揮官南雲中将は、麾下部隊に次の信号命令を発した。

「第一法。全軍東方に対する警戒を厳にしつつ二四日四時、概ね南緯八度三〇分東経一六四度一〇分付近に進出、『サンクリストバル』島南東方の敵艦隊を捕捉撃滅す。

第二法。利根、龍驤、時津風を以て支隊とし、第八戦隊司令官指揮下に増援部隊の支援及び『ガダルカナル』島攻撃に任じ、爾余の部隊は一法により作戦す。

第三法。支援部隊は直ちに第二法により作戦す。爾余の部隊は概ね南緯四度三〇分東経一六一度五〇分付近に機宜行動し、敵の行動を見て第一法に転ず。

第四法。全軍東方に対し作戦す」

以上の如くであったが、つづいて参謀長草鹿龍之介少将は、「敵情に大なる変化なければ作戦第一法により行動の予定なるも、本日『ガダルカナル』に対する基地航空部隊の攻撃成果大ならざる場合には、明日第二法を令せらるることあるべし」と通達した。

この命令並びに通達を見る限り、機動部隊首脳が陸上兵力輸送に重点を置いて取り組んでいたとは、到底考えられない。ガ島の奪取を最優先するとすれば、有力な空母艦載機をもって増援部隊を直接援護しなければなるまい。勿論、敵機動部隊の妨害は排除すべく、それに対する備えも必要であろう。

作戦失敗の結果に対し、第一七軍司令部では「空母が三隻も出動しながら上陸援護の能力がないとは何たることか」という感想を持っていた。また、「海軍は陸上兵力の任務遂行よりも自己保身（艦隊保全）を第一義としている。陸海一丸となるべき本作戦において、機動部隊は水上決戦のみを追求している」という不満を抱いた。

日本海軍がこの様な思想に立脚する限り、米軍の展開する水陸両用作戦には、到底対抗できないことを、この段階で悟らねばならなかったのである。
ロ、支援部隊（近藤第二艦隊、南雲機動部隊）は増援部隊（ガ島上陸予定の一木支隊第二梯団）のガ島上陸に何の支援もせず、増援部隊を敵の空爆にさらして上陸断念に至らしめた経緯を、どのように考えたらよいか。
八・五ノットという低速輸送船を、敵機動部隊の出没するガ島上陸作戦に何故使用したのか。八月二四日、増援部隊指揮官田中少将は三川・外南洋部隊指揮官に対し、「現行の輸送船団の如く劣速な部隊をもってしては、上陸地点に突入することは不適当である」と意見具申をしている。この頃は一万トン級の高速輸送船を使用できたはずである。近くに空いていた船を使えばよいというものではなく、作戦目的達成に貢献出来るか否かを考えるのが艦隊参謀の責任であろう。

次は増援部隊に対する支援の方法である。上陸地点への突入を妨害する敵の勢力は敵機動部隊とガ島の基地航空部隊である。この強力な妨害を排除するには、軽空母の「龍驤」では任務過大であり、どうしても大型空母一隻が必要となる。したがって増援部隊の突入援護とガ島飛行場を撃滅するため、空母「瑞鶴」を分派すると共に、ラバウルの第二五航空戦隊にも突入時に合わせて猛攻撃を依頼すべきであった。

増援部隊を護衛する第二水雷戦隊の遠山参謀は、「支援部隊という名は我々増援部隊に対しての謂であろう。一体、連合艦隊及び第二第三艦隊首脳は、陸軍兵力の輸送を真剣に考えていたのか、我々は囮になっていたのではないか？」と述べている。
また、「龍驤」の乗組員たちも「自分たちが命ぜられた行動は囮である」と解釈している。
誠に日本海軍の統帥も地に落ちたというべきであろう。

ハ、南雲中将に旺盛な攻撃精神があったのか？　ミッドウェーの敗戦で臆病になっていたのではないか？

南雲機動部隊長官は、八月二三日と二四日の二回にわたり反転北上して戦場離脱を図っている。敵機動部隊の攻撃に怯えているのかの如き感さえあるので検証したい。

（第一話）

八月二三日午後、別行動をとって南下中の前進部隊（第二艦隊）から、敵飛行艇に発見されたとの報に接し、南雲中将は連合艦隊及び支援部隊指揮官近藤中将からの命令を待たずに一時反転することを決意し、午後三時四〇分、「本日敵艦隊に関する情報を得ず、且つ何らの命なければ今夜反転、明朝更に南下の予定」と各部に報じて、午後四時二五分まで指示を待ってから反転北上した。別働隊が敵の索敵機に先んじて発見されたぐらいで慌てることはない筈である。南雲長官と草鹿参謀長は極めて慎重になっていた。

(第二話)

八月二四日、米機動部隊は「龍驤」隊をとらえてこれを攻撃することが出来たが、本隊の「翔鶴」「瑞鶴」両空母を発見するに至らなかった。フレッチャー中将は第二次攻撃隊二五機を編成して日本機動部隊本隊を襲うべく発進させたが、スチュワート諸島北方七〇浬付近で南下中の日本水上部隊を発見、午後二時二〇分と四時の二回にわたり攻撃を加えた。これは前進部隊(第二艦隊)所属の水上機母艦「千歳」と重巡「妙高」「羽黒」であり、「千歳」は炎上し戦闘不能の被害を被った。米機動部隊は燃料補給と被害を被った「エンタープライズ」を修理するため南方に避退した。

この日、米攻撃機の攻撃を受ける前、近藤中将は南雲中将から「機動部隊は第三次攻撃隊を編成し夜間攻撃を決行する。加えて前衛をもって夜戦を敢行させ残敵を撃滅する」という意味の通知を受けていた。

近藤中将は自隊もこの夜戦に参加すべく、速力二八ノットで南下した。しかし機動部隊の第二次攻撃隊は敵を発見出来ず、帰投が夜となり艦爆四機を喪失、また第一次攻撃隊の出撃三七機のうち二四機損失という予想以上の被害もあり、南雲中将は第三次攻撃をあきらめて北上を決意した。「翔鶴」艦長有馬大佐は反対し、なお進撃を主張したが南雲長官の容れるところとならなかった。

高速で米空母を追跡していた近藤部隊も、南雲中将の夜戦の中止、北上退避により急遽反転北上せざるを得なかった。

この二三日と二四日の二度にわたる南雲中将の反転、戦場離脱は、南雲中将の戦意不足と自己保身そのものであり、機動部隊指揮官としての資質を問われて然るべきものであった。

ニ、山本大将は、本作戦で何をしたか?

山本大将の戦艦「大和」は、護衛の駆逐艦と郵船「春日丸」改造の空母「大鷹」(一万七八三〇トン、二一ノット、搭載機数二七機)を伴い、八月一七日昼過ぎ柱島を出航しトラックの春島に入港したのは八月二八日の午後であった。第二次ソロモン海戦はこの「大和」の航海中に生起し、軽空母「龍驤」が沈み、ガ島上陸増援部隊の船団も空襲により被害を受け、上陸作戦は失敗に終わった。勿論、航海中と雖《いえど》も、山本長官は旗艦「大和」の司令部で戦況を注視し、諸問題に指示を与えていただろうが、この一〇日間の空白は如何にも惜しむべき貴重な時間であった。

既に述べた如く、支援部隊指揮官は近藤中将であるが彼は前進部隊を直率し、機動部隊の指揮は南雲中将がとっている。海戦は空母中心の時代に移行しており、戦術的指揮を機動部隊指揮官に委ねる点は、当時既に日米両軍とも同様であった。

しかし第二次ソロモン海戦の経過を辿るかぎり、全般指揮者の強烈な意志が見えてこない。近藤中将は一期先輩であるが空母の南雲に遠慮しており、肝心の南雲は腰がふらついている。

いかに高速戦艦、世界最強の重巡部隊を伴った機動部隊と雖も、指揮統師に人を得なければ勝利を得ることは至難である。「大和」といえば速力二七ノットであり、機動部隊と行動を共にすることも可能であっただろう。

それよりも山本大将は一〇日もかけてトラック基地に向かわずに、飛行艇に乗ってラバウルに直行し、第二次ソロモン海戦を含むガ島奪回作戦を、ラバウルの第一線において直接統合指揮をとるべきであった。

ミッドウェー作戦の直前に、ニミッツ提督が自らミッドウェー島に飛んで大車輪で同島の防備強化に取り組んでいる。そしてこの基地航空部隊の大幅増強が、日本軍の第二次攻撃準備となり、米空母部隊の奇襲成功を引き出している。

強力な最高指揮官が第一線で采配を振るうことは非常の事態では必要である。この時がまさにその好機であったが、残念ながら山本大将にその動きはなかった。

⑥ガダルカナルの攻防と日本潜水艦部隊の運用

A、ソロモン海域に集中した日本潜水艦部隊。

ガ島に米軍が上陸した当時の、南東太平洋海域の我が潜水艦部隊は次のとおり。

＊第三潜水戦隊——豪州方面海上交通破壊戦を終了して、トラック基地へ帰投中。

伊号一一（巡潜甲型）伊一六九、一七一、一七四、一七五（海大Ⅵ型）

伊一一号は一七年五月一六日竣工の最新鋭艦で旗艦設備を持つ。

伊一六九号以下の海大型は、一七年五月二〇日付けで竣工時の艦番号に一〇〇を加えたものに改名されている。

＊第一三潜水隊（外南洋部隊所属・機雷潜）

伊一二一（ラバウル）、一二二（ラバウル）、一二三（トラック）

＊第二一潜水隊（外南洋部隊所属）――ポートモレスビー・豪北方面作戦中。

呂三三、三四、

外南洋部隊潜水部隊指揮官吉富説三少将は、以上の潜水艦にガ島方面に急行し敵艦船を攻撃すると共に、陸上にある友軍の見張り所との連絡に当たるよう命じた。

このうち第一三潜水隊と第二一潜水隊の五隻が、八月九日から一三日までの間に現場に到着している。

伊一二三潜は八月一三日九時、ルンガ岬沖北方七〇〇〇メートルに浮上、ルンガ岬付近の敵密集部隊と舟艇に対し八分間砲撃を加えた。また大発の他、水陸両用戦車らしきもの約三〇散在しありとの報告があった。

一方、トラック島の第六艦隊（潜水艦隊）司令長官小松輝久中将は、第一・第三・第七潜水戦隊をソロモン作戦に投入した。（第七潜戦だけは第八艦隊所属）

日本潜水艦部隊は、米艦隊が通りそうな水域であるソロモン群島の南東方、即ちサンクリストバル島付近に散開線を引き、襲撃の好機を狙った。

第一潜水戦隊の伊二六潜（巡潜乙型、一六年一一月竣工の新鋭艦、二一九八トン）は一五日に横須賀を出撃した。そして二四日以降、昼間は潜航し夜間は浮上して充電していた。待つこと一週間、意外に早く好機が訪れた。八月三一日空母「サラトガ」がガ島南東方のパトロールを終え、一三ノットの速力で帰ろうとしていた。この空母は七ヵ月前に伊六潜の雷撃で損傷を受け、ミッドウェー海戦に間に合わなかった因縁の持ち主である。同行の戦艦「ノースカロライナ」のレーダーが伊二六潜をキャッチし駆逐艦が急行してきた。伊二六潜は急速潜航し「サラトガ」の右斜め後方から魚雷六本を発射した。「サラトガ」は右によけたが、うち一本が右舷中央部に命中した。電気系統が故障し九時間も機関が停止し、重巡「ミネアポリス」に曳航されねばならなかった。殊勲の伊二六潜は直ちに潜航し、敵の反撃をかわして避退した。

昭和一七年九月八日、最新鋭の巡洋潜水艦で編成した日本潜水艦部隊は、サンクリストバル島の南東に勢揃いし、一五〇～二〇〇キロの間に八隻を並べて散開線を引き米艦隊の北上を待ち受けていた。

九月一三日、索敵出動中の飛行艇がサンタ・クルーズ島南方に空母一隻、戦艦二隻、駆逐艦三隻からなる米機動部隊を発見したので、散開線を更に南東に一〇〇キロ余り移動し第一潜水戦隊旗艦「伊九号」を追加して、合計九隻の巡洋潜水艦が三〇キロ間隔で一列に配置され、K散開線を形成した。

各潜水艦の配列は、東から伊九（甲型）、三一、二四、二一、二六、一九、一五、一七、三三の九隻。このうち伊二四が丙型で他はすべて乙型。

甲型――二四三四トン、速力水上二三・五ノット、水中八ノット、一四糎砲一、魚雷発射管六、水偵一、航続力一六ノットで一万六〇〇〇海里。

乙型――二一九八トン、速力水上二三・六ノット、航続力一万四〇〇〇海里

丙型――二一八四トン、速力・航続力同右、水偵なし、魚雷発射管八、
㊟乙、丙型については甲型と違う要目のみを表示した。

B、伊号潜水艦と米空母の対決

九月一三日実施の川口旅団の夜襲は失敗したが、日本軍の増強を懸念した米軍は、サラモア防衛のために控置していた予備兵力の第七海兵連隊の投入を決意、四二〇〇名の増援部隊を収容した六隻の輸送船が九月一四日エスピリッツサント島を出港した。

このとき、米機動部隊も極度の兵力が減少していた。ガダルカナル島上陸作戦の時この方面には「サラトガ」「エンタープライズ」「ワスプ」の三隻の空母を配備したが、八月二四日の第二次ソロモン海戦で「エンタープライズ」が損傷を受け、更に八月三一日には前述のとおり伊二六潜の雷撃で「サラトガ」も戦列を離れたので、使用可能の空母は「ワスプ」と、その後増援された「ホーネット」の二隻に過ぎなかった。

しかし米海軍はこの重要な船団を護衛するために空母を惜しまなかった。それぞれの空母を中心にした二個の米機動部隊は、輸送船団と約二〇キロの距離を保ちながら北上を開始した。

第二次ソロモン海戦において日本海軍は、三隻の空母を動員しながら米機動部隊の捕捉にのみとらわれて、上陸部隊船団の上空に直衛戦闘機を配置することなく、米軍基地航空部隊の攻撃で大損害を受け、上陸を断念するに至ったが、米軍は二個の機動部隊が輸送船団と二〇キロの近くで直援体制を組みながらガ島に向かうという慎重な作戦をとった。同じように

増援部隊を送り込むにも、橋頭堡を固めた米軍の方がより厳重な護衛手段をとっているという、この違いが勝敗に直結していたのであって、日本軍は負けるべくして負けたと考えざるを得ない。

八月二五日午後、伊一九潜は巡洋艦、駆逐艦各一隻を発見し、急速潜航して巡洋艦を狙ったが見失う。翌八月二六日一四時二五分、今度は米機動部隊を至近距離に発見して襲撃運動に入ったが、敵駆逐艦の接近で深度七〇メートルに潜航して回避する。

そして九月一五日、遂に三度目のチャンスが到来した。午前九時五〇分、伊一九潜はサンクリストバル島南東二六〇キロの地点で、聴音機により敵艦隊らしき音源を南東方向に探知し接近を開始した。

米機動部隊は、巡洋艦四隻、駆逐艦六隻が直衛するレイノー少将座乗の「ワスプ」隊と、その南南東約八キロに戦艦「ノース・カロライナ」と巡洋艦三隻、駆逐艦七隻が直衛する「ホーネット」隊に分かれ、輸送船団を間接護衛しながら一六ノットで北西に航行中。「伊一九」が発見したのは、北側を進んでいた「ワスプ」隊であった。「ワスプ」は一九四〇年竣工の一万四七〇〇トンの中型空母で、搭載機数は六九機。

北西へ進んでいく米空母との距離は一万五〇〇〇メートルで遠すぎたが、一一時五分に観測すると西に変針し、更に一一時二三分には南東に向かい「伊一九潜」の方向に進んできた。実は「ワスプ」は対潜機と上空警戒機を交代するため一一時二〇分、南東貿易風に向かって変針し、一旦速力を上げて発着艦を行った後、北西の基準針路に戻る予定だった。即ち風向により両艦の距離は僅か二〇分余りで一気に縮まった。

一一時四五分、絶好の射点に到達した「伊一九」は、距離九〇〇メートルで艦首に装備の魚雷六本を発射した。「ワスプ」の見張員は右舷に雷跡を発見したが近距離で回避できず、右舷前部に二本、右舷艦橋前に一本の魚雷が命中した。

被雷した時「ワスプ」艦上では飛行機に給油中であり、爆発の衝撃で給油管に引火し甲板上の爆弾と魚雷が誘爆を起こした。ミッドウェー海戦における日本空母と同じ運命であった。午後三時二〇分、「総員退去」が発令され、午後七時、「ワスプ」は護衛駆逐艦の発射した五本の魚雷で処分された。

「伊一九潜」は深度八〇メートルに潜り、五時間に及ぶ八〇発の爆雷攻撃を耐え、月没時の午後八時一〇分に水面に浮上した。敵艦隊の姿はなく撃沈は未確認のところ、隣接配備中の「伊一五潜」から「一八時に敵空母沈没」と入電、戦果が確認された。

「伊一九潜」の戦果はしかし、これだけではないことが戦後二〇年程もたってからわかった。「ワスプ」よりも遠方を航行中に戦艦「ノースカロライナ」の左舷前部とその前方数百メートルにいた駆逐艦「オブライエン」の艦首にもほぼ同時に魚雷が命中し、「ノースカロライナ」小破、「オブライエン」も本国へ回航の途中、一〇月一九日サモア沖で船体が切断し沈没した。結局、六本の魚雷のうち五本が命中、三隻を撃沈破するという、海戦史上空前の三重殺を「伊一九潜」は果たしたのであった。

「伊一九潜」艦長・木梨鷹一少佐は、明治三五年（一九〇二年）生まれで当時四〇歳の中堅どころ。九年間を潜水艦・駆逐艦など小艦艇の航海長として勤務、操艦技術では他者の追随を許さぬ域に達したと、後輩の潜水艦長は述べている。

昭和一七年一一月木梨は中佐に進級した。ガ島への物資輸送や敵輸送船の交通破壊にも活躍、「ワスプ」撃沈前と合わせて六隻撃沈、三隻撃破している。

その後、「伊二九潜」艦長として訪独に成功したが帰途、昭和一九年七月二六日、バシー海峡で米潜の雷撃を受け沈没戦死。死後二階級特進し少将を贈られた。また訪独の際、カール・デーニッツ軍令部総長から「鉄十字章」を贈られた日本海軍の誇る名指揮官であり、太平洋戦争は第一線指揮官の活躍抜きには語れないのである。

六、太平洋戦争の勝敗分岐点

私は太平洋戦争の実質的な勝敗が、ガダルカナルの戦闘、特にその前半の段階において決定したものと考えている。従ってこの項では大本営の決戦志向、陸海作戦協力の不徹底等を念頭に入れながら、中盤戦以降のガ島戦を検証したいと思う。

①ガダルカナル決戦論と慎重論

まず、ガダルカナル島をめぐる日米激突の端緒となった飛行場建設から、米軍上陸へと進展した経過と、敵情判断の推移を再検してみよう。

＊昭和一七年五月二五日、ラバウルを基地とする第五空襲部隊が、ガ島を上空から視察して飛行場適地を発見。

＊六月一日、第五空襲部隊山田少将から第一一航空艦隊坂巻参謀長宛、飛行場建設の件を意見具申。本件具申は連合艦隊及び大本営海軍部宛転電。

＊ミッドウェー作戦が失敗に終わった六月下旬、第一一航艦司令部を通じて連合艦隊から、ガ島飛行場設営の許可が下りた。

即ちガ島の飛行場設営は連合艦隊の正式許可を受けており、大本営海軍部も承知していると見てよい。但し陸軍側に対する連絡はなかったとみられる。

これは、陸軍兵力を投入して守るほどの危険はないだろうという、海軍側の安易な判断が原因と考えられる。

更に、既に述べた如く各種無線解析情報によって米本土西岸を有力な輸送船団が、東南太平洋に向かって出港している件についても何らの対応を考えなかったという要するに米軍を甘く見ていた。しかも米軍の反攻を昭和一八年後半と予想していた戦略分析の誤断が基本に存在していたのである。

連合軍側が生命線とする米本土とオーストラリアを結ぶ海上交通路に、重大な脅威を与え得るガダルカナル島の飛行基地建設であるから、当然敵の反撃は予想される。陸軍の常識から言えば、ガ島の守備兵力として少なくも歩・戦・砲・工の混成一個旅団程度が必要である。しかし実際の守備兵力はガ島が二四〇名、ツラギ水上基地方面が航空隊要員四〇〇名と陸戦隊二〇〇名では殆ど無防備と見てよい。

そこへ空母三隻を中心とする機動部隊に護衛された三〇隻の輸送船団で来襲したのだから、

まず一万五〇〇〇名~二万名の兵力、即ち一個師団と判断するのが至当である。八月一三日、第一七軍が大本営に打電した報告には、敵兵力を五〇〇〇名~六〇〇〇名内外と推定されるとある。しかしトラック島からガ島に向かう一木支隊長に届いた最新情報では、米軍兵力を二〇〇〇名程度と読んでいた。敵輸送船の数が三〇隻を超えていることは、第八艦隊司令部を経て第一七軍司令部にも伝えられているし、大本営陸軍部も承知している筈。ソ連大使館筋の「威力偵察・飛行場破壊」云々の情報などで、大本営の状況判断が左右されるとは考えにくい。

ガ島戦の場合、敵情把握のために無線装備を持った専門の偵察班を、夜間に潜水艦から隠密上陸させることも可能であろうし、米輸送船の退去した八月九日夜以降には決行出来たと思われる。

ソロモン方面が専ら海軍の担当正面であったから、陸軍側に当初、真剣味の欠けていた点は否めない。そのあたりが陸海軍夫々に独立した統師に分離されていた、組織の後進性に起因していたと見なければなるまい。

次に、川口支隊攻撃失敗の時点における、ガ島戦取り組みの積極論と慎重論について再検してみよう。

陸軍の協力として先ず、グァム島から内地に帰航途中であった一木支隊の三〇〇〇名が決められた。次いで川口清健少将の指揮する混成第三五旅団が、FS作戦でフィジー島攻略を予定されてパラオ島で訓練中だったのを、ガ島に転用することになった。これは以前に第一八師団に属していた北九州出身の精強部隊であった。

しかし既に述べた如く、一木支隊の第一梯団が八月二一日の攻撃でほぼ全滅し、第二梯団や仙台師団の一個大隊を加えた川口旅団の総攻撃も、九月一三日の夜襲と翌日の激戦で敗れるに及び、大本営は漸く米軍の戦力を見直し、帝国陸軍の面目にかけてもと、建制二個師団（第二、第三八師団）を一七軍に配し、一〇月二〇日頃の攻勢でガ島の米軍を殲滅せんとした。（第二師団の一七軍編入は八月二九日に決定）

大本営陸軍部は極めて強気で、重砲以下八〇門の砲兵陣に弾丸約二万発を用意し、砲戦の権威である住吉少将を指揮官にあてる作戦計画を立てた。

この大本営陸軍部（田中作戦部長、服部作戦課長、辻作戦班長）の決戦論に対し、現地軍は勿論、大本営内部にも多くの慎重論があった。

イ、第一七軍参謀長・二見秋三郎少将（陸士二八期・陸軍動員の権威）

大局から見て、ガダルカナル戦の深入りを否定し、少なくも二個師団と野戦重砲五個連隊をもって、十分なる弾糧の補給と空軍の協力とがなければ、一〇〇〇キロ離島の決戦は行うべきにあらず。右のような条件が成立しない以上はガ島を放棄すべしと主張し、参謀長を更迭させられた。（予備役編入）

ロ、大本営陸軍部・作戦課航空班長・久門有文中佐（陸士三六期・英国留学）

ガ島攻撃は川口支隊の失敗を機会に思いきって中止し、ラバウル以西に防御態勢を再建すべしと主張した。久門中佐は、ⓐ攻勢終末点の兵理とⓑ航空兵力の懸隔から見て、ガ島攻撃を無益の流血戦と観じ一日も早く切り上げるべきを主張した。

ハ、大本営陸軍部・作戦課戦力班長・高山信武中佐（陸士三九期・重砲兵出身）

服部作戦課長や辻作戦班長に対し次のように意見具申している。

「敵の反攻に直面して、日本軍としてまず考えなければならないのは、我が南方防衛線を固め、速やかに長期持久態勢を確立することではないか。戦力班としての立場から考えて、我が方の戦力維持のため本土と南方地域間の海上交通の確保、南方各地に散在する部隊への補給維持が重要である。

これがためには、主防衛線の前方にある、いわば前進陣地ともいうべきガ島の争奪に拘泥することなく、主防衛線を速やかに完成することが先決ではないか。作戦的見地から考えても、制海・制空権を握る有力な敵機動部隊の作戦地域で戦うよりも、我が陸海軍の陸上基地航空部隊の活躍できる主防衛線付近で戦う方が得策である」

まさに正論であり、具体論である。これに対し積極論者は反論する。

ニ、作戦課長・服部卓四郎大佐（陸士三四期・陸大優等卒・歩兵・ノモンハン事件当時の関東軍作戦主任参謀）

「主防衛線の建設は進めねばならぬ。しかし、ガ島をこのまま放棄することは許されない。敵反攻の初動を制することは絶対必要だ。もしこのままガ島を放棄したら敵の士気を倍加せしめ、逆に我が方の士気を沈滞せしめる。断固として反撃し敵の出鼻を挫くことだ」

ホ、作戦班長・辻政信中佐（陸士三六期・陸大優等卒・歩兵・ノモンハン事件当時の関東軍作

戦参謀）

「戦いには機というものがある。兵には勢いというものが大事だ。今や戦機だ。今ガ島を敵手に委したら、敵に勢いを与えることになる。必勝の信念をもって敵に食いつくことが大事だ。我が精鋭なる皇軍の精神力の向かうところ、何の恐れるところあろう」

積極論は即ち精神論である。これが第一線の中隊長であれば、まさに正解であろう。歩兵出身者の特徴が顕著に見られ、ガダルカナル戦の悲劇はこの時点で決定づけられたと云わねばならない。

②ガ島中盤戦をめぐる日米海軍の激闘──南太平洋海戦

米空母「ワスプ」「ホーネット」の二個機動部隊に護衛されていた米輸送船団は、伊号第一九潜水艦の活躍で「ワスプ」を撃沈することは出来たが、四二〇〇名の第七海兵連隊は無事にガ島に上陸した。

川口旅団の攻撃まで、日本側は米軍兵力を五〇〇〇名程度と過小評価していたが、川口旅団の攻撃不成功で米軍の本格的反攻開始と認め、第一七軍に編入された第二師団をガ島に投入することとした。

第一七軍と連合艦隊による一〇月決戦の構想は、大要次のようなものであった。

イ、海軍は主力をもってソロモン北方水域に行動して米機動部隊を牽制しつつ、第二師団の輸送を間接援護し、一部をもって船団を直接護衛する。

ロ、海軍基地航空部隊を増強し、ガ島飛行場の米空軍を制圧する。

ハ、あわせて水上艦艇による飛行場砲撃を実施し、特に船団上陸の前夜に第三戦隊の高速戦艦二隻による三式弾の砲撃で飛行場を焼き払う。
ニ、陸軍はこれに呼応して長射程の野戦重砲を第一線に推進し、砲撃によって飛行場を制圧する。
ホ、第二師団の兵員及び軽火器を駆逐艦で輸送した後、一〇月一四日夜から一五日にかけ、重火器、戦車、弾薬、糧食を船団によってタサファロング海岸へ揚陸する。
へ、一〇月二二日頃、第二師団の総攻撃を実施する。

一〇月一日から駆逐艦での輸送が始まり、丸山第二師団長は一〇月三日、第一七軍百武軍司令官は一〇月九日ガ島に上陸した。しかしこの輸送作戦は日本側に駆逐艦、輸送船、航空機の恐ろしい消耗を強いたのであった。

日本軍の増強に対抗すべく、ゴームリー提督は、ニューカレドニアの米陸軍守備隊三〇〇〇名をガ島海兵隊増援のため出発させた。空母「ホーネット」と新戦艦「ワシントン」を基幹とする任務部隊はこの輸送船団を護衛し、そしてノーマン・スコット少将指揮の重巡「サンフランシスコ」「ソルトレイクシティ」軽巡「ヘレナ」「ボイス」の四隻と駆逐艦五隻は、日本の輸送艦艇撃滅の命を受け一〇月七日エスピリッツサントを出撃、サボ島付近海面を目指して急行した。

一〇月一一日昼頃、洋上哨戒を行っていた米陸軍のB一七重爆は、ガ島から二一〇浬の地点を南下している日本艦隊を発見。この報に接したスコット少将は、日本艦隊をサボ島の西方海上で捕捉すべく急遽、北上した。

A、サボ島沖夜戦とガ島飛行場の砲撃

B一七重爆に発見された日本艦隊は、ガ島への重火器、陸軍将兵などを積載した水上機母艦「日進」（一万一三一七トン、二八ノット）、「千歳」（一万一〇二三トン、二九ノット）と駆逐艦「秋月、夏雲、朝雲、綾波、白雲」の五隻からなっていた。「千歳」は八月二四日の第二次ソロモン海戦において米空母機の攻撃で炎上しており修理後の再度の参戦である。

この輸送部隊を支援するのが、米軍上陸翌日の八月八日夜、ガ島泊地を強襲した三川第八艦隊に所属して活躍した第六戦隊・重巡「青葉」「古鷹」「衣笠」と警戒艦の駆逐艦「吹雪」「初雪」「叢雲」で、第六戦隊の任務はガ島のヘンダーソン飛行場を砲撃して破壊することにあった。

米偵察機は一一日午後、二水上機母艦を発見し報告した。しかしこれを阻止せんとしたスコット部隊は二水上機母艦と遭遇せず、ガ島砲撃部隊の第六戦隊と遭遇することとなる。

この一〇月一一日、わが基地航空部隊は、輸送支援と砲撃部隊支援のため、ガ島の昼間攻撃並びに夜間攻撃を行うことにした。第一次攻撃隊は零戦一七機と陸攻九機で第二次攻撃隊は零戦三〇機と陸攻四五機。しかし米軍はレーダーで日本軍の空襲を察知し、在ガ島の航空戦力を空中に退避させた。夜間攻撃にあたる第二次攻撃隊も天候不良のため途中から引き返し、航空作戦は不調に終わった。

一方、第六戦隊は速力を三〇ノットに上げ、単縦陣でガ島に接近していた。サボ島が見えたとき、「青葉」の見張員が「左一五度に艦影三」と叫んだが、五藤司令官は輸送部隊の味方駆逐艦と考え、「ワレ、アオバ、ワレ、アオバ」と連続して発光信号を送った。しかしこれはスコット隊であった。

米艦隊では、旗艦「サンフランシスコ」こそレーダーを搭載していなかったが、軽巡「ヘレナ」と「ボイス」はレーダーを搭載しており、いちはやく日本艦隊の存在を察知していた。

他方、日本側でも前方の艦影が敵艦であるとの「青葉」見張員の報告が上げられたにもかかわらず、五藤司令官はなお迷っていた。まさにその時、海面は米軍の照明弾で白昼の如き状態になった。

この時点で米艦隊は、日本艦隊の前面を直角に横切る、いわゆる丁字戦法が取れる状態にあった。スコット隊は一斉に砲門を開き、初弾が「青葉」の艦橋に命中し五藤少将は重傷、多数の士官が死傷した。

以後は乱戦となり、「青葉」は多数の命中弾を受けて反転離脱、二番艦「古鷹」と駆逐艦「吹雪」は集中砲火を浴びて沈没、三番艦「衣笠」の反撃により米駆逐艦「ダンカン」を撃沈、重巡「ソルトレイクシティ」小破、軽巡「ボイス」大破、駆逐艦「ファレンホルト」大破の損害を与えた。

旗艦「青葉」は殆ど戦闘機能を喪失し、一二日午前八時、ショートランドに帰投した。戦死「青葉」七九名「古鷹」三三名、行方不明二二五名、救助者五一八名。

この海戦は両艦隊とも予期せずして遭遇し、また双方とも友軍との同士討ちを恐れ、躊躇しながらの乱戦であった。しかし夜間戦闘力に劣るとされた米艦隊が、新兵器レーダーを活用して、日本海軍伝統の夜戦に勝った意義あるものであった。

以上がサボ島沖夜戦であり、次いで一〇月一三日夜の高速戦艦によるガ島飛行場砲撃戦、更に翌一四日夜の三川第八艦隊巡洋艦部隊による同飛行場砲撃と輸送船団の揚陸作業へと戦闘は続いて行くのである。

*ガ島飛行場砲撃に援護された輸送作戦。

先に述べた陸海軍協議事項の（ホ）に掲げた重火器、戦車、弾薬、糧食などの輸送は、当時の一万トン級優秀貨物船六隻（吾妻山丸、南海丸、笹子丸、崎戸丸、九州丸、佐渡丸）をもって編成し、「ガ島突入船団」と名づけ、一〇月一〇日夜半ショートランドを出港した。

乗船した兵力は、歩兵第一六連隊主力、歩兵第二三〇連隊（二個大隊欠）、一〇糎加農砲一個中隊、一五糎榴弾砲一個中隊、高射砲一個大隊、独立戦車一個中隊、兵站部隊、舞鶴特別陸戦隊、その他弾薬、糧食であった。

海軍はこの船団護送に連係して揚陸予定の一四日の前日に、空・海からの攻撃をルンガ飛行場に指向した。一〇月一三日、第一一航空艦隊の戦爆連合の大編成は、二回にわたって飛行場を攻撃し三〇機近くの敵機を破壊した。

更に海上からは、第三戦隊司令官栗田健男中将指揮の高速戦艦「金剛」「榛名」（三万二〇〇〇トン、速力三〇・五ノット、三六糎砲八門、一五糎砲一四門）により決行された。トラック基地を出撃した砲撃部隊は一〇月一三日の夜半、ガ島に接近した。砲撃のための照準点、艦位測定物標の焚火も予定通り焚かれた。前日、第六戦隊との戦闘で傷ついた米艦隊は警戒の手を緩めていた。

二三時三五分、予定通り友軍哨戒機が上空に到達し、滑走路の中心を示す吊光弾を投下した。「金剛」「榛名」は予定コースを二八ノットで航行、二三時三六分「金剛」が、一分遅れて「榛名」が初弾を発射した。通常の徹甲弾の他に特殊に開発された「三式弾」も使用された。これは一個の砲弾から多数の焼夷弾が漏斗状に飛び散って敵機を捕捉するという、本来は対空射撃用に考案されたものである。三六糎砲用は四七〇個の焼夷弾を内包していた。

二三時五〇分頃には早くも飛行場に火災が生じ、予定の第一コースを折り返して第二コースに入り射撃再開が下令された頃には、ガ島全域が火の海と化したかに見えた。九一八発の砲撃による戦果は、航空機九六機中五四機と航空燃料の大半を焼き死傷者一〇〇名を生ぜしめた。「金剛」「榛名」が砲撃を止めたのは一四日〇時五六分、以後三〇ノットに増速、直衛及び後方護衛に任じていた駆逐艦一〇隻を率いて北方に避退した。

更にこの一四日の深夜には、第八艦隊長官三川中将が直率する重巡「鳥海」と、サボ島沖夜戦で大活躍して一二日朝帰投したばかりの重巡「衣笠」、その他軽巡「天龍」駆逐艦「望月」が、陸軍の高速船団を間接支援しながらガ島に接近してルンガ沖に突入、八〇〇発近い二〇糎砲弾その他を飛行場に撃ち込んだ。

三川中将としては八月八日夜の第一次ソロモン海戦に次いで二度目の敵地突入であり、猛将の名に恥じない見事な戦闘であった。

若《も》しもこの機に乗じて陸軍の攻略部隊が突入したら、敵飛行場の占領は容易であったのではと思われるが、砲撃の目的が敵機の攻撃から船団の航行を護るためのものであり、直接の戦闘協力として計画されていなかったのは残念であった。（陸軍の飛行場攻略要員と装備・資材等の輸送援護が目的であった）

一〇月一四日夜一〇時、笹子丸を先頭とする六隻の船団は、無事にガ島北岸タサファロング海岸沖に投錨し、徹夜で荷揚げ作業を開始した。

しかし一夜明けた飛行場はスクラップの山であったが、九六機あった飛行機のうち四二機（戦闘機三五機、急降下爆撃機七機）は飛行可能であった。滑走路も徹底的に掘り返されたように見えたが、六〇〇メートル程が無傷で残り、小型機の使用は可能であった。

壊れた飛行機のタンクから燃料をかき集めたほか、ジャングル内からも四〇〇個のドラム缶が発見されたため、七時半頃から残存機の全力をあげたガ島米空軍の反撃が始まった。

ＳＢＤ急降下爆撃機とＦ四Ｆワイルドキャット戦闘機などの反復攻撃の他、正午にはエスピリッツサントから飛来したＢ一七重爆撃機も加わり、笹子丸、吾妻山丸は沈没、九州丸は大破して砂浜に乗り上げた。残りの三隻は午後三時四〇分、第一船舶団長伊藤少将の命により揚陸を中止して引き上げた。

船団の輸送物資が如何程揚陸できたかは、諸説があって判然としない。揚陸中止直後の第一七軍報告では、兵員・重火器の全部と弾薬の一～二割、糧食の半分程度とされているが、揚陸して海岸に集積されたものの三分の一は、銃爆撃と海上からの砲撃によって焼失したといわれている。

折角苦労して第三戦隊、第八艦隊の決死的な飛行場夜間砲撃が実施されて、敵に甚大な損害を与えておきながら、夜明けから午前中かかると思われる揚陸作業中、我が空母機動部隊の援護活動が何故行われなかったのか？　日本の空母はどこで何をしていたのかを説明しなければならない。

B、南太平洋海戦とガ島飛行場攻撃の失敗

イ、南雲機動部隊のソロモン進出

昭和一七年一〇月一一日、南雲忠一中将の指揮する機動部隊は、戦艦及び重巡部隊からなる前衛を随伴し、近藤信竹中将の率いる前進部隊と共に、「ガ島奪回作戦支援」の任務を受けてトラック基地を出撃した。

両艦隊の構成は九月二三〜二四日の第二次ソロモン海戦の際と概ね同じ戦術思想によるものであった。機動部隊本隊には、大型空母「翔鶴」「瑞鶴」と小型空母の「瑞鶴」（一万一二〇〇トン、二八ノット、搭載機三〇機）の第一航空戦隊、前進部隊には「隼鷹」（商船橿原丸改装、二万四一四〇トン、二五・五ノット、五三機搭載）が配置された。なお「隼鷹」は状況により機動部隊の指揮を受けるとされた。

一〇月一一日はサボ島沖夜戦のあった日であり、一三日夜半には戦艦「金剛」「榛名」のガ島飛行場艦砲射撃が行われ、高速輸送船団の突入を支援した。更に支援部隊が基地航空の哨戒機から米機動部隊の出現を知らされたのも一三日であった。両艦隊は一六～一八日にかけて洋上で給油を行い、陸軍のガ島総攻撃に備えた。

当時、陸軍の総攻撃は一〇月二〇日頃と予定されていた。

一方、陸軍側の総攻撃準備はどうであったか。ルンガ飛行場を正面から攻めるために不可欠の砲兵火力は、一五糎榴弾砲一二門、一〇糎加農砲四門、以下野・山砲を合計しても三八門にすぎない。米軍の方は川口支隊を撃退した当時すでに一二〇門を有していたという。

これではマタニカウ河左岸から発動する予定の正面攻撃は、成功の可能性が少ないから、やはり川口旅団が九月中旬に行ったような、飛行場裏側からの奇襲攻撃によるしかないとの結論になった。

そこで陸軍部隊が人力で密林を開き、昼夜兼行七日間で漸く一列で歩ける細道を敷設し終ったのは一〇月二〇日であった。これから二万人の大部隊を、細道を通って突撃配備につかせねばならない。

支援艦隊は一九日、山本連合艦隊長官から「Y日（陸軍総攻撃実施日）は二二日を予定す」という通知を受けた。二〇日、Y日が二二日に決定し、連合艦隊参謀長は「ガ島制圧の成否は、二三日黎明時までに判明すると思われるので、前進部隊はガ島の南方に、機動部隊はソロモン諸島南東方に、それぞれ急進して敵水上部隊に備えよ」と指示した。

近藤中将の前進部隊は二〇日午後から、南雲中将の機動部隊は二一日早朝から、それぞれ予定配備地点に向かって南下し始めた。しかし二一日午後、Y日が二三日に延期されたことを知らされ、両部隊は南下を取り止めて北上した。

二二日午後、再び南下を開始する。当初予定されていた東方海域に対する偵察機の派遣が兵力不足のため中止され、サンタクルーズ諸島方面の敵情に不安が生じて来たため、二二日夜、機動部隊の前衛から重巡「筑摩」と、本隊から防空駆逐艦の「照月」（二七〇〇トン、一〇糎高角砲八門）を派遣して索敵を実施したが敵影を見ず、二三日夕刻所属部隊に復帰した。

この一両日、基地航空部隊の哨戒機が、レンネル島の南東海域で戦艦基幹の敵水上部隊発見を報じていた。南雲司令部は、同一海域に居座っているこの水上部隊の行動に疑問を持ち、神経を尖らせていた。わざとこの水上部隊に眼を引きつけさせて空母部隊の所在を隠し、やがて日本軍の意表を衝くものではないかと考えた。目当ての敵機動部隊は去る一三日、レンネル島付近で哨戒機が捕捉して以来行方が知れなくなっていた。日本機動部隊が陸軍総攻撃に合わせてガ島に接近した場合、米機動部隊はサンタクルーズ諸島方面から来攻し、我が艦隊の側面を衝く恐れが大である——との判断において、南雲部隊と連合艦隊の意見は一致していた。

以上が第二師団のガ島飛行場総攻撃直前に至る日本連合艦隊、即ち南雲機動部隊と近藤前進部隊の行動経過である。

ここで不思議に思うのは、南雲・近藤の両支援部隊は、「ガ島奪回作戦支援」の任務を与えられていながら、第二師団夜襲当日の夕方にルンガ飛行場爆撃の計画がなく、その意志も無いことである。「ガ島飛行場は陸軍単独で取れ。敵の機動部隊が邪魔しに来たら、我々海軍が排除する」というのである。

十分な火砲・戦車・弾薬の準備が出来なかったことは、海軍が輸送の護衛をしていて承知していたにもかかわらず、このように陸海軍の作戦行動に協調性がないのは一体何故であろうか。

どこの国の軍隊でも陸海軍の仲は良くないと云われているが、米軍の場合は太平洋艦隊司令長官ニミッツ大将が、ガ島陸上戦をも統一指揮しているのに対して、日本軍の場合は、山本連合艦隊と百武第一七軍が全く統師系統を異にしている。

機動部隊の南雲長官と草鹿参謀長が、ミッドウェーの復讐に燃えていたのは理解出来るが、ガ島飛行場を占領して米軍上陸部隊を殲滅しなければ、日本軍の勝利はないという大きな戦略眼に欠けている。

この事は、ミッドウェー海戦の大敗北にあたり、山本大将がその温情によって南雲・草鹿両首脳の責任を追求することなく、再度、機動部隊の指揮を委ねた人事に起因するとの見方は私は持つが、ハワイ空襲で第二次攻撃の意見具申を退けて引き揚げたり、その帰途にミッドウェー島の破壊を連合艦隊から電命されながら無視して後のミッドウェー敗戦の遠因を作り、更には第二次ソロモン海戦において、ガ島上陸輸送船団の援護に配慮を欠いて損害を被り、上陸作戦中止に至らしめた事など、主力艦隊指揮官の人選の間違いが、日本の運命を如何に誤らせたか、誠に残念至極なことであった。

ロ、第二師団の敗退

飛行場裏側からの奇襲に変更した第二師団であるが、日本軍の持っていた地図は海図をもとにした粗末なものであり、米軍の陣地配備については全く不明であり、宮崎第一七軍参謀長から航空写真が届けられた時は既に遅かった。

迂回路は空からの発見を避けるため樹木は伐採せず、部隊が一列縦隊で辛うじて通れる空間を切り開いただけであった。急峻な坂、深い谷、湿地、倒れた巨木等の難路のため分解搬送の重火器や弾薬は、途中で遺棄したり土中に埋めたものも多く砲を残して銃剣だけの大隊砲小隊もあった。

当初突入予定の一〇月二〇日は二二日に延期されたが、迂回路開拓の作業の遅れで二二日午後になっても予定の展開線に達せず、二三日に変更されて更に二四日に延期された。

結局第二師団は一木、川口両支隊と大差ない夜間の銃剣突撃をする事態となり、約五六〇〇名の師団主力も多数の遺棄死体（米側資料では二〜三〇〇〇名）を出した。左翼隊長那須少将、古宮歩兵二九連隊長、長広歩兵一六連隊長はこの攻撃で壮烈な戦死を遂げている。

一〇月二六日午前六時、総攻撃失敗の報告を受けた第一七軍司令官百武中将は、総攻撃中止の命令を下し、ガダルカナル島の地上戦は実質的に終了した。

ハ、南太平洋海戦

連合艦隊は第二師団の総攻撃に呼応して、米機動部隊との艦隊決戦を予想しトラック島から南下してきた。これは近藤信竹中将の指揮する前進部隊（第二艦隊）と南雲忠一中将の機

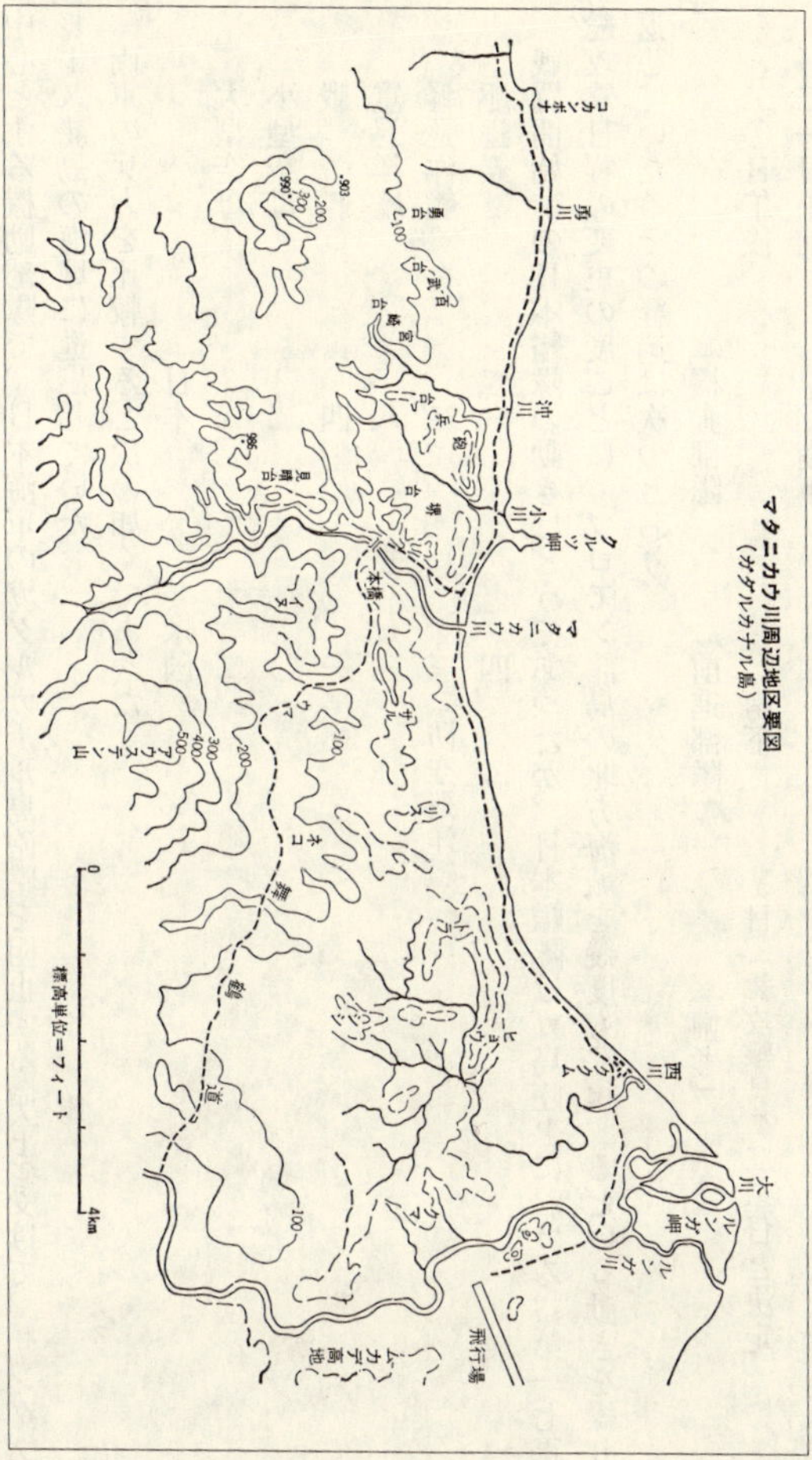

マタニカウ川周辺地図要図
（ガダルカナル島）

動部隊（第三艦隊）からなり、連合艦隊の主力部隊であった。
一方の米軍は、キンケイド少将の指揮する空母「ホーネット」と「エンタープライズ」を中心とする機動部隊で、日本海軍のガダルカナル島砲撃を阻止する命令を受けて、サンタクルーズ諸島の海域に進出していた。

両軍の兵力を比較すると次の如くであった。

	日本	米国
大型空母	二	二
小型空母	二	〇
戦　艦	四	一
重巡洋艦	八	三
軽巡洋艦	二	三（防空巡洋艦）
駆逐艦	二一	一四

戦闘開始前の日本艦隊の動きはどうであったか。日本艦隊はガ島陸上における、第一七軍総攻撃日程の変更の度ごとに、ソロモン諸島の北方海域を幾度も往復するという動きを繰り返していた。その経過は次のとおり。

	[機動部隊]	[前進部隊]	[備考]
二〇日午後		南下	Y日（総攻撃日）二二日と決定
二一日午前	早朝南下		
午後	北上	北上	Y日が二三日に延期
二二日午前			

午後	南下	南下	
二三日午前			
午後	七時四〇分北上	四時北上	Y日が二四日に再延期
二四日午前			
午後	八時南下	一〇時南下	第二師団総攻撃実施
二五日午前	米機接触・北上	米機接触・北上	
午後	南下	南下	第二師団夜襲再興
二六日午前	瑞鶴至近弾・北上	北上	

次に両軍の索敵経過を検証してみよう。

米軍には空母の他に三つの基地航空部隊があり、この中には空母艦載機よりも航続距離の長大な、陸軍のB一七重爆やPBYカタリナ飛行艇が多数含まれており、参考までに各基地の戦力を示しておく。

	エスピリッツサント	ニューカレドニア	ガ島	計
F四F戦闘機	二三		二六	四九
B一七重爆	三六			三六
ロッキードハドソン	一二	一三		二五
PBYカタリナ飛行艇	三二			三二
P三九戦闘機		四九	六	五五

Ｐ三八戦闘機		一五		一五
Ｂ二六爆撃機		一六		一六
Ｐ四〇戦闘機			六	六
ＳＢＤ艦爆			二〇	二〇
ＴＢＦ艦攻			二	二
計	［一〇三］	［九三］	［六〇］	［二五六］

【索敵経過】

「日本」一〇月二二日～二三日、ラバウル方面航空隊の哨戒機が、レンネル島の南東海域で戦艦基幹の米水上部隊を発見。

「米軍」二三日、エスピリッツサント基地を発進した哨戒機ＰＢＹが、同島の北方六五〇浬に日本の空母を発見、同日夜、雷装したＰＢＹ数機が同基地を出撃したが、空母を発見できなかった。

「日本」二三日、南雲部隊は早朝から二段索敵を実施。

「米軍」二五日、午前七時三〇分、機動部隊本隊が米飛行艇の接触を受く。南下中の前衛も別の飛行艇に発見される。午後〇時五〇分～一時五〇分「霧島」が攻撃されたが被害なし。

「日本」二五日、一一時頃基地航空の哨戒機がレンネル島の東方約三〇浬で北上中の戦艦二、巡洋艦四、駆逐艦一二の大部隊を発見。

「米軍」　二五日夜、PBY五機が爆装と雷装でエスピリッツサント発進、うち二機が空母「瑞鶴」と駆逐艦「磯風」を攻撃。残る三機は午後一〇時から翌日〇時半の間に、近藤部隊を米機動部隊の北西約三〇〇浬に、南雲機動部隊を同一方面の約二〇〇海里に発見と報告した。しかしPBYの電報はエスピリッツサント基地航空隊司令部を経由して転電されたため、米機動部隊に達したのはそれから二時間後であった。

「日本」　二六日、南雲部隊は北上しながら黎明二段索敵を実施。

二時四〇分、本隊から艦攻一三機、二時一五分、前衛から水偵七機。四時五〇分、敵機動部隊発見、南緯八度二二分、東経一六六度四二分、空母一ほか一五。

以上の索敵行動を相互に実施していた二五日、ガダルカナル飛行場を未だ攻略していないという連絡を受けて反転北上していた南雲機動部隊は、散発的なPBYカタリナ飛行艇の攻撃を受けたが被害はなかった。

二六日午前二時に日本機動部隊の位置を知ったキンケイド提督は、午前三時に「エンタープライズ」から一六機の索敵爆撃機を発進させた。二機ずつペアになっていたうちの一組が、午前四時一七分に南雲部隊の前衛をとらえ、他の一組は四時五〇分に機動部隊本隊（空母）を発見した。

一方、黎明二段索敵を実施していた日本側へ敵機動部隊発見の報が旗艦「翔鶴」に届いたのは午前四時五八分。かくて日米両機動部隊は、ほぼ同時に相手側の位置を確認して戦闘を開始するに至った。

そして日本側が第二次攻撃隊を発進させた直後の午前五時四〇分、二機のSBD艦爆が雲間から急降下して、二五〇キロ爆弾一発を軽空母「瑞鳳」の後部甲板に命中させた。「瑞鳳」は航行に支障はなかったが飛行機の発着は不能となり、南雲長官の命により駆逐艦二隻を護衛につけて反転北上し戦場から離脱した。これは、米軍の索敵爆撃機によるものであり、両軍の大型空母から発進した攻撃隊の概要は以下に記述する。

【南太平洋海戦・日米交戦記録概要】

［日本］　第一次攻撃隊「翔鶴・瑞鶴・瑞鳳」二六日五時二五分発

艦戦　二一機、艦爆二一機、艦攻二〇機、（喪失計五一機）

「ホーネット」を攻撃、六時五五分、

二五〇キロ爆弾四発・魚雷二本命中。大破炎上。

［米軍］　第一次攻撃隊「ホーネット」　二六日五時三〇分発

艦戦　八機、艦爆　一五機、艦攻　六機、

「翔鶴」を攻撃、六時四〇分、五〇〇キロ爆弾四発命中、

飛行機発着不能、火災は五時間後に鎮火、高速で戦場離脱。

第二次攻撃隊「エンタープライズ」六時発、

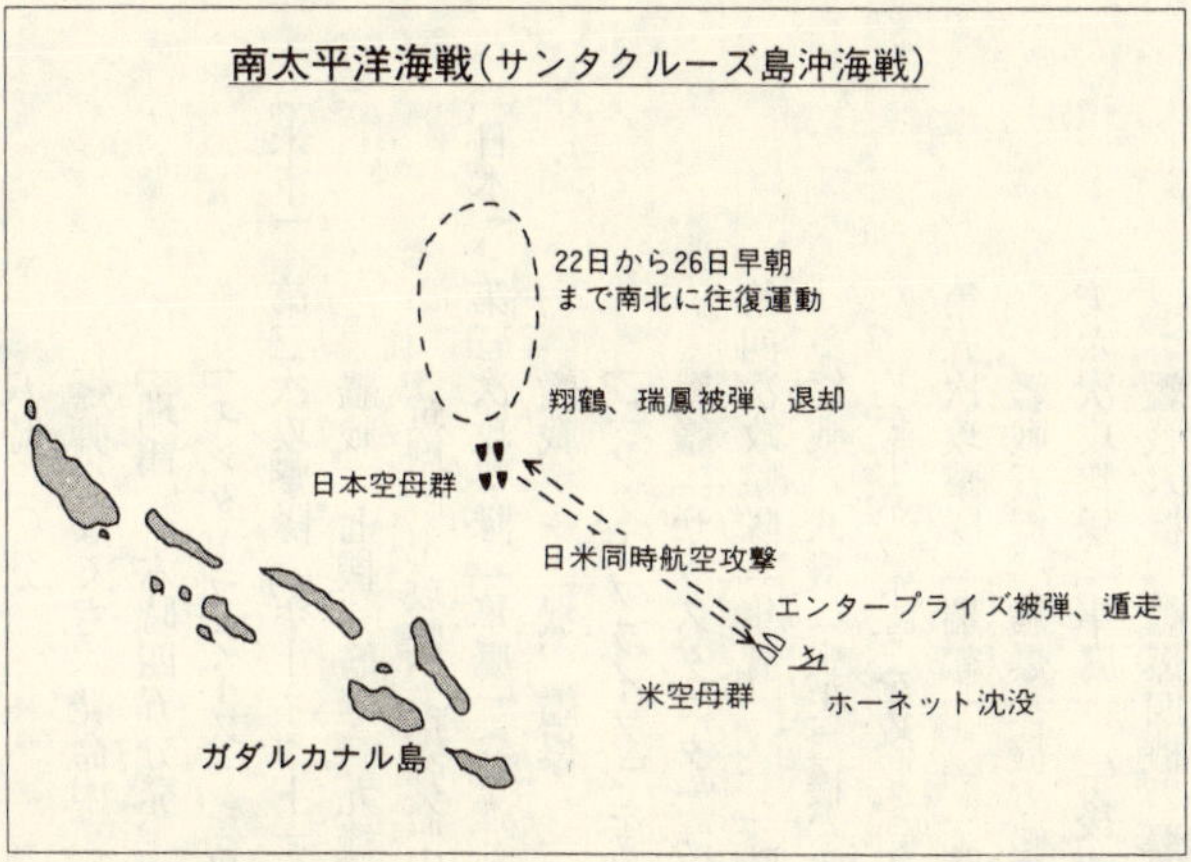

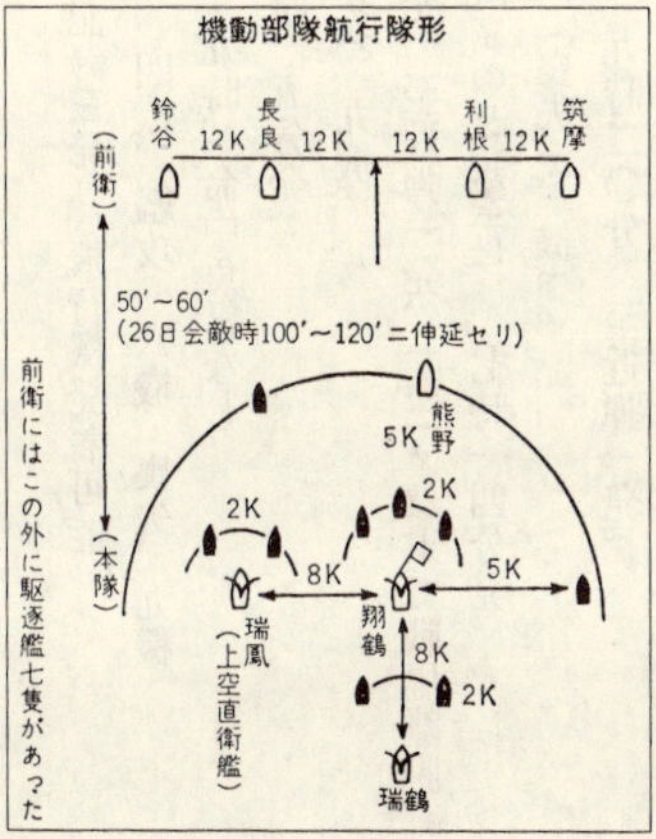

艦戦八機、艦爆三機、艦攻八機、

「霧島」を攻撃、命中弾なし。

［日本］第二次攻撃隊

「翔鶴」六時一〇分発、艦戦五機、艦爆一九機（喪失一〇機）

「エンタープライズ」を攻撃、

八時二〇分。
爆弾少なくも六発命中（米軍記録三発）、飛行機発着可能。
「瑞鶴」六時四五分発、艦戦　四機、艦攻一六機（喪失、九機）
「エンタープライズ」を攻撃、九時。命中魚雷なし。

［米軍］第三次攻撃隊「ホーネット」六時一五分発。
艦戦　七機、艦爆　九機、艦攻　九機。
「筑摩」を攻撃、爆弾命中三発、至近弾一発、二三ノットで戦場離脱。

［日本］第三次攻撃隊「隼鷹」（前進部隊所属の改装空母）七時一四分発。
艦戦　一二機、艦爆　一七機（喪失一一機）
「エンタープライズ」を攻撃、九時二〇分、至近弾一発。
戦艦「サウスダコタ」防空巡「サン・ジュアン」に各一発命中。
第四次攻撃隊「隼鷹」一一時六分発。
艦戦　八機（喪失二機、不時着水三機）艦攻七機（喪失二機）
「ホーネット」を攻撃、午後一時一〇分、魚雷二本命中。
第五次攻撃隊「瑞鶴」一一時一五分発。「ホーネット」を攻撃、
艦戦五機、艦爆二機、艦攻六機（八〇〇キロ爆弾一発命中）
第六次攻撃隊「隼鷹」午後一時三三分発、「ホーネット」を攻撃、
艦戦六機、艦爆四機。爆弾一発命中。全機無事帰還。

以上のとおり米軍は三回の攻撃によって日本空母二隻に損害を与え、日本軍は二回の攻撃で米空母二隻に大損害を与えた。「エンタープライズ」は早々に戦場を離脱し、「ホーネット」は四～六次の攻撃の後、日本駆逐艦の魚雷で撃沈した。

ここで改めて両軍の損害を纏めてみる。

〔日本軍の損害〕損傷　空母「翔鶴」「瑞鶴」、重巡「筑摩」

飛行機損失　九二機（一〇〇機とも云われている）

〔米軍の損害〕沈没　空母「ホーネット」、駆逐艦「ポーター」

損傷　空母「エンタープライズ」、戦艦「サウスダコタ」

防空巡「サンジュアン」、駆逐艦「スミス」「ヒューズ」

飛行機損失　七四機（米側資料）

次にこの海戦の勝敗をどう見るか――と云うことである。

よく云われているのは、「戦術的に見れば米軍の敗退であるが、長い目で見ると、米国側の戦略的勝利である。それは飛行機の損失数が、数字そのものが示す以上に日本側に不利であったとする。多くの熟練パイロットを失った日本に対し、米国はパイロットの育成訓練の点でも、飛行機の生産計画の点でも日本を凌駕出来たからである」という評価である。

これは正にその通りであろう。そして更に追加したいのは、ガダルカナル島での陸上戦闘に、この海戦の戦術的勝利が何の貢献もせずに終わった事に他ならない。

今回の「南太平洋海戦」(米名・サンタクルーズ島沖海戦)には、日米双方ともに幾つかの特記すべき事項がある。その主な事柄について若干の解説をしておきたい。

◆米海軍

ⓐ 対空用「VT信管」

米軍はVT信管と呼ばれる新型高角砲弾を使い、多くの日本機を撃墜した。

これまでの高角砲弾は、一定の時間になると爆発する時限式砲弾だが、VT信管は砲弾の先端にレーダーを備え、敵機を感知すると近接距離で爆発する仕組みになっている。

時限式は砲弾を発射する前に時間を調定する必要があり、目標が激しく動く場合には破壊することが難しい。これに対しVT信管は、目標を感知したら爆発するから撃墜率が高くなる。

我が第一次攻撃隊が「ホーネット」を攻撃したとき、六二機中の三八機(五一機とも云われる)が撃墜されており、損失率六一%(八二%)と云う高率の被害を受けているのは、このVT信管の威力が日本軍の常識を遥かに超えていたためである。(三八機の内訳=零戦五、艦爆一七、艦攻一六)

ⓑ スウェーデン製・四〇ミリ四連装高射機関砲の威力

「エンタープライズ」とその後方九〇〇メートルに位置した新戦艦「サウスダコタ」(三五

○○○トン、速力二七ノット、四〇粍砲九門、一二・七粍高角砲一六門）は、スウェーデン・ボーフォス社製の四〇ミリ大型機関砲を装備して、日本機をバタバタと撃墜し、このため第二次攻撃隊は、艦爆一〇機、艦攻九機を失った。この機関砲は現在でも使用されている傑作兵器といわれている。

ⓒ　緩降下超低空高度爆撃法（大東亜戦訓・第二次ソロモン海戦、南太平洋海戦）

南太平洋海戦における敵の降下爆撃は、従来慣用せる急降下（六〇～七〇度）の方法によらず、二〇度以内の緩降下をもって艦の高速回頭に伴い、克くその首尾線方向に追随しつつ二〇〇メートル付近まで降下し投弾せり。

命中率極めて良好にして直撃弾四〇％、その他大部分も至近弾なりしが、防御砲火による被害もまた大にして、「翔鶴」においてもその1／3を撃墜せり。敵が本攻撃法を採用するに至りたる着意において、その命中率良好にして奏功の確実を期したると、我が方防禦砲火を軽視したるとに起因すべきも、我が方としても今後索敵機の奇襲攻撃、或は輸送船に対する攻撃等において、緩降下超低空高度爆撃法は研究利用の価値ありと認む。

◆日本海軍

ⓐ　対空兵器の充実

日本海軍はレーダーに遅れをとったものの、南太平洋海戦では「翔鶴」と「隼鷹」は二一号対空見張りレーダーを装備していた。二六日朝六時四〇分、南東から接近してきた「ホーネット」の艦爆を、「翔鶴」のレーダーは一三〇キロ先からキャッチし、二機を零戦が撃墜している。

空母には新鋭の防空駆逐艦「照月」が随伴していた。秋月型の第二艦で一七年八月三一日に竣工したばかりの新鋭艦。秋月型は当初、発射管を積まない新艦種「防空直衛艦」として設計されたが、途中で用兵側の要求によって四連装発射管を一基搭載し、艦種も駆逐艦の中に含められた。新式の長砲身一〇糎連装高角砲を二基ずつ前後に背負式に配備して八門、機銃は約二〇門装備しており優秀な対空性能を誇っていた。

更に特記すべきは、既にガ島飛行場砲撃の項で述べた「三式弾」で、発射後に一個の砲弾から多数の焼夷弾が漏斗状に飛び散って、この焼夷弾と炸裂した砲弾の破片によって敵機を捕捉し、かつ火災を生じやすいように考案されていた。

放出された焼夷弾は、毎秒二〇〇ないし三〇〇メートルの速度で飛び散り、四ミリまでの鋼板を貫徹する威力を持っていた。弾種は四〇糎砲用から一二・七糎高角砲用まで各種つくられており、例えば三六糎砲用は約四七〇個の焼夷弾子を内包していた。

本海戦において、機動部隊前衛の中で東端にあった「筑摩」以外に被害が出なかったのは、各艦が備えていた二〇糎砲、三六糎砲等大口径の「三式弾」の威力に敵機がおそれをなして、艦隊の真上まで飛んで来なかったためとも云われている。

ⓑ 機動部隊の陣形

第二次ソロモン海戦から採用した、空母の前方一定距離（通常は一〇〇ないし一二〇浬、本海戦では五〇～六〇浬）に前衛（戦艦、重巡洋艦、駆逐艦で構成）を配置して、敵艦載機の空襲を予知する目的の陣形は、今回は「翔鶴」が米艦爆から四発の命中弾を受けて大破し、戦場離脱を余儀なくされている。しかも前衛が数次にわたって米機の空襲を受けている際、当然迎撃する筈の母艦部隊からの戦闘機の応戦は何もなかった。前衛の犠牲の上に空母の温存のみを企図した戦法であり、小手先の技巧に過ぎたきらいを感ずる次第である。

七、ガダルカナル島撤退への道

ガ島攻防戦は、陸上戦、海上戦、航空戦のそれぞれに因果関係があり、個々の戦闘が独立して行われたものではなく、複雑に絡み合っている。

まず八月八日夜の第一次ソロモン海戦は、米軍のガ島上陸作戦に対する初動阻止を目的とする泊地急襲作戦であり、八月二四日〜二五日の第二次ソロモン海戦は一木支隊第二梯団の輸送を支援するため、ガ島北方海域に出動した南雲機動部隊と米機動部隊との空母対決であった。

また一〇月一一日のサボ島沖海戦は、ガ島飛行場砲撃を任務とした第六戦隊の重巡以下が、待ち伏せていたスコット少将の米巡洋艦部隊との遭遇戦であるが、第二師団の兵員、重火器や弾薬等の輸送支援が本来の目的であった。

続く一〇月一三日に敢行された戦艦「金剛」「榛名」による飛行場砲撃も、全く同じ目的のものあり、これは見事に成功した。

更に一〇月二六日の南太平洋海戦は、第二師団の総攻撃支援を任務とした南雲機動部隊と、キンケード少将の米機動部隊との激突であった。

どの海戦にも、ガ島の陸戦を有利に導こうとの日米双方の指揮官の苦心が偲ばれる。

これから記述する第三次ソロモン海戦もまた、第二師団総攻撃失敗のあとを受けた第三八師団輸送援護のために、再度ガ島飛行場砲撃を実施せんとした日本連合艦隊に対し、全戦力を結集して阻止しようとした米太平洋艦隊との、史上まれにみる乱戦であった。

①一一月の攻防——第三次ソロモン海戦・ルンガ沖夜戦

一七年一一月二日、ガ島に到着した大本営陸軍部の服部作戦課長は、第一七軍首脳会議（百武司令官、宮崎参謀長、小沼作戦主任、辻派遣参謀等出席）を催して、今後の攻撃計画を策定し大本営の裁可を求めた。その大要は次の通りである。
イ、混成第二一旅団を戦線に増加する。
ロ、第三八師団の主力を一一月上旬、第五一師団を一二月上旬中に上陸せしむ。
ハ、第六師団の精強一個連隊を、特殊艦船をもって直接ルンガ岬に強行上陸せしむ。
ニ、陸軍航空部隊を参戦せしむ。
ホ、第三次総攻撃を一二月中、下旬に期し、重砲及び弾薬を十分に準備して西方より正攻法によって行う。
しかしこの攻撃計画は、どの項目も制空権を米軍に握られている現状では実現が困難な対策であった。僅か半月前の一〇月一四日に、重火器や弾薬、糧食を満載した六隻の優秀船団が、基地航空の陸攻による爆撃や戦艦の艦砲射撃で、ガ島飛行場に大打撃を与えた直後にタサファロング泊地に到着しながら、米空母艦載機とガ島基地航空機の猛攻のため大損害を受け、僅かな揚陸に止まった敗北の事実を、全く忘れたような計画であった。

しからば第三次攻撃の準備をどうするか。駆逐艦には甲板の上を歩けない程に積んでも軽装の歩兵一五〇人以上は無理である。すると八隻の駆逐艦で一二〇〇名となり三往復しなければ歩兵一個連隊を輸送できない。そのうえ野戦重砲、戦車、十分な弾薬となれば、やはり大型輸送船団を送り込まなければ、必要な戦力の集積は不可能という結論にならざるを得ない。

そこで遂に一一隻の優秀船を、田中頼三少将の第二水雷戦隊中心の駆逐艦一二隻で護衛する一方、戦艦「比叡」「霧島」を基幹とした飛行場砲撃部隊を編制し、阿部弘毅少将の指揮の下に輸送支援に万全を期した。また基地航空の陸上攻撃機は飛行場に昼間爆撃を行い、近藤中将の空母部隊は田中部隊の輸送船団に若干の上空直衛をするためソロモン諸島の北方に行動するが、艦隊戦闘を避けるように命令されていた。

一方、米軍側の動きはどうであったか。新鋭部隊が本国とニュージーランドから到着したので、六〇〇〇名の陸兵と海兵隊がガ島に急送されて守備を強化すると共に、新たに巡洋艦、駆逐艦、潜水艦が南太平洋に増派され、戦闘機と爆撃機もハワイと豪州から増援された。

更にキンケイド提督は空母「エンタープライズ」部隊をヌーメアから出撃させた。この部隊には「ワシントン」「サウスダコタ」の新式戦艦二隻（三万五〇〇〇トン、速力二七ノット、四〇糎砲九門、一二・七糎高角砲一六門）が含まれ、特に損傷した「エンタープライズ」の修理を航海中も続行するため、工作艦一隻を随伴させた。

かくて米軍が、あらゆる努力をガダルカナル島防衛のために集中し、日本軍の進攻を阻止せんと準備万端整えた時期に、第三次ソロモン海戦（米名ガダルカナル海戦）が一一月一二日から一五日にかけて発生したのである。

この海戦は、第一日（一二～一三日）の巡洋艦主体の夜戦、第二日（一四日）の米空軍の逆襲による三川艦隊と田中輸送船団の被害、第三日（一五日）の戦艦対戦艦の夜戦からなり、太平洋戦争中でも珍しい日米水上艦艇どおしの正面衝突であった。

A、第三次ソロモン海戦

◆参加兵力と損害

	［日本軍］				［米　軍］				
戦闘日	戦艦	重巡	軽巡	駆逐	空母	戦艦	重巡	軽巡	駆逐
第一日	二		一	一四			二	三	八
第二日		四	二	一七	一		二	一	六
第三日	一	二	二	九		二			四
計	三	六	五	四〇	一	二	四	四	一八

〈指揮官〉　第一日　　第二日　　第三日

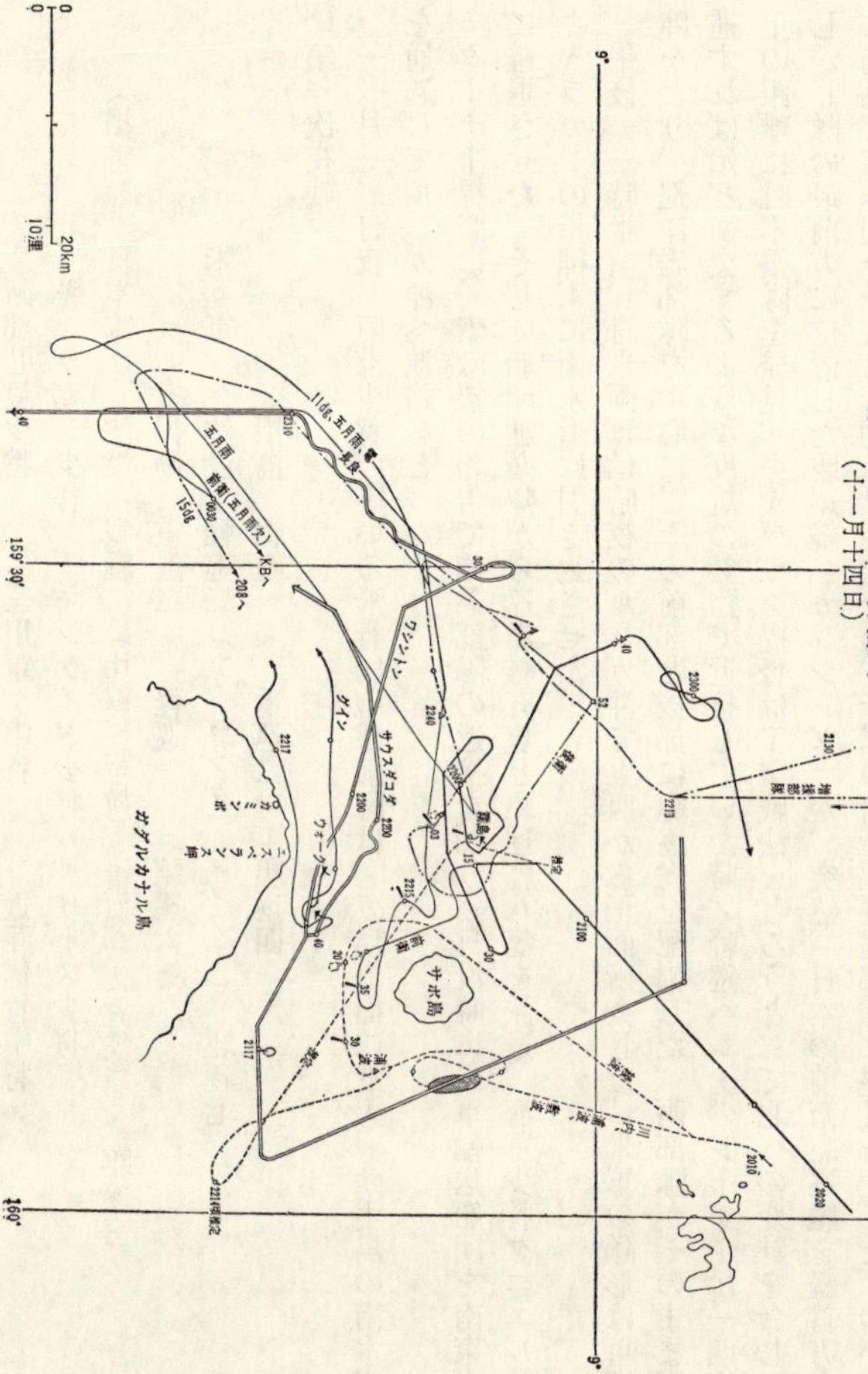

第三次ソロモン合戦図
（十一月十四日）

阿部弘毅少将　　　　三川軍一中将　　　近藤信竹中将
キャラガン少将　　キンケイド少将　　リース少将
〈損害〉日本軍　沈没　戦艦二（比叡、霧島）重巡一（衣笠）　駆逐三
損傷　重巡二　軽巡一　駆逐六
米　軍　沈没　軽巡二（アトランタ、ジュノー）　駆逐七
損傷　戦艦一　重巡二　駆逐四

［第一次夜戦］

一一月一二日夜、阿部少将の率いる飛行場砲撃部隊は、ガ島海面に進入、サボ島の南水道を通過してルンガ沖へ進路をとった。

ターナー提督は、索敵機の報告で砲撃部隊の近接を知り、日没時に米軍輸送船団を南東方に避退させた。そして船団護衛隊から巡洋艦五隻と駆逐艦八隻を派遣、海軍少将ダニエル・キャラガンの指揮下に南水道に引き返させた。

午後一一時半頃、日米両軍は暗夜のルンガ沖で東西から正面衝突した。米軍の隊形は単縦陣をとり、巡洋艦部隊を中心に、その前部と後部に駆逐艦を配備した。両部隊がそのまま直進すれば殆ど衝突するような反航の針路で近接していた時、軽巡ヘレナのレーダーは一四海里の距離に日本艦隊を発見、キャラガン提督はT字戦法をとろうとして北への変針を命じた。しかし隊の最前方に位置した駆逐艦「カッシング」が、突然、日本の前衛駆逐艦を艦首方向に発見して隊列を離れる行動をとったため、米軍の前衛駆逐艦部隊に混乱を生じた。ついで、

キャラガンの巡洋艦部隊は、味方駆逐艦との衝突を避けるため左方に回頭、かくして、日米両軍の艦艇は混乱するに至り、気がついてみたら、敵と舷々相摩す至近距離にいたのであった。

一方、闇の中に重巡を発見した日本艦隊は、「比叡」が探照灯で照射し、先に砲撃を開始した。しかし、絶好の攻撃目標となった「比叡」は、米艦隊からの集中砲撃をこうむり、巡洋艦の八インチ、六インチ、駆逐艦の五インチ砲弾八〇発以上が命中、さすがに戦艦だけあって機械室、罐室、砲塔等はビクともしないが、上甲板以上の構造物は大損害を受けた。「比叡」は飛行場砲撃をするため、対空射撃用の三式弾を揚弾に詰め込んでいた。これにかわる対艦船用徹甲弾を有効に発射するためには、三式弾を三斉射しなければならなかった。その最後の斉射に移ろうとしたとき、一発の敵弾が主砲関係の電路に命中、副砲指揮所も破壊されて「比叡」は一時戦闘能力を失った。また、重巡の二〇糎砲弾が脆弱な艦尾の舵機室上方に命中、浸水により操舵不能となった。

しかし「比叡」の放った初弾は米巡の先頭に位置した防空軽巡「アトランタ」の艦橋に命中、サボ島沖夜戦での敵将ノーマン・スコット少将を戦死させた。

一三日の夜明けとともに敵の空襲が始まり、午前中に約七〇機の攻撃を受けて三発が命中したが被害は比較的軽微。しかし、一二時三〇分頃艦上攻撃機一〇機の雷撃を受け二本命中して傾斜大となる。結局「比叡」は夕刻、キングストン弁を開いて自沈の止むなきに至った。

第三次ソロモン海戦の第一次戦闘というのは、要するに日本軍艦艇一七隻と米軍艦艇一三隻が、直径わずか五ないし六浬の海上に入り乱れ、その円がガ島飛行場の沖合い付近からサボ島付近に至る約三〇浬の海上を、三〇数分で台風の様に移動したと考えればよい。その混乱の激しさは、海戦史上にその類例を見ないものである。すべての陣形は乱れ、敵味方とも時々同士討ちをおかすという、各艦単独の一連の死闘となった。

米軍は四隻の駆逐艦を失い重巡「ポートランド」と駆逐艦一隻は航行不能となり、敵味方双方の射撃で炎上した軽巡「アトランタ」も遂に沈んだ。旗艦の重巡「サンフランシスコ」は艦橋に命中弾を受け、指揮官のダニエル・キャラガン少将と幕僚多数が戦死した。損傷しなかった米艦は駆逐艦一隻のみである。防空巡洋艦「ジュノー」は傾斜したまま戦場から離脱中、日本潜水艦伊二六号の雷爆を左舷艦橋部に受け、艦は瞬時に破壊され、高く立ち上る爆煙と僅かな艦の破片以外、跡形もなく七〇〇名の乗組員とともに海面から姿を消した。

海戦そのものは互角か日本側にやや優勢であったが、飛行場砲撃を阻止した点ではアメリカの勝利と云える。

［第二次夜戦］

日本軍は南下する輸送船団に反転を命じ、一四日の上陸を延期した。また三川軍一中将の指揮する第八艦隊に、重巡「鈴谷」「摩耶」を加えて、ガ島を砲撃するように命じた。一三日夜、重巡「鳥海」を先頭に重巡四隻、軽巡二隻、駆逐艦五隻の三川艦隊は、ガダルカナル島に接近した。前夜の海戦で米艦隊が甚大な被害を受け、ガダルカナル海面から避退したのが幸いした。艦隊は一四日午前二時過ぎから飛行場砲撃を開始し一八機を破壊、三〇機に損害を与えた。

一四日の払暁、米軍捜索機は二つの日本部隊を発見した。一つは、ニュージョージア島の南方を、西寄りの避退針路で航行中の三川中将の巡洋艦砲撃部隊であり、他の一つは、ガダルカナルに向けスロットを南下中の田中少将の増援部隊である。

ガ島飛行場と空母「エンタープライズ」の爆撃機は、最初に三川部隊を攻撃し重巡「衣笠」を撃沈した。次いで爆撃機は、エスピリッツサントのB一七隊と合流し、田中少将の護衛する一一隻の輸送船団を反復爆撃した。夕方までに五隻の輸送船が沈没し二隻が損傷した。海に投げ出された乗員の救助のため、一一隻の護衛駆逐艦のうち八隻がこれにあたり、ガ島に向かえるのは駆逐艦四隻と輸送船四隻に過ぎなかった。

一五日午前一時三五分、タサファロング沖に到着した鬼怒川丸以下四隻の輸送船は岸に乗り上げて兵員と物資や軍需品を揚陸した。翌朝になると、航空機と駆逐艦が現れて、動けない輸送船や揚陸された物資を銃爆撃した。輸送船は全船炎上し、揚陸量は僅か三〇分の一、上陸した第三八師団の兵員は約五〇〇〇名に過ぎなかった。

当初の計画では、一一隻の船団で兵員一万三五〇〇名、重砲五〇余門、弾薬一会戦分（各種合計約七万発）、糧食約一ヵ月分をガ島に輸送する筈であったが、優秀船団の全滅により挫折してしまった。

ガ島の米軍の方では、一〇月末から一一月一〇日頃にわたって、平均一日に三隻が白昼堂々と入港して兵員や軍需品の揚陸をしており、飛行場施設も一一月には三ヵ所に滑走路が整備され、上空は完全に米空軍の支配に帰した。米軍の一一月初旬攻勢では、初めて陸軍部隊が参加し、一個師三万の重師団が既に来援していることが明らかとなっている。

一一隻の輸送船団を、三〇余隻の軍艦が出動して全力を傾けても、ガ島基地航空機と唯一残った空母「エンタープライズ」の艦載機、レーダー装備の水上艦艇等の緊密な連携プレーに阻まれて、日本軍の補給戦略は敗れつつあった。

［第三次夜戦］

第一次夜戦における挺身攻撃隊の遭遇戦により、ガ島飛行場砲撃作戦の失敗を認めた連合艦隊山本長官は、戦艦「霧島」に重巡「愛宕」「高雄」を加えて射撃隊とし、再度ガ島砲撃を実施するように前進部隊（第二艦隊）指揮官近藤中将に下命した。近藤長官は、軽巡「長良」と駆逐艦五隻を直衛隊とし、他に砲撃部隊の進出及び引揚げ時の援護のため、軽巡「川内」と駆逐艦四隻を掃討隊として先行させた。

戦艦「霧島」は、「金剛・比叡・榛名・霧島」という「金剛」型の四番艦で、竣工時は巡洋戦艦に類別されていた。巡洋戦艦とは、戦艦並の攻撃力と巡洋艦に匹敵する高速力を備えた機動性に富む艦種であった。しかし防御力は戦艦に比べると薄弱で、各艦とも二度にわたる改装を行い、防御力の強化と対空兵装の充実、大出力機関の搭載により三〇ノットの高速戦艦に変身した。

日本艦隊は一四日夜、ソロモン北方海域からガ島に向かって南下していた。先導の近藤中将座乗の「愛宕」と「高雄」は、日没後に「霧島」の後方につき、午後一一時サボ島付近にさしかかった。

これと時を同じくして空母「エンタープライズ」隊から派遣されたリー少将指揮の戦艦「ワシントン」「サウスダコタ」駆逐艦四隻は、一足早くサボ島海域に到着して警戒についていた。

駆逐艦を先頭に配備し、単縦陣をとったリー部隊は、西方に変針してエスペランス岬方向に針路を転じたとき、戦艦のレーダーで日本の前路掃討隊を発見し砲撃した。掃討隊は敵発見を報じつつ煙幕を張って反転避退した。

しかし、軽巡を先頭に、数隻の駆逐艦が続行した「長良」以下の直衛隊は、サボ島の西側を南下したので、米軍のレーダーはこれを探知できなかった。日本直衛部隊の猛烈な砲雷撃の結果、米軍前衛の駆逐艦二隻を撃沈し、他の二隻を行動不能にした。行動不能の艦との衝突を回避するため、旗艦「ワシントン」は取舵をとり、「サウスダコタ」は日本艦隊の方に面舵をとった。

この思いがけない米戦艦の分離行動の好機に、サボ島の北西海面を南下中の射撃隊「霧島」「愛宕」「高雄」と駆逐艦二隻が島の背後から出現、「愛宕」の照射と同時に射撃隊の三艦が「サウスダコタ」に対し一斉に発砲、敵艦は上部構造物を破壊され戦場からの離脱を余儀なくされた。米軍の調査報告では、この時「サウスダコタ」の受けた命中弾は大中口径砲弾四二発に達している。もしこれが飛行場砲撃用の三式弾でなく、対艦船用の徹甲弾であれば撃沈することが可能であったと思われる。

「霧島」以下が「サウスダコタ」の攻撃に熱中している間に、日本軍の目標にならなかった「ワシントン」は、態勢を立て直し、レーダーを使って主・副砲による激しい砲撃を「霧島」に加えてきた。至近距離からの九発の命中により「霧島」は火災を起こし、舵機に故障を生じて行動の自由を失った。防御力の弱い、老戦艦の「霧島」では、新式戦艦の四〇糎砲弾の破壊力に耐えることは出来なかった。

近藤中将は、行動の自由を失った「霧島」に自沈を命じ、戦場を離脱した。一方リー提督も北西方に進んだのち、南方に引き揚げた。

［第三次ソロモン海戦の評価］

第三次ソロモン海戦（米名ガダルカナル海戦）は、第三八師団と重砲、戦車、弾薬などをガ島に輸送船団で送り込もうとする日本軍支援部隊と、これを阻止せんとした米海空軍との三度にわたる連続した戦闘であった。

日本艦隊は戦艦と重巡を基幹とする飛行場砲撃部隊であるが、その中心をなす高速戦艦が二隻とも沈没しており、作戦目的である戦艦の飛行場砲撃は二回とも失敗したうえに、輸送船団もまた全滅してしまった。

米軍に与えた損害は、軽巡三隻と駆逐艦七隻であるが、戦艦二隻、重巡一隻、駆逐艦三隻、輸送船一一隻の日本軍の損害の方が大きいと判断される。
日本軍の飛行場砲撃部隊を阻止するために、米軍の有力な艦隊がソロモン南東海域に出現していた情報を日本軍でも得ていた。
例えば、（一一日）ツラギ南東一八〇浬、戦艦（ワシントン型）三、甲巡二、乙巡二、駆逐艦六、輸送船三
（一二日）　戦艦三を甲巡に訂正
（一三日）ヌデニ島北方、戦艦一、空母一、甲巡二
（一四日）レンネル島西方、空母
ではなぜ日本軍は、この重要な作戦を成功させることが出来なかったのか？
その原因は、航空機の効果的な協力や、強力戦艦の集中を怠ったからである。
一〇月二六日の南太平洋海戦においても、日本海軍は大小四隻もの空母を出動させ、その搭載機数は補用機を除いて、七二＋七二＋二七＋四八＝二一九機に対し、米空母は、八二＋八七＝一六九機。すなわち日本軍が五〇機の優勢であったが、ガ島飛行場に対する直接攻撃はまったく無かった。
堅固な陣地に拠る、二万名を超える（一〇月二三日現在の米上陸軍二万三〇〇〇人、一一月一二日現在、二万九〇〇〇人）強力な米軍に対し、軽火器だけの歩兵の夜襲では、損害ばかり多くて成功の見込みの無いことは、初歩の戦術能力でも容易に判断できるレベルの問題である。

日本連合艦隊は、艦砲による飛行場攻撃にこだわったが、米軍は空母、新式戦艦を揃え、各方面から巡洋艦・駆逐艦をかき集めて、太平洋艦隊の全力をガ島戦に集中した他、B一七重爆など陸空軍も協力してガ島飛行場を守り抜いた。

日本海軍はトラック島に超戦艦「大和」を進出させている。四〇糎砲八門を装備の「長門」「陸奥」も同島に待機している。「大和」の姉妹艦「武蔵」の竣工は八月五日であり、第一次ソロモン海戦の三日前である。「大和」級の速力は二七ノットであり米戦艦「ワシントン」「サウスダコタ」と同じであるから、空母機動部隊に同行も可能であろう。「長門」「陸奥」は二五ノットであるが、その強靭な防御力と一六吋砲の威力を、ガダルカナル戦場に送り込むという戦略を思い付かなかったのは何故か。旗艦「大和」の将校用居室は大和ホテルと皮肉られるほど、過酷なガダルカナル戦場とは別世界の感があったと伝えられている。

また制式空母の「瑞鶴」でなくても、改装空母「隼鷹」「飛鷹」計一〇〇機の艦載機を直接支援させれば、第三次ソロモン海戦は成功したと私は判断している。

戦力集中の不徹底は、ミッドウェー海戦以来、日本海軍の悪しき習慣となっていた。

B、ルンガ沖夜戦

ガダルカナルに対する増援の最後の努力は、ガ島にある一万以上の日本軍に物資を補給することであった。その方法は食糧や医療品をドラム缶につめ、駆逐艦に積載して輸送するのである。ドラム缶を消毒し医療品と主食品をつめるが、一杯にはつめず缶に浮力をもたせる。駆逐艦に積載したドラム缶を、ガ島に着く迄に丈夫な綱で連結する。目的地に到着すると海中に投げ入れる。そしてボートはブイのついた綱の一端を拾い上げ、それを海岸に運んで行く。海岸にいる兵隊が綱をたぐることによって、ドラム缶は海岸に引き揚げられるのである。この方法は積み下ろす時間が非常に短くなり、駆逐艦は遅滞なく基地に帰ることが出来た。一一月二七日、第一五、第二四駆逐隊の駆逐艦が食糧と医療品を搭載し、ラバウルからショートランドに入港した。研究、準備と実験の後、ドラム缶による補給作戦を一一月末に決行することになった。

第二水雷戦隊司令官・田中頼三少将の指揮する八隻の駆逐艦があてられ、その六隻に二〇〇乃至二四〇個のドラム缶を搭載した。このため予備魚雷を移し、各艦は八本の魚雷（発射管一個につき魚雷一本）となり、戦闘力は半減した。

八隻の駆逐艦は、第二水戦の六隻と第一水戦からの二隻で構成された。

第一五駆逐隊「陽炎」「親潮」「黒潮」——陽炎型、二〇〇〇トン、三五ノット
　　一二・七糎砲六門、二五ミリ機銃四丁、魚雷発射管八門
第三一駆逐隊「長波」「高波」「巻波」——夕雲型、二〇七七トン、三五・五ノット、
　　一二・七糎砲六門、二五ミリ機銃四丁、魚雷発射管八門
　　一七年六月〜八月竣工の新鋭艦、主砲の仰角七五度で対空射撃可能
第二四駆逐隊「江風」「涼風」——白露型、一六八五トン、三四ノット、
　　一二・七糎砲五門、四〇ミリ機銃二丁、魚雷発射管八門
　　　第一水戦所属

八隻のうち、旗艦「長波」と第三一駆逐隊の司令駆逐艦「高波」の二隻は、ドラム缶を積まなかった。

〈出撃〉

一一月二九日夜、ショートランドを出撃した。ガダルカナルに行くには、ソロモン群島東方海面に出て、真北からガ島入口に向かう北方航路、ソロモン群島列島線内部を通る中央航路、ソロモン群島西方海面に出て列島寄りに南下する南方航路の三航路がある。今回は列島線を遠く離れ、しかも偽航路となる北方航路が選定された。

三〇日午前一〇時過ぎ、米軍の索敵機に発見され、しばらく接触を受けた。正午、急角度に真南に変針、ガ島入口のラモス島へ一直線に航路を向け、速力を三〇ノットに増速した。午後は味方直衛戦闘機の協力もあって敵機の姿は見えない。

しかしラバウルの第八艦隊司令部からの電報によると、「敵の有力部隊が在泊しているらしい」とあり、夕暮れ前に各艦に対し、「今夜は会敵の算大なり。会敵せば揚陸に拘泥することなく、敵撃滅に努めよ」との信号が出された。誠に適切な処置と言わねばならない。こうして各艦は、輸送作戦と砲雷戦両用の気構えで、一列縦陣にてガ島へ突進した。

〈米巡洋艦隊の出撃〉

田中部隊の行動を察知した米軍は、エスピリッツサント基地から高速でガダルカナルに急行し、一一月三〇日夜、ガ島東水道に進入した。その隊形は、前衛駆逐艦四隻、重巡「ミネアポリス」「ニューオーリンズ」「ペンサコラ」、軽巡「ホノルル」、重巡「ノーザンプトン」の五隻、後衛駆逐艦二隻の順。

〈会敵・壮絶な砲雷戦〉

午後九時六分、ライト提督の旗艦「ミネアポリス」のレーダーが日本艦隊を探知、米艦隊は隊形を整え、日本艦隊と平行反航の進路をとった。いまや、前衛駆逐艦に突撃を命ずる時機が到来したが、ライト提督はこれをためらった。それは、レーダーにはっきりしない点があったからである。反航体勢で突進している田中部隊の艦影は、背景のガ島海岸とまざり合って米軍レーダーの探知を妨げたのである。ついにライト提督が前衛駆逐艦に魚雷攻撃を命じた時は、好機は既に過ぎ去っていた。距離は急速に開き、一発の魚雷も命中しなかった。

田中部隊は、タサファロング沖の揚陸点に向かって、「高波」と第一五駆逐隊の三隻、「長波」と第二四駆逐隊の三隻の順で各艦の距離を六〇〇メートルずつにつめ、速力を一二ノットから一二ノットに落とした。

もう少しで揚陸点に近づくとみえた瞬間、嚮導兼警戒艦「高波」は「敵見ゆ」、続いて「敵駆逐艦三隻」と報じ砲戦を開始した。田中部隊は編隊を解き、各駆逐艦はドラム缶を縛りつけて、海中に投下しようとしていた。

田中少将は午後九時一六分、「揚陸を止め」「全軍突撃せよ」と命令した。

各艦は戦闘準備をなし直ちに増速した。が、戦闘隊形を整える時間の余裕はなく、各艦は単独で戦闘をなさねばならなかった。

午後九時二〇分、米巡洋艦隊は二〇糎砲の猛烈な射撃を開始した。ルンガ沖にさしかかる前、左弦へ舵をきって東側に出た警戒艦「高波」は、日米両艦隊の間に割りこんだような格好になっていたため、米艦隊の集中砲火を受ける結果となった。しかし反撃した「高波」の初弾は敵の一番艦に命中し、ついで敵の二番艦、三番艦に命中し火災を生ぜしめた。

旗艦「長波」は探照灯の中の敵巡洋艦を射撃した。米艦は無煙火薬を使用していなかったので射撃時の閃光は日本駆逐艦のよい目標となった。「長波」は敵と反航の対勢にあったので、「面舵一杯」をとり、敵のほぼ真横につき、四〇〇〇メートルの距離で八本の魚雷を発射した。

第一五駆逐艦の「親潮」と「黒潮」は、一〇本の魚雷を敵巡洋艦に発射し、第二四駆逐隊の、「江風」は反航対勢で八本を発射した。「長波」の艦首すれすれを二本の敵魚雷が横切った。「涼風」は敵の魚雷をかわすのに忙しく、遂に自分の魚雷を発射する機会を失った。艦の右側も左側も魚雷戦と砲戦が、ここを先途とくりひろげられ、照明弾と吊光弾が空中に光り、爆発音が絶え間なく轟いた。

日本駆逐艦の魚雷は照準どおり馳走し、そしてライトの巡洋艦部隊が進路と速度をそのまま続けたので、魚雷は「ホノルル」以外の巡洋艦全部に一本、または、それ以上が命中した。重巡「ミネアポリス」と「ニューオーリンズ」は、その艦首を切断された。重巡「ペンサコラ」は後部機械室に浸水、その砲塔三基が破壊され、艦は忽ち火災に包まれた。命中した魚

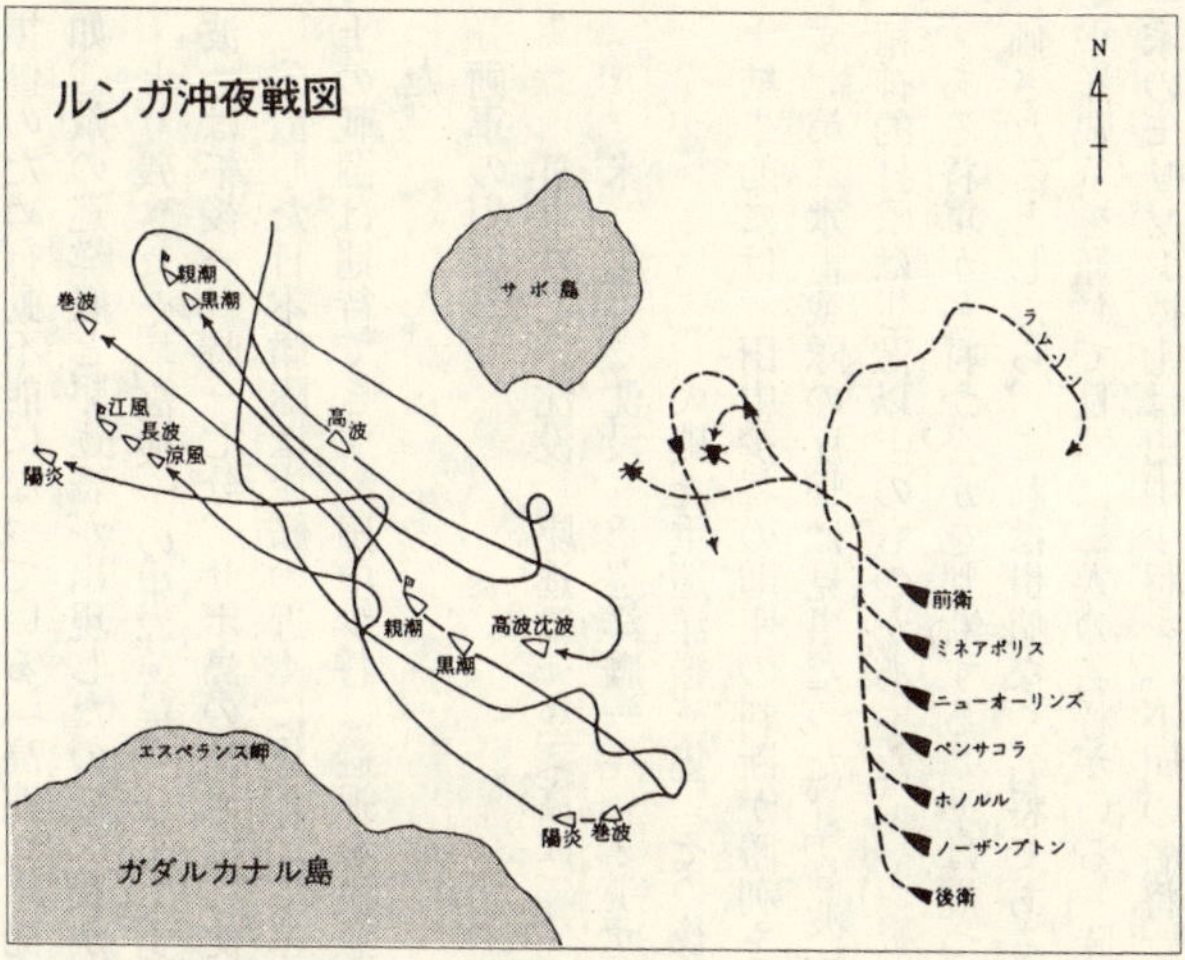

雷のため最悪の状態となったのは、重巡「ノーザンプトン」である。海水は外板の破口から奔流し、燃え盛る重油は甲板をおおい、同艦は転覆して沈没した。米軍はかけがえのない巡洋艦のほか、四〇〇余名の犠牲者を出した。

〈戦闘終了・日本駆逐艦の完勝〉

警戒艦「高波」は敵の集中砲火を浴び、艦長小倉中佐をはじめ多数が戦死傷し、艦は火災に包まれながらも、九時二三分、八本の魚雷を発射した。そのうち二本が、「ミネアポリス」の左舷に命中した。見事な敢闘であったと賞賛されねばならない。

三〇分余の戦闘終了後、「高波」を無線で呼んでも応答なく、田中少将は「親潮」と「黒潮」を「高波」の捜索と救助に向かわせた。両艦はエスペランス岬の南東で、損傷のため行動不能になっている「高波」を発見した。救助作業が開始されて間もなく、突如、敵の巡洋艦と駆逐艦が出現したので、我が方は避退せざるをえなかった。

とり残された「高波」の生存者は、ボートや筏に乗ってガ島の友軍の海岸に着岸し「高波」は午後一一時三七分、サボ島の南五浬に沈没した。

分散した日本艦隊は旗艦の近くに集まってきた。全部の魚雷は既に撃ち尽くされ、これ以上の戦闘は期待できず、田中少将は避退を決意し、中央航路によってショートランドに向かった。

両軍の損害

日本軍　沈没　駆逐艦一隻（高波）

米　軍　沈没　重巡洋艦一隻（ノーザンプトン）

　　　　大破　重巡洋艦三隻（その後約一年にわたって戦闘不能）

結果的には、田中少将の即座の判断が勝利を呼んだ。突如、待ちぶせされたにもかかわらず、第二水雷戦隊の反撃は見事だった。「高波」の犠牲はあったが、米海軍に与えた損害と、精神的打撃は想像以上のものがあった。

ある将軍が名将か否かを判断する基準は幾つかあるだろうが、戦った当の敵国から高く評価されるとしたら、これは掛値なく名将である。米軍事評論家ボールドウィンはかつて「太平洋戦争を通じて日本に二人の名将がいる。陸の牛島、海の田中」と述べた。また、米戦史家のモリソン博士は田中少将を「不屈の名将」と称えた。

〈田中少将に対する海軍部内の評価〉

田中少将は第二次ソロモン海戦において、ガ島増援の陸軍部隊を乗せた低速の輸送船三隻を護衛してガ島に向かう途中、八月二五日朝、ガ島基地の米軍機の攻撃により被爆、旗艦「神通」が大破し「金龍丸」と駆逐艦「睦月」が沈没した。

田中少将は三川外南洋部隊指揮官に対し、「現行の輸送船の如く劣速な部隊をもってしては、上陸地点に突入することは不適当である」との意見具申を行った。これは当然の意見であり正論であるが、当時としてはこのような率直な意見は珍しく、上層部から「憶病者ないし消極的」との非難を受けかねない。

公刊戦史の記述に「開戦以来の消極的行動もあって、二水戦司令部は弱いとの各隊各艦関係者は批判している」とあるのは、前述の意見具申が関係しているものと私は考える。海軍の上級司令部の幕僚には、陸軍同様に積極意見しか受け入れない風潮があったように見受けられる。

また、公刊戦史に次の記述もある。「この夜戦において『長波』は、真っ先に避退して増援部隊指揮官は適切な戦闘指導を行わず、各隊・各艦ごとの戦闘であった」と。この指摘はあまりにも皮相的で、意図的な非難とも受け取られる。

当夜、目的地のルンガ沖に到着した田中部隊は、編隊を解きドラム缶を投下しようとしていた時に、警戒艦「高波」から「敵発見」の報に接した。したがって戦闘隊形を整える時間の余裕は勿論なく、各艦ごとの戦闘加入となったのであって、自然の成行きであろう。この時の田中司令官の迅速な決断による「揚陸を止め！　全軍突撃！」との命令こそ、最善の戦闘指導ではないか。

そして、真っ先に避退したのではなく、日米両軍が高速で反航対勢にあったので、旗艦「長波」は反転して米巡洋艦隊の真横につき、平行対勢で効果的な砲雷戦を敢行したのである。米軍は東から西に向かっており、この敵と平行して航行すれば日本軍の来た方向に向かうのは当然で、両軍とも西進しつつの戦闘であった。「避退」とは悪意の表現としか思えない。公刊戦史の記述者は、恐らく実戦経験のない人だろう。

更に公刊戦史には、「夜間の進撃に旗艦が単縦陣の中央に占位することは、わが海軍の伝統を破るものであり――」とある。

一一月一四日夜、第三次ソロモン海戦の第三次夜戦において、ソロモン北方海面からガ島に進撃する時の近藤第二艦隊の隊形は次のとおりであった。

「掃討部隊」
（駆）「浦波」「敷波」「綾波」　旗艦・軽巡「川内」
「直衛部隊」
（駆）「白雪」「初雪」　旗艦・軽巡「長良」（駆）「五月雨」「雪」
「射撃部隊」
（駆）「朝雲」「照月」　旗艦・重巡「愛宕」「高雄」　戦艦「霧島」

即ち、掃討部隊の水雷戦隊旗艦は最後尾、直衛部隊の水雷戦隊旗艦は五隻中の中央に位置し、射撃部隊の第二艦隊旗艦も五隻中の真ん中に位置していた。

したがって、田中部隊の旗艦「長波」が警戒艦「高波」を除く、駆逐艦七隻の中央に占位しても、海軍の伝統に反することは少しも無いのである。

「指揮官先頭」という言葉は、文字どおり先頭の場合もあるが、その時の敵情、任務をはじめ部隊の規模等により種々のケースがあり、一律ではないといわれている。

最後に、田中少将が昭和一七年暮れに内地に帰還を命じられ、陸上勤務につき、再び海上任務につくことは無かった点について一言。

田中少将は、ルンガ沖夜戦の後、一二月三日、七日と輸送作戦を指揮し、最新鋭の駆逐艦「照月」に旗艦を移した一二月一一日の輸送作戦において、エスペランス岬の沖合に一二〇〇個のドラム缶を投入し避退の途中、米魚雷艇に発見され魚雷を受けて「照月」は炎上、後部弾薬庫が爆発して田中司令官も負傷した。「照月」は沈没して田中司令官以下一部の乗員は救助され基地に帰還した。

田中少将が内地に帰還を命じられて陸上勤務についたのは、この負傷が直接の理由であったと考えられる。敵軍にも賞賛された名将の処遇を誤るようなことは、帝国海軍の名誉にかけても無かったと私は信じたい。

②　遂にガダルカナルを撤退

昭和一七年一一月一四〜一五日の輸送船団全滅の後、陸海軍中枢部の中では急速にガ島奪回について悲観論が台頭した。主な人々を挙げると、

連合艦隊参謀　大前敏一中佐　一一月下旬、現地視察後に山本長官に報告。
南西方面艦隊長官　草鹿任一中将
参謀本部作戦課　竹田少佐宮
〃　〃　辻　政信中佐
〃　作戦課長　服部卓四郎大佐
連合艦隊司令長官　山本五十六大将　一二月上旬、大本営に意見具申。

一二月一日、陸軍省軍事課から東條陸相の意向として、

「ガ島の陸軍部隊に対する補給見通し如何？　徒らに兵力を増強しても補給不能では、損害を累加するばかりではないか」との質疑と意見が寄せられた。

一二月一一日、ガ島視察を終えて帰京した服部作戦課長が、各方面と意見交換した後に次の如く発言している。

＊陸軍省は軍務局長、軍務課長とも、第三八師団の投入には反対のようだ。東條陸相も同意見だとのこと。

＊軍令部は奪回作戦の趣旨には同意であるが、船団の護衛や上陸作戦への協力については、確たる成算を示さない。

一二月上旬、ガ島の今後の処理と船舶増徴問題をめぐって、陸軍省と参謀本部の間に一大論争の展開があった。いわゆる「田中作戦部長のバカヤロー事件」の結果、田中作戦部長は一二月七日付で南方軍総司令部付に転補、後任に綾部橘樹少将。作戦課長服部大佐は陸相秘書官として転出し、後任に軍務課長真田穣一郎大佐が任命された。なお、辻政信中佐は大本営参謀を免ぜられ、陸軍大学校兵学教官に補せられた。

一二月二七日から二九日までの三日間、大本営では陸海軍作戦課による合同研究の結果、ガ島の奪回作戦は行わないことに決定した。

一二月三一日、宮中において大本営会議が開催され、撤退が最終決定された。

これに基づき一八年一月四日、綾部作戦部長はラバウルに飛び、第八方面軍司令部に対しガ島撤退の方針を示達した。撤退の時期は一月下旬ないし二月上旬と予定。

「軍は西方現戦線を新鋭の増援軍に引き継ぎ、自らはエスペランス岬より乗船して東方に逆上陸を行い、もってルンガ基地を東西より挟撃奪還せんとす」との企図を示された将兵は、西端の海岸に向けて徐々に後退を開始した。

海軍の撤収作戦は、如何なる編成でどのように敢行されたのか。

参加兵力　輸送部隊　駆逐艦二〇隻

支援部隊　軽空母二隻、戦艦二隻、重巡四隻、軽巡三隻、駆逐艦一〇隻

支援部隊は一月三一日にトラックを出撃した後、ソロモン諸島東方にあって敵部隊を牽制、二月八日にはガ島北方五五〇浬付近まで行動して、九日トラックに帰投した。

第一回撤収の兵力部署

ⓐ イ、エスペランス隊

警戒隊（第三水雷戦隊司令官）旗艦・巻波（二〇七七トン）黒潮（二〇〇〇トン）

一番隊　舞風（二〇〇〇トン）江風（一六八五トン）

二番隊　白雪（一六八〇トン）文月（一三一五トン）

ⓑ 輸送隊（第一〇戦隊司令官）

一〇駆逐隊　風雲、巻雲、夕雲、秋雲（全艦とも二〇七七トン）

一七駆逐隊　谷風、浦風、浜風、磯風（〃〃二〇〇〇トン）

ロ、カミンボ隊（一六駆逐隊司令）

一六駆逐隊　時津風、雪風（両艦とも二〇〇〇トン）輸送艦

八駆逐隊　大潮、荒磯（両艦とも一九六一トン）輸送艦

三番隊　皐月、長月（〃〃一三一五トン）警戒艦

㊟ 夕雲型（二〇七七トン）陽炎型（二〇〇〇トン）朝潮型（一九六一トン）

これらの駆逐艦は当時の最新型駆逐艦。

一八年一月三一日午前、ショートランド出航。両水雷戦隊は二列縦陣で、艦隔を一〇〇〇メートルの単艦回避運動距離を保ち、速力三〇ノットをもって驀進した。敵の沿岸監視員は、

我が艦隊をベラベラ島北岸で発見、速報の結果、午後六時に敵の戦爆連合四一機の攻撃を受けたが、日本軍も上空直衛の零戦三〇機をもって撃退、旗艦・「巻波」の損傷だけで第一危機を突破し、暗夜ガ島の近海に殺到。ここで敵の第一陣を撃退して、午後一一時にエスペランス沖に到達した。

敵の第二陣は得意の魚雷艇襲撃で、その一一隻がサボ島の蔭から襲撃してきた。我が艦隊は予めこれに備え、橋本少将は六隻をもって警戒隊を編成し、外線を疾駆警戒させた。この中に「魚雷艇射撃の名人」と定評のある三人の駆逐艦長がおり、当夜は三隻を炎上させて任務を果たした。

その間、小柳少将の輸送隊・駆逐艦「風雲」以下八隻は、エスペランス岬四〇〇〇米に接近し、二列横陣に漂泊して、四〇分間に三〇〇〇余名を収容する早業を演じた。隣のカミンボ岬に着いた一六駆逐隊の六隻も同様の収容ぶりを示し、夜半一二時、全艦揃って全速力で北方の闇に姿を消した。かくて二日午後三時、五四一四名の陸兵がブーゲンビル島のブインに帰還した。

第二回は二月四日夜、　四九九七名
第三回は二月七日夜、　二六三九名
　合　　計　　　　一万三〇五〇名

日本艦艇の損害は次のとおりであった。

二月一日正午頃コロンバンガラ島付近の空襲で、旗艦「巻波」が中破。

〃　一日午後一一過ぎ、魚雷艇の襲撃で「巻雲」被雷、その後味方艦で処分。

〃　四日、コロンバンガラ島付近で約三〇機の空襲、「舞風」が中破。

即ち、合計　駆逐艦　沈没一隻、中破二隻。

この撤退作戦成功のかげで、海軍通信諜報班の偽電が意外な効果を上げている。米軍が緊急の場合、平文通信を許している習性を利用し、米軍のカタリナ哨戒機とガダルカナル基地の連絡不良のチャンスに乗じて、ラバウルのブナカナウ基地にあった第一連合通信隊が、カタリナ哨戒機に化け、ガダルカナル米軍基地を呼び出した。米軍基地は応答して来たので、（敵艦見ゆ、空母二、戦艦二、駆逐艦一〇、南緯何度、東経何度、針路東南東）という偽の電報が発せられた。

この電報はすぐヌーメアとホノルルに転電され、約二〇分後に全太平洋艦隊に放送された。ガダルカナル基地の米軍爆撃機は、全機待機状態となり、彼らが騙されたと気づいた時は、日本軍の撤退は終わっていた。

③　ガ島戦の総括

A、日米両海軍の損害比較

第一次ソロモン海戦から、撤退作戦に至る両海軍の損害を纏めると次のとおり。

＊第一次ソロモン海戦（一九四二・八・九）

[日本軍] 沈没 重巡一（加古） [米軍] 沈没 重巡四（キャンベラ、クィンシー、ビンセンス、アストリア）
損傷 重巡二、 損傷 重巡一、駆逐艦二、

＊第二次ソロモン海戦（一九四二・八・二三〜二五）
[日本軍] 沈没 軽空母一（龍驤） [米軍] 沈没なし。損傷 空母一、
駆逐艦二（睦月、朝霧） 航空機損失 二〇機、
損傷 水上機母艦一、軽巡一、航空機損失 九〇機、

＊サボ島沖海戦（一九四二・一〇・一一〜一二）
[日本軍] 沈没 重巡一、（古鷹） [米軍] 沈没 駆逐艦一（ダンカン）
駆逐艦三（吹雪、叢雲、夏雲） 損傷 重巡一、軽巡一、駆逐艦一
損傷 重巡二、

＊南太平洋海戦（一九四二・一〇・二六〜二七）
[日本軍] 沈没 軽巡（由良） [米軍] 沈没 空母一（ホーネット）
損傷 空母二、重巡一、 駆逐艦一（ポーター）
駆逐艦二、 損傷 空母一、戦艦一、防空巡一
航空機損失 九二機、 駆逐艦一、航空機喪失 七四機

＊第三次ソロモン海戦（一九四二・一一・一二〜一五）
[日本軍] 沈没 戦艦二（比叡、霧島） [米軍] 沈没 軽巡二（アトランタ、ジュノー）

重巡一（衣笠）駆逐艦三、　駆逐艦七、
損傷　重巡二、軽巡一、駆逐艦六、　損傷　戦艦一、重巡二、駆逐艦四
（暁、夕立、綾波）

*ルンガ沖夜戦（一九四二・一一・三〇）
［日本軍］沈没　駆逐艦一（高波）　［米軍］沈没　重巡一（ノーザンプトン）
損傷　駆逐艦一、　損傷　重巡三（大破）

*輸送作戦（一九四二・一二・一二）
［日本軍］沈没　駆逐艦一（照月）

*レンネル島沖海戦（一九四三・一・二九〜三〇）
［日本軍］損失（基地航空機一三機）　［米軍］沈没　重巡一（シカゴ）

*撤退作戦（一九四三・二・一〜七）
［日本軍］沈没　駆逐艦一（巻雲）損傷　駆逐艦二　［米軍］炎上　魚雷艇三

注ⓐ海戦終了後の帰途、潜水艦に撃沈されたものを含む。
（日本）　第一次ソロモン海戦　重巡「加古」
（米国）　第三次ソロモン海戦　軽巡「ジュノー」
ⓑ航空機の損失は、海戦中の空母艦載機のみ。基地航空機を除く。

*以上の損害のうち、艦艇の沈没と航空機の損失を合計すると次のようになる。
戦艦　空母　重巡　軽巡　駆逐艦　航空機

［日本軍］　二　一　三　一　二　一八二
［米　軍］　〇　一　六　二　九　九四

　その他前記に含まれない、ガダルカナル戦中の沈没艦。
［日本軍］　潜水艦　伊号一二三、二二、一五、一七二、三、一、一八、計七隻
［米　軍］　空母「ワスプ」、駆逐艦「オブライエン」

沈没艦数で目立つのは、日本軍では戦艦の二隻と駆逐艦の一一隻、潜水艦七隻。米軍では、空母二隻（ワスプ、ホーネット）、重巡の六隻、駆逐艦九隻である。それに空母対決では、米軍の対空砲火の威力による日本機の損害が極めて大きい。その具体的理由はすでに述べた。また、損害空母には日本軍では「翔鶴」「瑞鶴」があり、米軍では「サラトガ」「ヨークタウン」がある。

なお、ガ島作戦中の基地航空機の損失数としては、日本海軍は一三六機、米海軍は海兵隊機一一八機とされている。（実録・太平洋戦争。秦郁彦氏）

◆日米両海軍沈没艦艇の量的比較として、排水量を集計すると概ね次のとおり。
［日本軍］　合計　二五隻　一三万九七六四トン。
［米　軍］　合計　二〇隻　一一万九六二〇トン。

　以上のように、ガダルカナル島をめぐる半年間の激闘は、［鉄底海峡］といわれたごとく、日米両海軍の多数の艦艇がガ島周辺の狭い海域に沈んでいる。両軍の損害は、沈没隻数とトン数に大差はないが、しかし、ガ島の奪回に失敗した日本軍は、戦争には負けていたと判定

できる。

B、ソロモン海域の日米潜水艦戦

米軍はガダルカナル戦が開始されたとき、ブリスベーンを基地とするS級潜水艦部隊は、日本船舶襲撃のため、ビスマルク諸島及びニューギニア付近の哨戒を命じられた。S級潜水艦部隊はまた、出来るかぎり日本軍が南部ソロモン群島を増強しないように、ラバウル、カビエン、ブイン、ラエ、及びサラモア一帯を封鎖することになっていた。また、真珠湾を基地とする潜水艦部隊は、トラック島の直接封鎖を行った。米軍の発表では、日本商船の撃沈はガダルカナル作戦中に七九隻、合計二六万トンに達している。

一方の日本海軍では、ガ島に対する米軍の攻撃が開始されると、既に述べた如く可能な限りの潜水艦をこの海域に集中した。即ち、南太平洋で交通破壊戦に従事中であった第三潜水戦隊と、ソロモン群島方面の防備を担当する第八艦隊所属の第七潜水戦隊（機雷潜三隻と呂号潜二隻）が、ガ島に対する米軍の増援補給を遮断する任務についた。

米海軍は、ニューヘブライズ諸島エスピリッツサント島から、ガ島へ軍需品を運ぶ船団を何回も往復させていたが、この遮断は大きな戦果を上げられなかった。

ガ島に対する補給で米軍は、機動部隊と基地航空機の援護の下に実施しており、敵の航空機と哨戒艇の警戒が厳重で、我が潜水艦は十分な作戦が出来なかった。昭和一七年八月から一一月迄の間、我が潜水艦がソロモン海域で撃沈した輸送船は伊四、一一、一五、呂三四による合計六隻に過ぎなかった。

また、インド洋に進出して交通破壊戦を行う予定であった最精鋭の第一潜水戦隊も、八月二三〜二四日の第二次ソロモン海戦では、味方機動部隊の南方に散開線を展開して、屢々《しばしば》米機動部隊の位置を報告したが魚雷攻撃の機会を得られなかった。

しかし、第二次ソロモン海戦後の八月末以降、ソロモン南東海域一帯に網を張りめぐらした我が潜水艦隊の前に米有力艦艇が出現し、次のごとき戦果を上げた。

＊一七年八月三一日、伊二六潜（巡潜乙型、二一九八トン、二三・六ノット）、ガ島南東方にて米空母「サラトガ」（三万三〇〇〇トン、三三ノット、九〇機搭載）に魚雷一本命中、大破。三ヵ月間作戦不能となる。

＊同年九月一五日、伊一九潜（巡潜乙型）、サンクリストバル島南東方にて、米空母「ワスプ」（一万四七〇〇トン、六九機搭載）に魚雷三本命中、沈没。戦艦「ノースカロライナ」に一本命中、小破。駆逐艦「オブライエン」に一本命中、大破のち沈没。

＊同年九月上旬、呂三四潜（七〇〇トン、一九ノット）、ガ島付近で米潜水艦一隻撃沈。

＊同年一〇月二〇日、伊一七六潜（海大Ⅶ型、一六三〇トン、二三・一ノット）インディスペンサブル礁東方にて重巡「チェスター」に魚雷二本命中大破。

＊同年一〇月二七日、伊二一潜（巡潜乙型）、レンネル島南方二四〇浬、駆逐艦「ポーター」に魚雷一本命中、撃沈。

＊同年一一月一三日、伊二六潜（前掲）、ガ島とサンクリストバル島間にて、防空巡「ジ

ユノー」(六〇〇〇トン)に一本命中、前夜の第三次ソロモン海戦で損害を受け、傾斜したまま避退中の同艦は轟沈した。

以上のごとく、ガ島作戦中の我が潜水艦が、敵の軍艦に対して与えた損傷は決して少なくはなかった。

ガ島作戦中、ソロモン海域で行動した日本潜水艦は、既に述べたとおり第一潜水戦隊(伊九、一五、一七、一九、二一、二二、二四、二六、三一、三三)

第三潜水戦隊(伊一一、一六九、一七一、一七四、一七五、一七六)

第七潜水戦隊(伊一二一、一二二、一二三、呂三三、三四)の諸艦であった。

その他、一七年一一月以降になって、ガ島上の陸軍に対する物資輸送を潜水艦も担当するようになり、輸送部隊指揮官たる第一潜水戦隊司令官のもとに、第六艦隊の精鋭潜水艦二〇数隻が配属された。撤退までの間にガ島輸送に従事した潜水艦は二一隻、延べ三三回に及んだ。これらを含め、ソロモン近海でガ島作戦中に喪失した日本潜水艦は次の通りである。

伊一二三　一七・八・二九、ガ島東方インディスペンサブル海峡において米駆逐艦の攻撃を受け沈没。

伊二二　〃　一〇・四、マライタ島東方で敵輸送船団を発見後、消息不明。

伊一五　〃　一一・三、ソロモン東方海域で作戦中、三日以降消息不明。

伊一七二　〃　一一・一〇、サンクリストバル島付近で米駆逐艦と交戦沈没。

伊三　〃　一二・九、ガ島輸送作戦中、米魚雷艇と交戦沈没。

伊一　　一八・一・二九、　ガ島輸送作戦中カミンボ湾でニュージーランドのコルベット艦数隻と水上砲戦のすえ沈没。

伊一八　〃　二・一一、　ガ島撤退作戦援護目的でソロモン南東海面の散開線に行動中、敵増援部隊を発見、これを攻撃後沈没と推定。（米側記録ではレンネル島南方で航空機と駆逐艦の攻撃を受け沈没）

C、敗因を再検する

半年間に及ぶガダルカナル島をめぐる攻防で日本軍は敗れて撤退した。この間における日本軍の作戦指導に関する問題点はその都度指摘してきたつもりである。この章を終わるにあたり、太平洋戦争の勝敗分岐点となったガ島争奪戦の重要性に鑑み、その要点について再度振り返ってみる必要を感じている。

イ、航空戦闘

＊ハワイ攻撃での搭乗員の戦死者は五六名、ミッドウェー海戦では一一〇名の戦死に対し、南太平洋海戦における搭乗員の戦死者は約一五〇名に達している。これはミッドウェー海戦までは帰投した飛行機を再攻撃に出さなかったが、南太平洋海戦では搭乗員の損害を顧みずに、再度はおろか三度も飛べる限りの出撃を命じたのが、搭乗員の消耗増加につながった。

＊当時の零戦の月産数は約一五〇で、前線での喪失や破損機の補充にも不十分であった。

飛行機ばかりでなくパイロットも同様で、ラバウルに進出してくる戦闘機隊には九六戦での訓練だけで、零戦にはまだ乗ったことがない隊員が三分の二を占める場合もあった。

＊ 米軍はアリューシャンに不時着した零戦を、本国で調べてその弱点を解明し、零戦に負けない性能の新型機グラマンF六Fを開発して大量生産に乗り出した。また対零戦の戦法として「二機編隊戦法」を考え出し、常に二機の戦闘機で零戦一機と戦い、その弱点である燃料タンクの胴部に銃撃を浴びせる戦法を採った。米軍パイロットは一週間に二日襲撃した後は休息か訓練に当てているのに対し、零戦は連日の出撃でパイロットの疲労は激しく、ベテランパイロットが相次いで失われていった。

＊ 戦闘機用の前進基地がどうにか使えるようになったのは、ブーゲンビル島ブカが八月二六日、同ブインが九月六日であるが、それでもガダルカナルを制圧できるのは最長で一時間程度であり、地上部隊への支援はおろか、海上輸送の輸送船や護衛艦船の被害も防ぎ得なかった。

＊ 日米両軍共に予期せぬ一大消耗戦に遭遇したのがガ島戦最大の特徴であった。そして結局は復元力＝国力の違いが勝敗につながった。ラバウル・ポートモレスビー・ガダルカナルの間を舞台として、零戦、B二五、B一七の戦いは日本軍の被害が増大し、パイロットの消耗は日本にとって不利であった。一人前のパイロットの養成には十年かかるといわれ、マスプロ教育を得意とする米軍が断然有利であった。

ロ、海上戦闘

＊日本軍にとって戦略的要点であるガダルカナルは、米軍にとっても戦略的要点である。この当然すぎる原則を無視して、殆ど無防備の状態で飛行場建設に着手した日本海軍は、その非常識を指摘されて然るべきであろう。

太平洋で米海軍と雌雄を決すべく永年の訓練を重ねた日本海軍は、艦隊戦闘のみに重点を注ぎ、海洋に散在する多数の島嶼の争奪を視野に入れていなかった。米軍が二〇年前の大正時代から「ミクロネシア飛び石作戦」を計画していたのに比べ、日本海軍は建艦競争には懸命になったが、戦争そのものの研究を怠っていたのである。

＊昭和一七年八月七日以降、南ソロモン海に空母を含む米艦隊が出現したとき、ミッドウェー敗戦の雪辱に燃えたのが山本大将や南雲中将であった。したがって当初は、ガ島を奪回して飛行場を我が物にすることより、早期海上決戦を挑むという感情が優先した。即ち島よりも敵の空母を攻撃目標に選定した。故に第二次ソロモン海戦でも南太平洋海戦でも、ガ島飛行場を空母艦載機の主力をもって攻撃したことはなかったのである。

＊米軍はガ島増援の海兵連隊四二〇〇名の護衛に、二個の空母機動部隊を出動させているのに対し、日本海軍は第二次ソロモン海戦のとき、三隻の空母を動員しながら上陸船団の直接援護を怠って攻撃を受け、上陸不成功に至っている。連合艦隊は艦隊決戦にこだわり、陸軍の上陸作戦支援の任務を果たさなかった。米軍の勝利はこの一事にあらわれている。

＊栗田第三戦隊（戦艦「金剛」「榛名」）や第八艦隊（重巡「鳥海」以下巡洋艦部隊）の決死的な夜間飛行場砲撃が実施され、米軍に甚大な損害を与えながら、その後の夜明けから午前

中にかけての輸送船揚陸作業中、日本空母部隊の上陸援護が何故に実施されなかったのか？
（一〇月一五日午前）

その時点でのガ島飛行場制圧は基地航空部隊に委ねられ、南雲機動部隊は米軍空母のみを狙っていた。空母機によるガ島制圧は計画になかったというのが真相であった。

この輸送船団の全滅が、第二師団総攻撃用の重火器、戦車、弾薬、糧食の損害となり、総攻撃不成功の直接原因となっている。即ち南雲機動部隊は、輸送船団の直接援護という最重要任務を放棄したのである。

＊日本海軍は旧式戦艦や重巡の艦砲による飛行場砲撃しか行わなかったが、米軍は空母、新式戦艦を動員し、各方面から巡洋艦、駆逐艦を集め、太平洋艦隊の全力をガ島に集中した。日本海軍は超戦艦「大和」をはじめ、四〇糎砲八門の「長門」「陸奥」もトラックに進出していながらソロモン方面の戦闘には一度も参加せず、中型改装空母「隼鷹」「飛鷹」の艦載機計一〇〇機も、ガ島戦の輸送支援に貢献していない。

戦力集中の不徹底は、ミッドウェー海戦以来の日本海軍の代名詞であり、山本長官はじめ連合艦隊首脳の作戦能力を疑わざるを得ないのである。

ハ、陸上戦闘

＊ガ島に米軍が上陸したとき、大本営は敵の企図を正しく読みとることが出来なかった。日本軍中央の判断では、米軍の反攻を昭和一八年の後半と見ていたからで、一七年八月の上陸は単に飛行場の破壊か、偵察上陸程度と考えた。

しかも上陸米軍の情報やソロモン諸島の兵要地誌の把握も不十分のまま、海軍からのガ島への兵力派遣要請を、単なる局地戦とみなして安易に容認した。

これも米国の伝統的な「飛び石作戦による対日反攻計画」の研究が、日本軍で行われなかった為である。

＊島嶼作戦に欠かせない、港湾施設のない場所での兵員や物資を急速に揚陸できる船舶や、水陸両用戦車などの開発を全く怠ってきたことが、ガ島作戦の遂行を阻害する大きな原因となった。

＊ガ島の陸上戦は、一木支隊に続く川口旅団の攻撃失敗時期を転機として、戦略を再考すべきであった。現地軍参謀長や大本営陸軍部内にも、一〇〇〇キロ離島の決戦に反対する意見が強かったが、結局、服部作戦課長を始めとする作戦課内の積極論に押し切られ、一大消耗戦に引きずり込まれた。即ち、参謀本部の中心メンバーが対局観に欠けていたことは、日本の運命を決定づけた。

＊第二師団の総攻撃で、期日まで攻撃配置につくために火砲や弾薬を残置するくらいであれば、攻撃の準備が整うまで期日を延期すべきであった。地上戦に何ら直接協力しない日本空母部隊の燃料切れなどという都合に、攻撃期日を合わせる必要はなかったのである。即ち陸海軍司令部の協定に欠陥があったといえる。

また陸軍は海軍に対して遠慮しすぎた。海軍がガ島の制空権を奪回しない限り師団単位の投入をすべきでなかったし、そういう強い意見も陸軍部内にあった。

二、補給作戦

＊ラバウル～ガダルカナル間の制空・制海権を米軍に取られた結果、鈍速の輸送船は勿論、俊足の駆逐艦でさえ昼間の航行は不可能になった。しかし重火器の搬送は輸送船でなければならず、火砲弾薬なしでは銃剣突撃に頼るしかなく、厳重な火網をもつ米軍陣地には到底対抗できない。川口支隊や第二師団の攻撃が、重大な損害を出しながら不成功に終わった原因は、実にこの補給問題にあった。

＊第三次ソロモン海戦・第二次夜戦（一一月一三日～一五日）において、一一隻の輸送船団を三〇余隻の軍艦が全力を傾けても、ガ島基地航空機と唯一残った空母「エンタープライズ」の艦載機、レーダー装備の水上艦艇等の緊密な連係プレーに阻まれて、日本軍の補給戦略は崩壊しつつあった。

一方の米軍では一日平均三隻の輸送船が、白昼堂々と入港して兵員や軍需品を揚陸し、ガ島は陸・海・空とも米軍の支配下にあった。

＊輸送・補給は陸軍よりも海軍の方が関心が低い。それは軍艦は倉庫と共に行動しているようなもので、せいぜい長距離作戦の場合に給油船を随伴する程度のことで済む。艦隊は作戦中心であって補給観念が薄く組織も未整備であった。

ともかく天下分け目のガ島決戦は日本軍の敗退に終わった。陸上戦闘では日本陸軍の完敗となったが、海上戦闘は損害艦艇の内容をみる限り、日米両海軍ほぼ互角の損失となり、制空権は米軍が手中に収めた。

ガ島撤退の要因で特に重要な点は、後方能力の差であり、兵器生産力の優劣である。昭和一七年（一九四二年）の一年間における航空機生産は、米国の四万七八三六機に対し日本は一万機、戦車は米国の二万三八四四両に対し日本は一二九〇両。米国は航空機において四・八倍、戦車は一八・五倍という驚異的な生産力である。そのうえ性能も零戦を凌駕するグラマンF六Fが出現し、爆撃機では当初から比較にならず、戦車においても、M四中戦車に比べると日本の九七式中戦車は軽戦車に相当する。

これらの戦力格差が昭和一八年（一九四三年）以降の戦局に、どのような影響を及ぼしていくのか想像するに難く無い。

ガダルカナル進出を承認した日本連合艦隊と、それに安易に妥協して戦略単位の兵力を投入した陸軍。日本帝国の運命を左右したソロモン敗戦の責任に関し、大本営陸海軍部と連合艦隊各トップの責任は問われないまま、戦闘はラバウルに向かって北上して行くのである。

ホ、企業の経営能力と日本海軍のガ島進出

経営はバランスである。生産と販売がバランスしなければ在庫過大となり、売掛金が回収困難となれば、販売と財務がバランスしなくなる。技術、生産、販売の各一つだけでは経営ではない。

経営能力とは生産、販売、財務をバランスさせる能力である。事業拡大のために、人的・物的資源を大量に投入すればバランスが崩れる。そのアンバランスを戻して健全な状態にするのが復元力である。

復元力は即ちヒト、モノ、カネを生かしきる経営能力であり、企業規模が拡大するにしたがって難しくなる。名経営者は自社の復元力の限界を承知しており、バランスの取り方が巧みである。経営能力が不足するとアンバランスとなり、失速し、倒産に向かって進む。

以上の企業原理を、日本海軍のガ島進出に当てはめるとどうなるか？

日本海軍のガダルカナル進出はラバウルから一〇〇〇キロの突出である。これに対し米海軍の「ウォッチタワー作戦」は、米軍戦闘機の最大行動半径である三〇〇マイル（五四七キロ）以下の進出距離をもって基地推進の限界とした。

当時の零戦（三二型）の航続距離は一二八四マイル（二三四三キロ）だから、計算すれば往復で八五％の距離を飛ぶことになり、ガ島上空での戦闘時間は一〇分程度といわれたのも無理はない。こんなことは最初からわかりきった事であるに拘らず何故かかる突出作戦を認めたか？

このため投下資本である戦闘機の消耗を通じて制空権を米軍に取られ、艦艇船舶の喪失によって陸兵と兵器弾薬食料の輸送に失敗し、地上戦の敗退につながった。

即ち、進出距離を無視した事業拡大によって日本海軍は経営のバランスを崩し、ソロモン海域からの事業の撤退を余儀なくされたという、トップの経営能力の欠如を証明する明白なケースである。

しかも兵器の生産力やパイロットの育成力で格段に劣る日本は、経営の復元力に乏しいから、ガ島の失敗が日本帝国の倒産に直結した。

ガダルカナル島に飛行場の建設を承認したのは山本大将であり、陸軍部隊の同時派遣を諮ることもなく、殆ど無防備の体制で米軍の上陸を許し占領された。このことは最近の金融機関が当然なすべき厳重な審査を怠り、多額の不良債権を発生させて倒産するという事態と本質的に何ら変わることはない。

第四章　米軍の反攻と日本海軍の斜陽

昭和一八年二月初旬のガ島撤退後、太平洋をめぐる日米両軍の激戦はどのような形で進行したのか、まず主要な海戦を列挙してみよう。

[日本側呼称]	[日　付]	[米国側呼称]
八一号作戦	昭和一八年三月二～五日	ビスマルク沖海戦
ビラ・スターンモア夜戦	〃　三月五～六日	ビラ・スターンモア海戦
アッツ島沖海戦	〃　三月二六日	コマンドルスキー海戦
クラ湾夜戦	〃　七月六日	クラ湾海戦
コロンバンガラ島沖夜戦	〃　七月一三日	コロンバンガラ海戦
ベラ湾夜戦	〃　八月六日	ベラ湾海戦
ベラ・ラベラ島沖夜戦	〃　一〇月六～七日	ベラ・ラベラ海戦
ブーゲンビル島沖海戦	〃　一一月二日	エンプレス・オーガスタ湾夜戦

ろ号作戦（第一次〜第三次　〃　一一月五、八、一一日　ラバウル第一次・第二次

ブーゲンビル島沖航空戦）　空母攻撃

セント・ジョージ岬海戦　一一月二五日　セント・ジョージ岬海戦

次にガダルカナル作戦よりも先に発動されたニューギニア作戦は、どのように進展していたのかについて、その概要を記述する。

昭和一七年七月一日　大本営、ニューギニアのポートモレスビーへの陸路進攻を命令。

七月二〇日　ポートモレスビー攻略の南海支隊の横山先遣隊、ブナ西方上陸。

八月二五日　海軍陸戦隊、東部ニューギニアのラビに上陸。

〃二八日　大本営、モレスビー作戦中止を命令。

九月五日　南海支隊、オーエンスタンレー山系頂上線に進出。

〃二六日　モレスビー東北方約五〇キロに迫っていた南海支隊、撤退開始。

一一月一六日　第八方面軍と第一八軍を新設。第一七軍がガダルカナル島、一八軍がニューギニアを担当し、第八方面軍が両軍を統括。

〃一七日　歩兵第一四四連隊中心の増援部隊、東部ニューギニアのバサブアに上陸。

一二月一日　独立混成第二一旅団の主力、バサブアに上陸。

〃八日　バサブア守備隊約八〇〇名が玉砕。

〃一八日　歩兵第一一連隊がウエワク、第二一・第四一連隊がマダン、第三

一野戦道路隊がツルブをそれぞれ占領。

〃　二五日　海軍陸戦隊、西部ニューギニアのホーランジアに上陸。

昭和一八年一月　二日　東部ニューギニアのブナ地区守備隊が玉砕。

〃　一九日　第二〇師団主力がウエワクに上陸。

〃　二〇日　南海支隊と独混第二一旅団に対しラエ、サラモアへの撤退を命令。

日本軍がガダルカナル島を撤退した時点までのニューギニア作戦は、以上の如き推移を経たのであるが、これを戦略的に概括すると次のように要約することが出来る。

米軍の「望楼作戦」についてはガダルカナル戦の冒頭で触れたが、ゴームリー提督軍はソロモン群島を北上してラバウルから比島へと進み、マッカーサー軍はニューギニアを征服して比島に迫るという二本立ての作戦であった。

ニューギニアはグリーンランド島に次ぐ世界第二の島で、現在の日本の約二倍の面積を有し、東西の長さは、北海道の根室から鹿児島までの距離に等しい。

連合軍のニューギニア戦略の第一期作戦は、パプア半島（ニューギニアの東端、わが九州の面積に相当）を確保することであり、その占領目標をブナ地区とした。同地区は東からブナ、ギルワ、バサブア、サナナンダ、ゴナという五ケ村が海岸に続いている。

マッカーサーは一七年八月からこの地区に着目し、一部隊をスタンレー山脈越えに進めると共に、他の一部隊をブナから八〇キロのワニゲラに空路輸送し、日本の南海支隊の撃滅を目論んだ。

これより先の五月、マッカーサーはルーズベルト大統領に必要戦力の派遣を申請し、米本土からチェンバリン中将指揮の二個師団と、ケニー空軍少将指揮の三〇〇機が増援され、更にエジプトから帰還した豪州第七師団も指揮下におさめた。モレスビーの飛行場は四ヵ所に拡張され、ブナ地区から三〇キロのドボズラにも大着陸場を新設し、大型輸送機一〇数機を整備してモレスビーからの緊急輸送能力を備えた。

かくて日米ニューギニア第一次決戦はブナ地区において開始されたが、日本軍戦闘員は各部隊混成の実力三〇〇〇名で連合軍の一〇分の一に過ぎず、昭和一八年一月二日ブナ地区守備隊は、歩兵第一四四連隊長山本大佐、海軍陸戦隊司令官安田大佐以下八名の突撃をもって遂に玉砕した。

ブナ地区を失った日本軍の次の拠点は、ダンピール海峡の対岸にあるラエ、サラモア、フィンシュハーヘンの地区であった。連合軍がこの地区を攻略すればダンピール海峡を制することになり、西進してセレベス、ジャワ、ボルネオ等、日本の南方資源地帯が攻撃され、日本の戦略体制が崩壊の危機に瀕することになる。ここに東部ニューギニアのラエ、サラモアの戦略的重要性があった。

かくて大本営陸軍部はラエを確保するため、ラバウルの第五一師団のラエ輸送を発動した。（第八一号作戦）また、山本大将は連合軍航空戦力の壊滅を目指して、空母戦力と基地航空機の総力を結集して、一八年三月二五日「い号作戦」の実施を発令した。

一、第八一号作戦（米側呼称・ビスマルク海戦）

輸送船団。二月二八日午後一一時半、ラバウル出港。帝洋丸、愛洋丸、神愛丸、旭盛丸、大井川丸、太明丸、建武丸、野島。

護衛艦隊。（第三水雷戦隊、司令官・木村昌福少将）

駆逐艦・白雪、浦波、敷波（一六八〇トン、三八ノット）

朝潮、朝雲、荒潮（一九六一トン、三五ノット）

時津風、雪風（二〇〇〇トン、三五ノット）

八隻の輸送船に対し八隻の精鋭駆逐艦が護衛して、旗艦は白雪。第一八軍安達司令官が時津風に、中野第五一師団長が雪風に乗艦していた。輸送部隊は第五一師団主力七三〇〇名、弾薬量秣は二五〇〇トンを積載した。

輸送船団に対する連合空軍の一方的空襲は次のとおりであった。

三月一日午後二時一五分、敵の哨戒機B二四重爆に発見される。

三月二日午前八時、ニューブリテン島西端のグロスター岬沖にて敵B一七重爆一〇機が二〇〇〇メートルから水平爆撃、左列先頭の旭盛丸が被弾し炎上、一時間後に沈没した。駆逐艦朝雲と雪風が救援に向かい、乗船していた陸兵一五〇〇名のうち九一八名を救助した。朝雲と雪風は船団と別れ、全速力でラエに向かい日没後ラエ入泊、中野師団長以下の陸兵を揚陸して引き返し、船団と合流したのは三月三日の午前三時頃。船団は一晩中敵の接触を受けた。

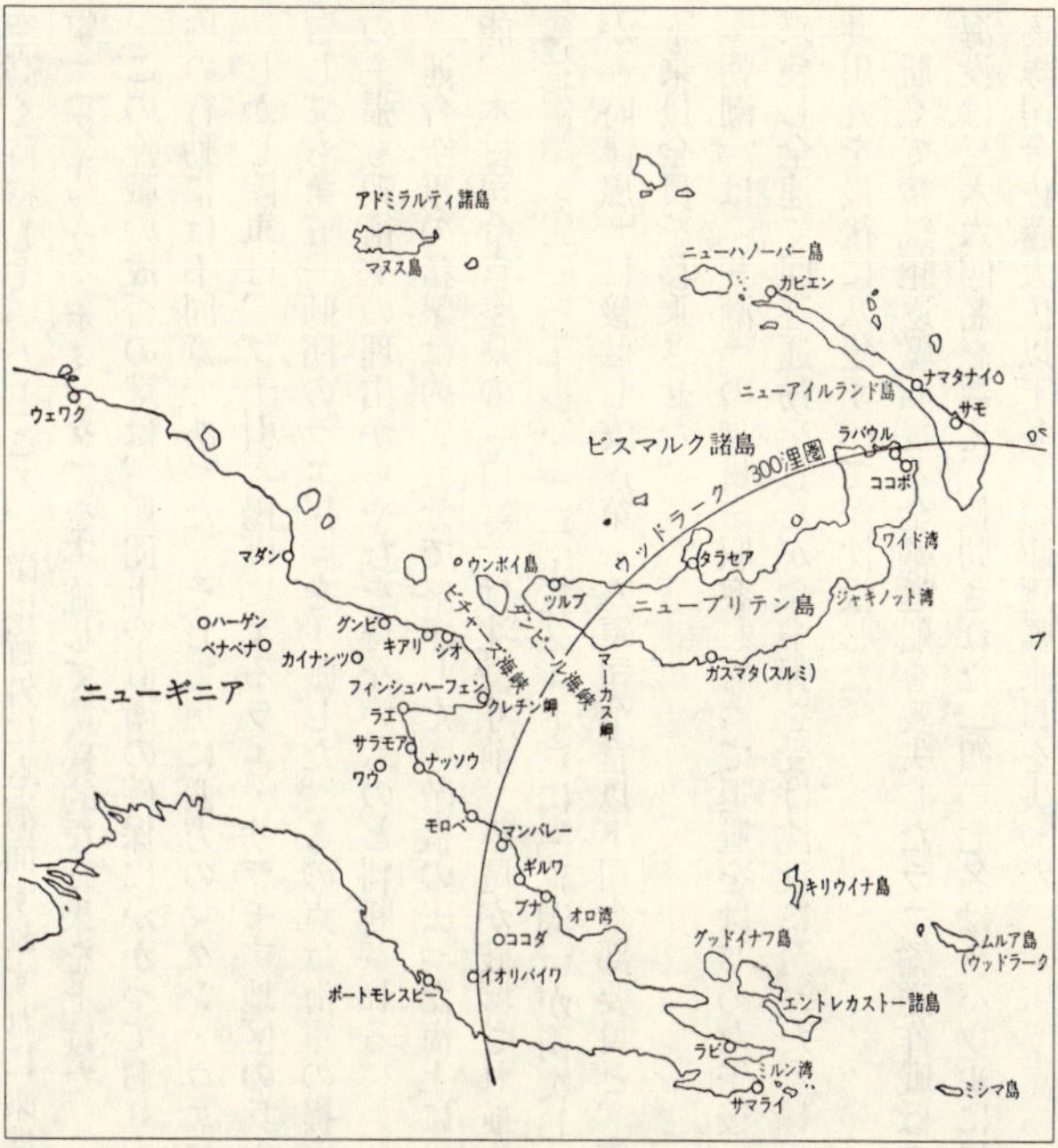

三月三日午前五時、B二五中型爆撃機の超低空銃撃。午前七時半、約一〇機来襲。

午前七時五〇分、船団がラエ、サラモアのあるフォン湾にさしかかった時、敵重爆B一七、ボーファイター（英国製双発重戦）P三八・P四〇戦闘機、A二〇、B二五など約一三〇機が大挙して船団を攻撃。

当日午前中の船団上空の直衛には、空母「瑞鳳」の零戦一五、二〇四空零戦一二、二五三空零戦一四、計四一機の戦闘機が担当した。

従来敵は高高度爆撃を常としたので、我が零戦は上空高く待機していたところ、敵は意外にも海面すれすれに来襲して、新攻撃法の「反跳爆撃」(スキップ・ボミング)を実施して驚異的な戦果を上げた。

この作戦の成否の鍵は、船団上空直衛の確保にかかっており、海軍では敵小型機の攻撃圏内の行動には不同意であった。そして更に西方のマダン・ウエワク方面への輸送を提案した。

しかし陸軍は、ブナ引き揚げによるラエ・サラモア地区の兵力集中を急ぐ必要から危険を冒しても第五一師団のラエ揚陸を主張した。この点は海軍の提案も妥当であるし、また陸軍の主張も戦術上の理由からやむを得ないものと判断される。

連合空軍の猛撃は約二五分で終了した。敵機の去った海上には駆逐艦「時津風」が航行不能、木村司令官座乗の「白雪」は沈没寸前。艦尾が破壊され航行不能となっている「野島」(運送艦、六一三〇トン、一二・五ノット)に「荒潮」が衝突して艦首を大破した。「雪風」が「時津風」に接舷し安達第一八軍司令官以下司令部要員と、第一六駆逐隊司令荘司大佐以下乗員全員を移乗させた。

「朝潮」は「荒潮」の乗員を収容し終って退避をはじめた午後一時一五分、第二次攻撃隊が来襲し全速で回避運動をしたが命中弾を受け沈没に至った。輸送船団は午後一〇時過ぎの大井川丸を最後に八隻すべてが沈没した。

斯くて精鋭駆逐艦四隻と全輸送船を喪失したラエ輸送作戦は完全な失敗に終った。陸兵の海没は三六六四名を数え、救助された二四二七名はラバウルに帰還した。また海軍も第八駆逐隊司令佐藤大佐以下多くの駆逐艦乗員を失った。

その他積載物の損害は、火砲四一門、車両四一両、輜重車両八九両、大発三八隻、燃料ドラム缶約右二〇〇〇本、弾薬一二四〇立方米、軍需品六三〇〇立法米。

輸送船団大被害発生の報に、当方面に行動中の潜水艦は、命令により遭難者の漂流現場に急行し、敵機の執拗な監視妨害をかわしつつ救助にあたった。

即ち伊一七潜、伊二六潜、呂一〇一潜の三隻による救助者は総計三四二名に及んでおり、その他、陸に漂着したものが五二名。

◆最後に本作戦の損害をもっと軽くする方法はなかったか？　について考えてみよう。

昭和一七年一一月二七日、陸軍第六飛行師団が編成され、第八方面軍の隷下に入れられてラバウル地区に展開することになった。その編成は、第一二飛行団（第一戦隊・第一一戦隊の一式戦「隼」）、白城子飛行団（軽爆）、飛行第一四戦隊（重爆）、独飛第七六中隊（司偵）からなっていた。

この度の「第八一号作戦」における船団護衛にあたっては、早速この陸軍航空部隊も参加することになり、陸海軍の参加機数は次のとおりであった。

［陸軍］司令部偵察機　五機　　戦闘機　六〇機　　軽爆撃機　四五機

［海軍］水上偵察機　一〇機　　戦闘機　六〇機　　陸上攻撃機　二〇機

　　　艦上攻撃機　八機　　艦上爆撃機　一〇機

以上の「陸軍」一一〇機、「海軍」一〇八機が一定の時間ごとに分担することになり、米軍機の攻撃を受けた三月三日午前は、前述の如く四一機の海軍戦闘機が担当した。

この陸海軍の船団護衛航空機は合計二一八機であるが、機種別の内容をみると戦闘機は一二〇機であり、残りの九八機は偵察機一五機、爆（攻）撃機八三機。船団を攻撃してくる敵は航空機であって、水上艦艇の可能性は極めて少ない。然らば戦闘機以外の九八機は船団上空の直衛には適当でなく、機種本来の性能を活かした運用を考えるべきであった。

即ち、敵機が船団を攻撃する日時を想定して、敵飛行場に敵機の集中する時期を狙って強襲し地上にこれを撃滅することである。（奇襲は到底望めないと考えたい）

陸軍の司令部偵察機は俊足を誇る（時速六〇〇キロ超）百式司偵が配備されており、ポートモレスビー、ラビ等の敵飛行場偵察に有効な戦力であった。

船団の予定航路を地上図で距離測定すると、ラバウル～ラエ間は約八七五キロであり浬に直すと四八〇海里となる。船団の時速は八～九ノットであったから、八ノットでは六〇時間、即ち二日と半日を要する計算。船団のラバウル出港が二月二八日午後一一時三〇分であれば、ラエ到着は三月三日正午頃と推定できる。

米軍機の本格的な来襲は常識的に見て、ダンピール海峡のウンボイ島を廻りこんでからと考えられるし、時間的には三月三日夜明け以降と想定される。したがって三月二日日没までの上空直衛は節約して、事前の敵飛行場偵察によって敵機の集中時に飛行場を襲撃するために、二〇〇機の戦爆連合部隊を最も有効に運用出来なかったか？　この場合も米軍新戦法の「スキップ・ボミング」による被害は避けられなかったとしても、我が軍の損害は三分の一、多くても二分の一以内に軽減出来たのではなかろうか。

次の項で取り上げる「い号作戦」にあれだけ航空部隊を動員出来るのであれば、なぜ「八一号作戦」の戦略的重要性を認識して、万全の態勢をとれなかったのか、惜しみても余りある痛恨の損害であった。

二、い号作戦（ソロモン、東ニューギニアに対する航空撃滅戦）

「八一号作戦」の惨敗を受けて、トラック島の連合艦隊司令長官山本大将は、南東方面にある航空兵力を結集し、連合国空軍に対し航空撃滅戦を展開し敵の反攻を挫折せしめんと企図した。

当時南東方面にあった海軍基地航空隊は、ラバウルを基地とする第二一航空戦隊、ブインを基地とする第二六航空戦隊で、実際の稼働機数は約一六〇機（うち戦闘機約九〇機）であった。その他既に述べた如く陸軍第六飛行師団が進出途中にあり、三月はじめ迄に戦闘機主力の約一〇〇機がラバウルに進出していた。

対する連合軍側の航空戦力は、ソロモン方面に約二〇〇機、ニューギニア方面には約三〇〇機を配備しているものと見られ、このうち約半数が戦闘機と判断された。

敵の五〇〇機に対し、基地航空隊の一六〇機では勿論不足であり、これに第三艦隊の空母艦載機を加えることになった。即ち、「瑞鶴」（二万五六七五トン、八四機）「瑞鳳」（一万一二〇〇トン、三〇機）「隼鷹」（二万四一四〇トン、五三機）、「飛鷹」（隼鷹に同じ）の四空母から、零戦一〇三機、艦爆五四機、艦攻二七機、合計一八四機がラバウルに進出した。

これら母艦機と基地航空隊機（零戦一〇八機、艦爆一六機、陸攻七二機、陸偵九機、計二〇五機）の合計三八九機が本作戦決戦兵力のすべてであった。これが「い号作戦」と呼ばれたもので、昭和一八年三月二五日、連合艦隊司令部は正式に実施を発令した。

四月二日の艦上機ラバウル進出と同時に、連合艦隊司令部もトラック島からラバウルに進出した。また航空部隊も戦闘機隊はラバウルとブインに、艦爆隊はラバウル、ブイン、バラレに、陸攻隊はラバウル、カビエン、ブカの各基地にそれぞれ展開した。

い号作戦を大別すると、四月七日のガダルカナル攻撃と、一一日、一二日、一四日の東部ニューギニア攻撃に分類される。

	［目　標］	［参加兵力］			［損　害］		
		零戦	艦爆	陸攻	零戦	艦爆	陸攻
四月　七日	ガ島在泊艦船	一五七	六六		一二	九	
〃〃一一日	ブナ近郊〃	七一	二一		二	四	
〃〃一二日	モレスビー飛行場	一一四		四四	二		六
〃〃一四日	ラビ・ミルネ湾	一二九	二三	四四	二	三	四
	合　計	四七一	一一〇	八八	一八	一六	一〇

＊連合軍に与えた損害については、次の如く両軍の発表に差がある。

［日本側発表］

撃沈　巡洋艦一、駆逐艦二、輸送船一五。

大小破　輸送船八。撃墜破　航空機一三四。

［連合軍発表］

撃沈　海防艦一、駆逐艦一、輸送船一、タンカー一。

大小破　輸送船一。撃墜破　航空機二五。

日本軍の損害は、全参加機数三八九機のうち四四機で一一・三％にもあたり、しかも母艦機の被害の割合が大きく、被弾機を含めると空母機の五割が使えなくなり、空母部隊はトラック泊地から内地に帰り、建て直しをしなければならなかった。

【「い号作戦」の評価】

この作戦は中央の指示なしに、山本長官自らの発表による作戦だったといわれる。また今回も、ガダルカナルとニューギニアの二方面作戦であったことも、従来の山本戦法と軌を一にしていた。

◆空襲は、奇襲か反復攻撃かの何れかでなければ、成果は上がらないとされているが、山本長官は奇襲を重視して、最初から反復攻撃の予定はなかった。しかし連合軍は日本の戦闘機隊が、北ソロモンに集結した情報を入手して、大空襲を予期し態勢を整えた。戦果の少なかったことは奇襲が成立しなかった証拠である。

◆山本連合艦隊司令部は、「い号作戦」の陣頭指揮をするため、四月三日トラックから飛行艇でラバウルに進出した。ラバウルにおける山本大将の仕事は攻撃隊発進の見送りであった。

作戦は予定に従って天候の合間を縫って実施されたが、これは連合艦隊長官の直接指揮がなくても差し支えない。南東方面艦隊長官の草鹿任一中将が、基地航空と空母機の統一指揮をすればすむことである。なぜならソロモン方面と東ニューギニアの海軍作戦の責任者は草鹿中将だからである。

山本大将がラバウルに進出すべきであったのは、ガダルカナル攻防戦の時である。最も重要な時期に陣頭指揮を怠って、ソロモンの制空権を米軍に取られてから出てきても価値はない。

士気を鼓舞する目的もあったと指摘する向きもあるが、一〇日や半月ぐらい司令部を前線に推進しても、作戦期間が過ぎて帰るのであれば、また元に戻るものである。より大切なことは、各幕僚が頻繁に前線司令部を訪れて協議し、時には第一線部隊にも顔を出して、実情把握に努めることが最も有効な方法である。

そういう意味と本作戦の戦果、友軍の損害から見て、「い号作戦」は時期と方法を誤った思いつきの作戦であったと判断する。

◆更に指摘したのは、「誇大な戦果報告」という問題である。

日本海軍の戦果報告は明らかに誇大であった。それは搭乗員達が敵艦船が炎を上げれば「撃沈」「大破」と報告し、別の搭乗員がまた同じ艦船を見て重複して報告していた。しかも指揮官や幕僚がこの報告を鵜呑みにして加算し、「大戦果」を作り上げたのだ。そして山本長官もこの誇大戦果に満足し、前線視察をしてからトラックに引き上げることにしたが、これが山本大将の戦死をもたらし、情報管理の甘さをさらけ出した。

【各級指揮官の反対を押し切っての前線視察――山本長官機撃墜さる】

四月一三日、航空参謀たちによって立てられた前線視察日程が、暗号無電によって関係部隊宛に打電された。第三艦隊（空母艦隊）司令長官小沢治三郎中将は、山本長官前線視察は危険だとして、連合艦隊参謀に取り止めるよう連絡した。「どうしても行くなら護衛戦闘機をもっとつけなければ駄目だ」とつけ加えたが、参謀は「大事な戦闘機だから六機でよい」というのが長官の意向だとしてとりあわなかった。

ショートランドの第一一航空戦隊司令官城島高次少将は、飛んで来て「敵に招待状を送るようなものだ」と参謀を叱りつけ、山本に中止を進言したが容れられなかった。また、二〇四空司令の杉本丑衛大佐も、二〇機の戦闘機を護衛につけるよう具申したが山本は六機でよいととりあわなかった。

四月一三日に打電された暗号電報は、ハワイの米軍情報班によって一四日早朝には、山本の視察日程を解読していた。

日本海軍は一八年四月一日に暗号の乱数表を変えたばかりで、敵に解読されることは絶対にありえないと思っていた。しかし、「伊一」潜水艦は一月二九日、ガ島への輸送作戦中ニュージーランド艦艇と交戦、環礁に擱座沈没した。乗組員は使用中の暗号書を持って上陸したが、艦船・基地の呼出符号一覧表や古い暗号書などを置き残した。これは間もなく米軍の手に入り、古い暗号書は解読法の正しさを確認する材料となった。

乱数表は新しくなっても基本構造は同じであったから、米軍は逐次解読に成功して、山本長官の視察日程も忽ち第一級の情報として米軍を喜ばせた。

この情報はニミッツ太平洋艦隊司令長官から、ノックス海軍長官を経てルーズベルト大統領に報告され、その承認を得て山本長官襲撃命令が、ニミッツ大将―ハルゼー南太平洋方面司令官―ガダルカナル島のソロモン地区航空隊司令官マーク・A・ミッチャー海軍少将へと下達された。

伝えられるところによると、この間に次のようなエピソードがある。ハワイにある米太平洋艦隊情報参謀エドウィン・T・レイトン中佐から、暗号電報の解読文を示されたニミッツ大将が、「山本の後にもっと優秀な司令長官が出て来ないか」という心配をレイトン中佐に言ったところ、中佐は日本海軍の指揮官の名前を一人ずつ挙げてその長短を分析し、山本以上の能力を持った指揮官はいないと結論したという。

ミッドウェー海戦で大敗し、ガダルカナルを奪回できなかった山本大将を超える提督が、日本に存在しないと敵側から評価されるのだから、日本海軍も甘く見られたという事になるのではなかろうか。

いま一つは、山本長官襲撃の命を受けたソロモン地区航空隊指揮官のミッチャー海軍少将は、ガ島基地で作戦会議を開いた。海軍は山本の乗る駆潜艇を撃沈すると主張し、陸軍戦闘機大隊のジョン・ミッチェル少佐は強硬に反論し、飛行機の撃墜を主張した。結局、提督の裁定で後者に決定した。

日本軍内でもありそうな場面であるが、海軍少将が陸軍の主張に軍配を上げたのは、米軍らしいと私は思うのである。

ミッチェル少佐の計算によると、山本長官機のバラレ着は午前七時四五分頃と推定、迎撃地点はブイン手前のブーゲンビル島上空、時刻は午前七時三五分と決定された。米陸軍ロッキードP三八双発戦闘機一八機が午前五時二五分に発進、二機の故障で部隊は一六機となり北西に向かった。

攻撃隊はレーダー探知を避けて、海上すれすれの高度五〇フィートの低空を飛行し、予定地点へ七時二五分に到着した。七時三〇分、一式陸攻二機を発見、零戦六機の妨害を排除して二機とも撃墜した。戦闘は僅か二分足らずで終わり、P三八は零戦の追撃を振りきってガダルカナル目指して飛び去った。一番機は山本長官以下全員死亡、二番機の生存者は連合艦隊参謀長宇垣中将他二名のみであった。

すべては米軍情報戦の勝利であった。しかも米軍は、山本機撃墜が暗号解読の成果であることをカムフラージュするため、種々の手段を講じた。P三八戦闘機隊は、偶然の出会いであると誇示するため、その後も、用もないのにブーゲンビル島周辺に数回出動した。またニミッツ大将はレイトン情報参謀の進言で、オーストラリア人のコースト・ウォッチャーが、ラバウル付近の原住民から山本長官の行動予定表を入手したという噂を、自軍内にわざと流布させた。

日本側はこの事件（甲事件）調査委員会で、「我が企図の諜知は、山本長官行動予定の電報を解読せねば不可能なり。しかもこの電報の解読は、強度最高のD暗号を採用しているので理論的には不可能なはずだ。要するに敵の放送や発表をあわせ考察すると、偶然に遭遇したと判断せられる事情が濃厚である」と偶発説の結論を出した。

敵の放送や発表とは、ニミッツの勧告によって、日本の大本営発表以上の内容を公表しなかった結果である。情報戦における日本の後進性が証明されたのが、この山本長官撃墜事件であったとは誠に残念至極であるが、山本長官自身が以前から情報問題を重視していなかった点を考え合わせると、これもまた当然の結果であったと諦めるより他はない。しかし、長官が固辞したとしても、航空部隊の指揮官が独断で護衛戦闘機を増発出来なかったものか、この点の疑問は今後も消えることはないだろう。

三、中・北部ソロモンの日米海空戦

米軍はガダルカナル戦に勝利をおさめ、南東ソロモンの制海・制空権を確立した後、五ヵ月間の準備を経て、ニュージョージア島の西側にあるレンドバ島（ムンダ飛行場の南方五マイル）に上陸作戦を行った。

この間、ガ島のヘンダーソン飛行場は、三つの戦闘機用滑走路とともに完全な爆撃機基地に拡大され、その東方五マイルにあるカーニイ飛行場はヘンダーソンより大きな爆撃機基地で、両基地には各種飛行機三〇〇機以上が配備されていた。

六月三〇日、ターナー提督の第三水陸両用部隊は、米陸軍第四三師団と海兵隊合わせて約六〇〇〇名をレンドバ島に上陸させ、一二〇名の日本軍守備隊を一掃すると共に、ムンダ飛行場を米軍大砲の射程内においた。日本軍はムンダ飛行場に対するレンドバ島の戦術的価値に気が付いていなかった。

次いで七月三日、米軍は砲兵の援護射撃下にムンダ飛行場を占領するため、ニュージョージア島への舟艇機動を開始した。

ニュージョージア島には日本軍第三八師団第二二九連隊の二個大隊と、第八連合特別陸戦隊（司令官大田実海軍少将）指揮の呉鎮守府第六特別陸戦隊が防備を固めていた。

更に七月九日には、コロンバンガラ島から熊本の歩兵第一三連隊の強兵たちがニュージョージア島バイコロに上陸、これら陸海合わせて約一万三〇〇〇名の日本軍が堅固な陣地に立てこもり、一ヵ月にわたり米軍の攻撃をくい止めた。

二人の米軍連隊長は免職となり、師団長も更迭される程の敢闘により米軍は予備部隊の投入を余儀なくされ、その兵力は三万二〇〇〇名の陸軍と一七〇〇名の海兵隊にまで増加した。

そして飛行場を占領した後も更に数週間、米軍は日本軍の駆逐にあった。

日本軍はその後、すぐ北西にあるコロンバンガラ島に撤退したが、この間に「クラ湾夜戦」と「コロンバンガラ島沖夜戦」の二つの海戦が発生した。

①　クラ湾夜戦　　昭和一八年七月六日

参加兵力　　日本軍　第三水雷戦隊司令官秋山輝雄少将指揮、駆逐艦一〇隻。

米　軍　W・L・エーンスワース少将指揮、軽巡三隻、駆逐艦四隻損害（沈没）　日本軍　駆逐艦「新月」「長月」　米軍　軽巡「ヘレナ」

クラ湾は、ニュージョージア本島に増援部隊や軍需品を輸送する通路にあたる。今回も、第一次輸送隊駆逐艦三隻、第二次輸送隊駆逐艦四隻による、陸兵二四〇〇名と軍需品一八〇トンの輸送が目的で、秋山少将座乗の防空駆逐艦「新月」以下三隻の支援駆逐艦に守られてクラ湾に進入した。そして真夜中、現地時間午前二時頃、待ち受けていた米軽巡三隻、駆逐艦四隻と暗黒の海上で遭遇した。

日本軍は増援輸送が目的ゆえ、直ちに輸送隊を揚陸地点に急がせ、支援隊は敵影を注視しつつ前進中、敵のレーダー射撃が旗艦「新月」の艦橋を直撃、秋山少将以下の司令部は全滅した。旗艦に続く「涼風」「谷風」は砲雷撃を開始して反撃し、米軽巡「ヘレナ」に魚雷四本を命中させて撃沈。米駆逐艦群の発射した一四本の魚雷は一本も命中せず、米軍の夜戦能力は未だ日本軍に及ばないことを実証した。

②コロンバンガラ島沖夜戦　昭和一八年七月一三日　コロンバンガラ島東方海面

日本軍の作戦目的　コロンバンガラ島へ陸軍一個大隊を輸送。

参加兵力　日本軍　軽巡「神通」（五一九五トン、一四糎砲七門）駆逐艦九隻、

連合軍　米軽巡「ホノルル」「セントルイス」（一万トン、一五糎砲一五門）

駆逐艦四隻、ニュージーランド軽巡「リアンダー」

損害（沈没）　日本軍　軽巡「神通」　連合軍　米駆逐艦「グイン」

（大破）　連合軍　米軽巡「ホノルル」「セントルイス」

〃　ニュージーランド軽巡「リアンダー」（中破）

◆真夜中の戦闘は、連合軍側軽巡のレーダー射撃と日本側遠距離魚雷戦との応酬であった。日本軍駆逐艦の発射した三一本の魚雷のうち、四本が命中して敵の軽巡三隻に大損害を与えた。一方、我が第二水雷戦隊旗艦「神通」は敵の集中砲火を浴びて沈没し、伊崎少将以下全員が戦死したが作戦目的の陸兵輸送は成功した。

クラ湾・コロンバンガラ夜戦の結果では米軍の夜戦戦法には進歩が見られるが、日本海軍の練度と戦技にはまだまだ劣っているとニミッツは回想している。

③ベラ湾夜戦

昭和一八年八月初め、陸軍の第八方面軍（軍司令官・今村大将）はラバウルの補充兵で八個中隊を編成し、中部ソロモン方面に増強することとなった。この輸送作戦に関連して発生したのが「ベラ湾夜戦」である。

＊日本軍参加兵力　指揮官　第四駆逐隊司令・杉浦大佐、期日　八月六日、

コロンバンガラ島輸送隊、「萩風」「嵐」（二〇〇〇トン）「江風」（一六八五トン）

積載　陸軍一個大隊（六個中隊）約九四〇名と軍需品九〇トン。

警戒隊　時雨（一六八五トン）

（二個中隊と軍需品一〇〇トンは軽巡「川内」でブーゲンビル島へ別行動）

＊米軍参加兵力　指揮官・第一二駆逐隊司令ムースブラッガー中佐。

第一二・一五駆逐隊各三隻、駆逐艦計六隻。

◆戦闘経過

米軍は午後九時三三分、レーダーにて日本駆逐艦を探知。同四一分に距離五七〇〇メートルで計二四本の魚雷を発射し、右にUターンして日本駆逐艦と同航した。日本駆逐艦は米軍の雷跡に気づいたが避けられず、左舷に二～三本ずつの魚雷が命中した。その間、後続の第一五駆逐隊は丁字戦法をとり、命中魚雷の水柱を頼りに五インチ砲を乱射した。日本の「萩風」「嵐」「江風」の三隻は、米軍の奇襲に反撃もできず撃沈された。

米第一二駆逐隊三隻のうち二番艦「クラベン」、三番艦「モーリー」は、五四糎の魚雷発射管一六門という重雷装艦であった。

この海戦の結果、沈没の日本駆逐艦に乗っていた陸兵のうち八二〇名が戦死し海軍側を含めて約一五〇〇名の将兵を失った。そしてこの海戦後、現地の日本陸海軍は、ソロモンにおける爾後の駆逐艦輸送を断念することになり、大発の重武装による遠距離舟艇戦闘輸送に切り替える発端となった。

④　ブーゲンビル島沖海戦

日本海軍は中部ソロモン諸島の防衛のため、呉鎮守府第六特別陸戦隊がニュージョージア島のムンダ基地周辺に、横須賀鎮守府第七特別陸戦隊がコロンバンガラ島に展開を終わったのが昭和一八年三月であった。

また昭和一八年一月末ラバウルに上陸した熊本編成の精鋭第六師団は、同年六月末に歩兵第一三連隊（熊本）をコロンバンガラ島に進出させ、七月九日にはニュージョージア島防衛の任を負って、ムンダ飛行場をめぐる攻防戦に参加した。

　更に歩兵第二三連隊（都城）は、ブーゲンビル島のモシゲタ付近にあって西地区警備に任じ、歩兵第四五連隊（鹿児島）はブーゲンビル島中部のキエタに駐屯した。

　ハルゼーの最初の計画は連続した「飛び石」作戦で、連合軍の当面の目標はコロンバンガラ島と同島のビラ飛行場であった。しかし日本軍がコロンバンガラ島の兵力を鋭意増強していると判断したハルゼー提督は、コロンバンガラ島を素通りし、防備薄弱なベララベラ島を上陸目標に選定した。そして八月一五日、米軍はウィルキンソン海軍少将の指揮する第三水陸両用部隊が、新たに占領したムンダ基地の戦闘機援護の下に、ベララベラ島に約六〇〇〇名の米軍部隊を揚陸した。

　このように防備堅固な防衛地域や島嶼を飛び越えて、その先の未だ準備の整わない敷地を攻略するというのが「リーブフロッグ戦法」（蛙跳び作戦）と呼ばれるもので、マッカーサー将軍が最初に発動したのが、サラモアを飛び越えて一〇キロ後方のラエに一個師団を上陸させ、サラモアを防衛していた日本軍第五一師団の撤退を余儀なくさせた例である。

　飛び越えた敵の基点は無意味に残され、予期しない後方の基点が準備未完成の間に占領されるという事になる。その結果攻撃側は自軍の犠牲を少なくし、かつ進撃期間が短縮できるという二重の効果が生ずる。但しこの戦法を成功させるには、有力な機動艦隊と水陸両用部隊の整備が不可欠である。

　ソロモン戦域においてニミッツ提督は当初、「島伝い」の旧戦法をとり、群島中の主要な基点を順次攻略して進んだ。しかし、ニミッツはここへきて「蛙跳び作戦」に転換し、八月一五日、コロンバンガラ島を超越してベララベラ島に上陸、更に一一月一日にはブーゲンビル島中央の西岸タロキナ岬に上陸するに至った。

即ち日米陸海軍の激突が、このブーゲンビル島を巡って展開されたのである。

A、米水陸両用軍団のタロキナ岬上陸

昭和一八年一一月一日、米軍はソロモン諸島北端に位置し同諸島最大の島でもあるブーゲンビル島に上陸した。同島における日本軍は南部のカヒリ、ブイン及び近くのショートランド諸島、北方のブカ、ボニスに配備されていた。ムンダ及びベララベラで得た戦訓に鑑み、ハルゼー提督は日本軍部隊の集結していた南部基地を素通りし、ブーゲンビル島の西岸中央部にある防備薄弱なオーガスタ湾のタロキナ岬付近に上陸するよう計画した。

米軍の上陸部隊総兵力は約三万四〇〇〇名であり、第三海兵師団、第三七歩兵師団、ニュージーランドの一個旅団をもって第一海兵水陸両用軍団を編成し、バンデグリフト将軍が指揮した。第一次上陸部隊の輸送船一二隻を一一隻の駆逐艦で護衛し、支援部隊はメリル提督の巡洋艦・駆逐艦部隊と、シャーマン提督の空母群「サラトガ」と軽空母の「プリンストン」であった。

夕刻までに第三海兵師団は、一万四〇〇〇名の部隊と六〇〇〇トンの物資の揚陸を終って、輸送船は撤退し四隻の敷設艇は上陸拠点沖合に機雷施設を開始した。

B、日本艦隊の反撃

米軍上陸の一一月一日、ラバウルに結集していた日本艦隊は次のとおり。

第五戦隊　司令官・大森仙太郎少将

重巡「妙高」「羽黒」（一万三〇〇〇トン、三三・九ノット、二〇糎砲一〇門）

第一〇戦隊　司令官・大杉守一少将

軽巡「阿賀野」（六六五二トン、三五ノット、一五糎砲六門）

駆逐艦「長波」（二〇七七トン）「初風」（二〇〇〇トン）

「若月」（二七〇〇トン、新鋭防空駆逐艦、長砲身一〇糎高角砲八門）

第三水雷戦隊　司令官・伊集院松治少将

軽巡「川内」（五一九五トン、三五・三ノット、一四糎砲七門）

駆逐艦「時雨」「五月雨」「白露」（各一六八五トン）

古賀連合艦隊司令長官は大森少将に対し、第五・第一〇戦隊・第三水雷戦隊を併せ指揮し、タロキナ沖にある米艦船撃滅の命令を下した。重巡二隻、軽巡二隻、駆逐艦六隻からなる日本艦隊は一一月一日午後四時過ぎラバウルを出港、二六ノットの速力でタロキナ沖へと南下した。

出撃の二時間後、B二四重爆に早くも接触され、日本艦隊は発見されてしまった。しかし防空駆逐艦「若月」の長砲身高角砲が火を吹き、B二四は撃退された。やがて「羽黒」の水偵が米艦隊の上空に達し、「一〇数隻の敵艦見ゆ、地点タロキナ岬の西方二〇浬」と報告してきた。

メリル提督の指揮する軽巡四隻、駆逐艦六隻からなる米艦隊は、揚陸作業を妨害する日本艦隊があれば阻止せんと、軽巡四隻が湾口を押さえ、砲撃によって日本艦隊を沖合に圧迫し、同時に二隊の駆逐艦で南北から挟み撃ちにする計画を立てた。米軍はレーダーをもって距離二八キロで日本艦隊を捕らえると予定の行動に移った。

午後一一時頃、「阿賀野」のレーダーが「敵をレーダー探知、方位、左一一〇度」と報告した。「阿賀野」の大砲全部が左に回り終ったとき、米軍は水平線の彼方の暗黒の中から一斉に発砲してきた。敵発砲開始から五分と経たないうちに、第三水雷戦隊旗艦「川内」は「われ缶室に敵弾命中、航行不能」と通報してきた。米駆逐艦「フート」は「川内」の発射した魚雷が命中し艦の後尾を粉砕された。日本駆逐艦の「五月雨」と「白露」は、敵の魚雷や砲弾を避けようとして高速運動中に衝突して、戦場から後退するの止むなきに至った。

米巡洋艦四隻の主砲は一五糎砲四八門、我が巡洋艦は重巡の二〇糎砲二〇門、軽巡は一五糎砲六門と一四糎砲七門。砲数で米軍は優るが、破壊力では日本の二〇糎砲が圧倒的に強い。指揮官大森少将は二〇糎砲を活用するため遠距離砲戦を希望した。

第一〇戦隊は敵を発見するや、直ちに全速三四ノットとし、敵の前方に進出、反航態勢で各艦八本、合計三二本の魚雷を発射した。発射後、一〇分程して敵方に猛烈な火災が上がった。「阿賀野」と駆逐艦三隻が第五戦隊「妙高」「羽黒」の後尾につき、更に第二回の魚雷発射運動を行なわんとしていた時、両重巡の二〇糎砲が猛然と火を噴いた。そして二〇門の一部は、敵艦隊の上空に照明弾を放った。

また、日本軍飛行機が戦場上空に赤と白の吊光弾を投下、これが低空をおおった雲に反射し、照明弾の発する閃光と一緒になって真っ暗な夜を薄明と化した。それからは米軍のレーダーはその利点を発揮できなかった。

「妙高」と「羽黒」は魚雷を発射し、二〇糎砲の斉射を数回実施した。その中の三弾が米軽巡「デンバー」に命中。一方、旗艦「妙高」は敵の砲火を回避運動中、駆逐艦「初風」と衝突、「初風」は艦首を切断して速力の落ちたところを、敵の集中砲火を浴びて沈没した。米軍は煙幕を展開して避退した。

米軍側も駆逐隊が同士討ちをやるヘマがあり、前述の如く軽巡「デンバー」と駆逐艦「フート」が損傷したが沈んだ艦はなかった。

第三水雷戦隊旗艦・軽巡「川内」は、主機械停止、射撃装置故障、操舵不能となり午前一時五〇分、更に集中砲火を浴びて沈没した。戦死は荘司艦長以下一八五名。

この戦闘で米軍のレーダー射撃の有効距離は一万メートル以内とした従来の定説は修正され、実戦では一万六〇〇〇メートルからの有効弾のあったことが確認された。

夜が明けると米側の爆撃圏内に取り残される懸念を持った大森少将は、戦闘を中止して目的の船団攻撃をあきらめ、ラバウルに引き揚げた。

一一月二日午前八時、日本空母の零戦と艦爆約一〇〇機が米軍を攻撃したが、対空砲火により一七機が撃墜された。日本機が二回目の攻撃を仕掛ける前に、ソロモン諸島基地航空部隊の米戦闘機が来着、日本機を撃退し更に八機が撃墜された。

昭和一八年一一月一日夜から二日未明にかけて、タロキナ沖に展開されたブーゲンビル島沖海戦において、日本海軍は当初の主目的を達成することなく終了し、指揮官大森少将は、古賀連合艦隊司令長官により解任された。

⑤「ろ号作戦」（第一次～第三次ブーゲンビル島沖航空戦）

ガダルカナル島の攻防戦は日米に多大の消耗を強いることになり、ソロモン方面の第一航空艦隊（基地航空部隊）はすっかり消耗していた。

そこで第一航空戦隊（空母・瑞鶴、翔鶴、瑞鳳）の空母をトラック島に在泊させたまま、飛行機だけをニューブリテン島ラバウルに進出させた。その兵力は零式艦上戦闘機八二機、九九式艦上爆撃機四五機、九七式艦上攻撃機四〇機、二式艦上偵察機六機の合計一七三機であった。この空母機投入を「ろ号作戦」と称している。

一一月五日午前、シャーマン提督の率いる米空母「サラトガ」「プリンストン」の二隻から発進した約一〇〇機の攻撃隊は、ラバウルに入港したばかりの栗田艦隊を空襲し、米軍機は一〇機を失ったが、日本軍の重巡「愛宕、高雄、摩耶、最上、筑摩」軽巡「能代、阿賀野」が損傷を受け、栗田中将は艦隊をトラックに引き揚げさせた。

同日昼、「瑞鶴」の二式艦偵は敵艦隊を発見、雷装した九七艦攻一四機がラバウル南東二六〇海里に向かった。しかし夕暮れになって目標を発見できず、歩兵上陸艇を一隻撃沈しただけであった。第一次ブーゲンビル島沖航空戦である。

三日後の一一月八日、九九艦爆二六機と零戦四〇機、一一航空艦隊の零戦三一機が出撃、タロキナ海岸の米輸送船団を攻撃し、輸送艦二隻に爆弾を命中炎上させた。

午後は空母の艦攻九機と一式陸上攻撃機一二機が発進し、新鋭軽巡三隻と駆逐艦四隻の米艦隊を攻撃、軽巡「バーミンガム」（一万トン、一五糎砲一二門）に陸攻が魚雷一本を命中させた。これが第二次ブーゲンビル島沖航空戦である。

第三次戦は一一月一一日に起こった。この日朝、ラバウルは米空母機の大空襲を受けた。まずシャーマン隊がブーゲンビル島の北方から空襲したが、悪天候に妨げられて失敗した。しかし、モントゴメリー少将の指揮する新鋭空母「エセックス」（二万七〇〇〇トン、搭載機数一〇〇機）「バンカー・ヒル」（同型）、軽空母「インディペンデンス」（一万一〇〇〇トン、搭載機数四五機）からの一八五機は、ソロモン諸島航空部隊戦闘機の援護下に、ブーゲンビル島の南方から発進して攻撃し、日本駆逐艦を一隻撃沈、軽巡一隻と貨物船に大損害を与えた。

米空母の所在を知った日本軍は反撃に転じた。この日午後、七〇機の日本機は北方からモンゴメリーの空母に襲いかかった。空母の戦闘機を支援した基地戦闘機による上空直衛と、近接自動信管（VT信管）を使用した対空砲火は、三五機の日本機を撃墜した。米軍の損害は一一機の飛行機だけで、機動艦隊の被害は皆無であった。

日本軍パイロットの喪失は五〇％にも達し、小沢第三艦隊長官は空母機をトラック島に引き揚げ「ろ号作戦」は失敗に終わった。

四、昭和一八年の潜水艦作戦

ガダルカナル島の撤退作戦が完了した後の、昭和一八年三月における連合艦隊所属潜水艦、及び訓練部隊潜水艦等の編成は、次のとおりであった。

［第六艦隊］　旗艦［香取］伊八、　第七潜水隊（伊二、五、六、七）
　第一潜水戦隊　伊九　第二潜水隊（伊一七、一九、二五、二六）
　　第一五潜水隊（伊三一、三二、三六）平安丸
　第三潜水戦隊　伊一一　第一二潜水隊（伊一六八、一六九、一七一、一七四、一七五、一七六）
　　第二二潜水隊（伊一七七、一七八、一八〇）靖国丸
　第八潜水戦隊　伊一〇　第一潜水隊（伊一六、二〇、二一、二四）
　　第一四潜水隊（伊二七、二九）日枝丸
［第八艦隊］
　第七潜水戦隊　長鯨　第一三潜水隊（伊一二一、一二二）
　　呂三四、一〇〇、一〇一、一〇二、一〇三、一〇六、一〇七
［南西方面艦隊］　第三〇潜水隊（伊一六二、一六五、一六六）
［第五艦隊］　伊三四、三五

［潜水学校訓練潜水戦隊］「迅鯨」
　第一八潜水隊（伊一五三、一五四、一五五）
　第一九潜水隊（伊一五六、一五七、一五八、一五九）
　第二六潜水隊（呂六二、六七）第三三潜水隊（呂六三、六四、六八）呂三一
［新造艦訓練戦隊］さんとす丸
　第一一潜水戦隊（伊三七、三八、呂一〇四、一〇五）
［横須賀鎮守府付属］第六潜水隊（呂五七、五八、五九）

ガ島撤退作戦が終了すると、第六艦隊は敵の補給路遮断に主作戦目標をおいて次の如く新作戦を展開した。即ち一八年三月以降、第一、第三潜水戦隊は豪州方面海域からサモア、フィジー諸島に配備され、ハワイと豪州並びにソロモン間の米軍補給線の遮断を図った。

また東部ニューギニア、ソロモン方面では、第八艦隊の小型潜水艦（五二五トン）と第六艦隊の一部潜水艦が、友軍地上部隊に対する補給と前進基地周辺の局地防禦、並びに敵の増援進攻阻止にあたった。

インド方面では、南西方面艦隊に編入されていた潜水艦が、ペナンを基地として交通破壊戦に従軍した。

一方、北太平洋方面では従来の伊三四、三五の他に一八年四月、第七潜水隊の四隻計六隻の新鋭潜水艦が第五艦隊に編入されて、アリューシャン方面の反攻阻止に当たっていたが、アムチトカに米軍が進攻した後は、キスカ、アッツ両島への弾薬、糧食の補給が潜水艦に依

存するところ大であった。

米軍のアッツ島上陸後はキスカ島撤退に関し、五月末～六月末の間に一三隻の潜水艦によって幌筵～キスカ間の緊急輸送が実施された。

そして一八年一一月下旬における米軍の中部太平洋攻勢、即ち、ギルバート諸島のマキン、タラワ進攻にあたり、第六艦隊は九隻の潜水艦を進出させて敵機動部隊の攻撃にあたらせたが、米軍の対潜掃討は猛烈を極めて短期間に六隻の損害を出した。唯一の戦果は、伊一七五潜が米護衛空母「リスカム・ベイ」（七八〇〇トン、搭載機数三四機、一九・二ノット）を撃沈したことであった。

以上が昭和一八年の潜水艦作戦の概要である。このうち各方面の交通破壊戦、潜水艦輸送に関する批判について検討を加えることにしたい。

① 昭和一八年の海上交通破壊戦

インド洋方面の交通破壊戦に重点指向を方針としていた連合艦隊は、一七年八月の米軍のガダルカナル島上陸という事態に対し、インド洋に進出して交通破壊戦を行う予定であった最精鋭の第一潜水戦隊は、八月二三～二四日の第二次ソロモン海戦では友軍機動部隊の南方に散開線を展開するに至った。

当時、南西方面艦隊に所属していた第三〇潜水隊の伊一六二、一六五、一六六潜も豪州北方海面に出撃したため、インド洋方面で通商破壊戦を続行したのは、第一四潜水隊の伊二七、二九潜の二隻だけであった。

昭和一八年四月、第八潜水戦隊司令官石崎昇少将がインド洋方面に進出し伊一〇、伊三七潜等の大型潜水艦も逐次増勢され、一一月頃まで二〇隻に近い敵船舶を撃沈する戦果を上げた。

昭和一八年末頃の第八潜水戦隊の麾下潜水艦は次のとおりであった。

伊二七、三七　巡潜乙型　二一九八トン　昭和一七年二月竣工
伊一六二　海大Ⅳ型　一六三五トン　〃一五年四月　〃
伊一六五、一六六　〃〃Ⅴ型　一五七五トン　〃一七年一一～一二月竣工
伊八　巡潜Ⅲ型　二二三一トン　昭和一三年一二月竣工
伊二六　〃〃乙型　二一九八トン　〃一六年一一月　〃
呂一一〇、一一一、一一五、　小型潜　五二五トン　〃一八年七～一一月竣工
（合計　一〇隻）

各潜水艦は、それぞれの行動能力に応じて、作戦地域を分担した。

＊伊二七潜型（航続力一万四〇〇〇浬、発射管六門、魚雷一七本、水偵一機）
マダガスカル島、アフリカ東岸付近、オマーン湾、アラビヤ海方面。
＊旧式の伊一六二型（航続力一万浬、発射管六門、魚雷一四本）
セイロン島付近、インド南西方面
＊呂一〇〇型（航続力三五〇〇浬、発射管四門、魚雷八本）
主としてベンガル湾方面

なお、行動期間の標準として、伊二七潜型は約二ヵ月、伊一六二潜型は約一ヵ月、呂一一〇潜型は約三週間とされた。

第八潜水戦隊所属の前記潜水艦のうち、交通破壊戦従事月数の長い五隻について、月数と戦果（撃沈、撃破）は次のとおりである。

	伊二七	三七	一六二	一六五	一六六	計	
交通破壊戦月数	一五	一一	七	一〇	九	五二	月
戦果	一七	七	五	八	七	四四	隻

特に戦果の多い伊二七潜は、一三隻撃沈（七万二四九三トン）撃破四隻（二万五三三八トン）であるが、一九年二月一二日英船団を攻撃し、一隻撃沈後に英駆逐艦の反撃を受け、コロンボの南西約一〇〇〇キロ、モルディブ諸島南西海面に沈没した。艦長の福村利明中佐は二階級特進の栄誉を受けている。

その他、インド洋での損害は呂一一〇潜が一九年二月一日、ベンガル湾でインド海軍他の攻撃を受け沈没している。

なお、インド洋以外での潜水艦による交通破壊戦は次の如くであった。一八年三月下旬にトラックを出撃した伊一七、一九、二五潜の三隻（巡潜乙型、昭和一六年竣工）は、サモア、フィジー方面海域で作戦、撃沈は三隻にとどまった。

また第三潜水戦隊の四隻（巡潜甲型の伊一一、海大Ⅶ型の伊一七七、一七八、一八〇潜）は一八年四月上旬トラックを出撃し、豪州東方海面で五隻の船舶を撃沈したが、伊一七八潜は六月一七日以降消息を絶ち、戦後になっても不明の侭である。

②　潜水艦輸送に関する批判

戦後になって多くの戦記に取り上げられている、太平洋戦争中の批判事項として、この「潜水艦輸送」の問題がある。その都度引用されるのが、米太平洋艦隊司令長官であったニミッツ元帥の次の如き指摘である。

「連合軍が飛び石戦法をとり始めるや、絶望的になった日本軍は何を血迷ったか、次善の策である艦隊攻撃という目的さえ放棄してわき道にそれてしまった。孤立した守備隊に補給するため、陸軍の主張によって、日本首脳部は潜水艦を貨物運搬艦として使用し始めた。日本の優秀な潜水艦も、次第にこのようなとんでもない不当な任務を、無理やり押しつけられるようになった。連合軍部隊はますます本国基地から絶えず増大する距離を行動し、かつだんだん日本側基地により近く作戦しつつあったにもかかわらず、日本潜水艦の活躍は向上するどころか、確実に低下の一途を辿っていった。古今の戦争史において、主要な武器がその真の潜在威力を少しも把握されずに使用されたという稀有の例を求めるとすれば、それこそまさに第二次大戦における日本潜水艦の場合である」

ニミッツ提督は、潜水艦を輸送に使用したことを批判しているが、この問題を考えるにはその前提として、米軍には孤島守備隊の降伏はあり得るが、日本軍には降伏はなく、残された道は命令による撤退以外は玉砕しかないという点を無視できない。

守備隊に戦闘を命じている間は、米軍と雖も必要な増援や補給を行うであろう。そして制空・制海権を敵に取られて水上艦艇による補給が不能となれば、潜水艦輸送を行う他に手段はなくなる。

しかし、ここで特に取り上げたいのは、そのような事態を生じせしめた東ニューギニア、ソロモン特にガ島、アリューシャン方面作戦を実施した、海軍高級司令部の判断ミスを指摘したいからに他ならない。その判断ミスがなければ潜水艦輸送などはあり得なかったのである。

イ、ラバウルの占領とニューギニアのポートモレスビー攻略

ラバウルは日本本土の基地から四〇〇〇キロも離れており、その占領後の維持には相当の困難が予想され、開戦前一六年一〇月の陸海軍首脳会議の席上で、陸軍の塚田参謀次長は特にこれを警告した。

しかし海軍の洋上基地であるトラック島は、ラバウルからの爆撃圏内にあった為、海軍は強硬にラバウルの占領を主張し、陸軍の南海支隊が派遣されて占領した。

しかしラバウルを占領すると、ラバウル基地を維持するためには、その被爆圏にある敵の航空基地、ニューギニア南岸のポートモレスビーの攻略を連鎖的に要求するようになった。

モレスビーはラバウルから更に七〇〇キロの距離にある。

ニューギニアに関しては、陸軍は最初から全く作戦地域の対象に入れていなかったが、これは当然のことである。陸軍は総兵力の二割（一二個師団）だけを用いて南方作戦を遂行し、

予定地域を占領した。その二割の中から約半分を守備隊として南方に残し、半分を引き揚げてソ連に備える予定であった。即ち第一段作戦終了後の南方地域の陸軍の方針は戦略的防御であった。

しかし海軍側の攻勢的思想は、更に進んで豪州占領問題まで持ち出すに及び、陸軍は妥協してニューギニアに兵力を派遣することになった。

東部ニューギニアに対する潜水艦輸送は、このような経緯から生じており、陸軍部隊に対する後方からの補給は、海軍として当然の義務であった。制海・制空権を連合軍に取られたために、他に手段がなく潜水艦を使用しただけのことに過ぎない。これはロジスティックス（兵站）を考えない日本海軍戦略がもたらした当然の結果なのであった。

ロ、北方作戦の経緯と潜水艦輸送

アリューシャン作戦は海軍のミッドウェー攻略作戦のついでに、哨戒基地の推進を重視した軍令部の主張により追加されたものである。アッツ島の約二六五〇名、キスカ島の約五三〇〇名の守備隊は、いずれも陸軍部隊を中心に派遣されていた。

米軍の航空基地は、キスカ島の東方アムチトカ島まで推進され、日本軍の海上輸送を遮断した。西部アリューシャンの制空権と制海権は米軍の手に落ち、かつ、日本連合艦隊は有力な艦隊をアリューシャン方面に派遣しなかった。

即ち、軍令部の意向でアッツとキスカを占領はしたが、その後は支援をしてくれなかったのである。米軍の北太平洋部隊は、レーダー射撃で両島への日本艦艇の接近を阻止し、僅かに潜水艦輸送も若干の効果を上げたのみで、かえって四隻もの大型潜水艦を喪失した。

両島占領から約一年経過しても、飛行場はおろか防禦陣地も弱体な状況では、哨戒線基地の推進とは程遠い結果であった。キスカ島は奇跡的に撤退できたが、アッツ島の将兵は玉砕し、補給困難な遠隔地の離島作戦に対する陸軍内部の態度は、ガ島の撤退もあり慎重にならざるを得なかった。

ハ、ガダルカナル作戦と潜水艦輸送

ガダルカナル島の攻防戦は、太平洋戦争で破竹の進撃を続けた日本軍が、連合軍に対して一転して守勢に立つことを余儀なくさせられた作戦である。戦略上の「攻防の転換点」といわれるもので、類似の戦例としては独ソ戦におけるスターリングラードがこれに当たる。

攻勢終末点を超えると指摘されたラバウルから更に一〇〇〇キロ、東京からの距離は実に五四〇〇キロもあるガダルカナル島に、海軍が島の防衛手段を講ずることなく単独で飛行場設営隊を進出させ、米軍の反撃を受けて初めて陸軍の部隊派遣を要請したのであった。

一七年八月二四日の第二次ソロモン海戦において、南雲機動部隊の空母「翔鶴」と「瑞鶴」はガ島飛行場を攻撃せず、軽空母「龍驤」の一五機が攻撃しただけである。陸軍増援部隊を載せた輸送船団は、米軍航空部隊の襲撃により上陸を断念している。「空母が三隻も出動しながら上陸援護の能力がないとは何たることか」と一七軍司令部を嘆かせた当時の経過については前に詳述した。この第二次ソロモン海戦の成否が、ガ島戦の勝敗を左右する分岐点であったと私は判断している。

ガ島の米軍飛行場制圧が失敗してからは、我が水上艦艇による補給は殆ど絶望的となり、一七年一一月中旬からは潜水艦輸送に依存せざるを得なくなった。

連合艦隊は第六艦隊麾下の大部分の潜水艦を輸送任務に投入することになり、第一潜水戦隊司令官三戸寿少将をして総指揮にあたらせた。

「潜水艦本来の任務を離れ、車引きのような仕事をやらせるとは――。乗員の士気にも影響する」と潜水艦長達は主張し、「現戦局は輸送なんかやっとる時期ではない。積極的に敵の海上兵力をたたき、補給線を寸断すべきである」と潜水隊司令も反論したという。しかし、第六艦隊司令長官小松輝久中将の「いかなる犠牲をはらっても、潜水部隊の全力をあげて、作戦輸送を強行する」との断により実行された。

軍令部や艦政本部も陸軍側と協同して輸送方法に関し研究を行った。米をゴム袋に詰めて送る方法や、重火器を輸送する「運砲筒」や、二〇〇トン程度の糧食を一度に輸送できる「運貨筒」なども考案された。

一二月上旬になると、敵の飛行機と魚雷艇が昼夜の別なく揚陸地点付近を哨戒しはじめ、伊三潜は一二月九日夜、補給地点のエスペランス岬付近に浮上したところを敵の魚雷艇数隻に攻撃され、砲撃戦の末に擱座沈没した。また、一八年一月二九日、カミンボ湾で伊一潜がニュージーランド海軍のコルベット数隻と水上砲戦の末沈没した。

米国は一九二一年六月、パラオ、トラック、ペリリューなどを逐次占領し、艦隊の中継基地としつつ日本本土に接近する、太平洋横断の「ミクロネシア飛び石作戦」を完成させていた。昭和一七年八月のガ島上陸作戦は、中部太平洋より一足早く飛び石作戦の場をソロモンに求めたに過ぎなかった。

日本海軍は一〇〇〇キロも離れたガ島まで突出して米軍の反撃を受け、多くの水上艦艇や潜水艦を喪失した。

米軍の作戦は各段階の進出距離を、戦闘機の最大行動半径である三〇〇マイル以下とする慎重なものであった。しかも空母機動部隊に援護された輸送船団で、大量に兵員や軍需品をガ島に揚陸している。

米軍は最新鋭の戦艦をガ島に派遣して日本軍の奪回を阻止したが、日本の巨大戦艦「大和」「武蔵」はトラック島から動かなかった。また米軍は「サラトガ」「エンタープライズ」「ワスプ」の三空母をガ島に集中して上陸作戦を支援したが、南雲機動部隊はガ島奪回作戦を直接支援したことは一度もなかった。

海軍が制空・制海権を確保しない限り、重火器や弾薬糧食の大量輸送は不可能で、いかなる精鋭師団を送り込んでも、火力と体力に劣る軍隊は敗れるのが当然である。

このように日本の潜水艦輸送は、海軍高級司令部の作戦指導ミスが招いた例外的な潜水艦運用であり、離島で戦闘中の陸上部隊への補給は、「降伏」を容認しない日本軍の対応措置としてやむを得ない選択であった。

したがって日本潜水艦部隊が損害を顧みず困難な任務を遂行したことは、真に称賛に値する犠牲的な行動として、陸軍に籍を置いた我々としても特に感動を覚えるものである。

第五章　連合艦隊の終焉

米統合参謀本部は昭和一八年七月二〇日、二つのコースの対日進攻作戦を決定した。
①［中部太平洋進攻コース］ニミッツ軍はギルバート諸島、マーシャル諸島攻略。
②［ニューギニア・フィリピンコース］マッカーサー軍はラバウル周辺のビスマルク諸島を占領してラバウルを無力化させ、西部ニューギニアの進攻と呼応してフィリピン奪回作戦を促進させる。

一、米軍のギルバート諸島攻略

ギルバート諸島は元英領植民地であり、日本海軍は昭和一六年一二月一〇日、マキン島とタラワ島を占領した。そしてマキン環礁に水上機基地を建設し、南東方面に対する偵察基地とした。しかし一七年八月一七日、米軍小部隊が偵察上陸し撤退後、日本軍はギルバート諸島、ナウル島、オーシャン島の各方面に、守備兵力の増強を行った。

タラワには幅六〇メートル、長さ一四〇〇メートルの飛行場があり、不沈空母としてのタラワの価値は、次のマーシャル攻略に絶大の威力を発揮するものと考えられた。

◆米軍侵攻時の日本軍戦力

[タラワ島] 第三特別根拠地隊司令部(柴崎恵次海軍少将)、陸戦隊一六六九名を基幹とする約四六三〇名(設営隊員二〇〇〇名を含む)

火砲——二〇糎砲四門、一四糎砲四門。他に戦車一四両。

[マキン島] 実戦部隊二四三名を含む計、六九三名。八糎砲・同高角砲各八門。

◆米軍戦力

(タラワ攻略) 第二海兵師団・一万六〇〇〇名。(ハリー・ヒル海軍少将)

(マキン〃〃) 第二七歩兵師団の一個連隊六五〇〇名(スミス陸軍少将)

[支援艦隊] 指揮官・スプルーアンス海軍中将。

新式正規空母・エセックス級四隻(二万七一〇〇トン。搭載一〇〇機)

在来正規空母・サラトガ(三万六〇〇〇トン、搭載九〇機)

エンタープライズ(一万九八〇〇トン。搭載一〇〇機)

新式軽空母・インディペンデンス級五隻(一万一〇〇〇トン、搭載四五機)

[合計機数] 八一五機。

戦艦六隻、重巡四隻、軽巡五隻、駆逐艦一六隻、潜水艦一〇隻。

この戦力差では戦争にならない。しかも米軍では、新艦がハワイに到着すると複数の機動部隊を編制し、作戦準備と訓練を兼ねて実際の日本軍基地に向けて攻撃させた。それが一八年九月の南鳥島、マキン、タラワ、一一月初めのブーゲンビル攻撃だった。

一一月二一日早朝からのタラワ上陸作戦は激烈を極めた。タラワ環礁内のベティオ島は地下陣地による全島要塞化を目指し、半地下式トーチカを無数に造った。各トーチカは射線の連繋で死角は全くなく、海岸から進攻する米軍の死傷者は続出し、午前中に上陸した米兵約五〇〇〇名のうち既に三分の一は死傷した。これが「タラワの恐怖」と米軍に語り継がれた日米両軍の死闘であり、米軍に大きな戦訓を提供した。

一一月二五日までにタラワの日本軍は玉砕し、米軍の戦死一〇〇九名、戦傷二二九六名と米国の戦史は伝えている。

◆［日本海軍の増援作戦］

米軍が一一隻の空母を動員し、大挙してギルバート諸島に来襲した頃、日本の連合艦隊は何をしていたのか？　連合艦隊長官の古賀大将はギルバート方面の米軍反攻を察知せず、ソロモン海域の航空撃滅戦に乗り出して（前述「ろ号作戦」）米空母部隊の手痛い反撃に遭遇し、五〇％のパイロットを喪失した。この戦力消耗によって日本機動部隊（空母・翔鶴、瑞鶴、瑞鳳）は、米軍邀撃のためギルバート諸島方面に出動できる態勢になかったのである。ギルバートからマーシャルを経て中部太平洋を西進するであろう米海軍を撃滅するという、日本海軍の伝統作戦を無視した報いである。

また、マーシャル群島に配置されていた第二二航空戦隊（陸上攻撃機四二、戦闘機四八、飛行艇三、偵察機一二、司令部ルオット）も効果的な反撃は出来なかった。

即ちマキン上空には戦闘中、日本機の攻撃は一度もなく、タラワに対しては二〇日の夜間、マーシャルから発進した一六機の雷爆撃機が、モントゴメリー空母部隊を攻撃し、軽空母「インディペンデンス」に魚雷一本命中させ損傷を与えたが一一機が撃墜された。更に一一月二五日にもトラックから増援された日本機がマーシャルから発進、米艦隊を攻撃したが戦果はなかった。

一方、第六艦隊（潜水艦隊）長官は各方面から潜水艦を出動させ米艦隊の攻撃を命じた。伊一七五潜は米護衛空母「リスカム・ベイ」（七八〇〇トン、三四機搭載）に対し魚雷三本発射、全魚雷が命中して船体は切断され沈没した。

しかし、伊一九、二一、三五、三九、四〇、呂三八の六隻が、ギルバート海域にて喪失された。無事生還した潜水艦は何れも三〇～四〇発の爆雷攻撃に遭って相当の損害を受け、米海軍の対潜攻撃の激烈さを物語っている。

潜水艦損害の大きさに関しては、潜水艦隊司令部が功を焦りすぎて水上進撃を強行させたこと、行動日数が切れかかって疲労し切っている潜水艦を、敵の警戒が厳重を極めている局地戦に投入したことなどの批判が指摘されている。

二、マーシャルの失陥とトラックの機能喪失

米国が一九二〇年代初めに、対日作戦における太平洋横断の攻勢作戦、「ミクロネシア飛

び石作戦」構想を完成させていたことは既に述べた。それから二〇数年後の今、ギルバート攻略に続く次の目標は、マーシャル諸島と東カロリン群島のトラック島に他ならない。新型空母の大量就役したこの時が正に、怒涛の進撃開始の時期であった。

中部太平洋には大きな陸地はなく多数の小島や環礁があり、日本軍は各地点を防衛するために、その全域に兵力を分散せざるをえない。これら諸島間の距離は非常に大きい故、防衛側の日本は離島相互間の支援が困難で、増勢された米空母の航空兵力によって孤立化され、後方からの増援は不可能となる。

しかも陸軍の築城調査団による調査結果は、「島々の防備は皆無に等しい」との報告であった。急遽、陸軍は四個師団の兵力を内南洋へ派遣することに決したが、本来、陸軍はトラック島以東の島々は防衛不可能と判断し、後方に主陣地要線を築いて戦力の集中発揮を考えていた。しかし、防衛戦略に素人の海軍の強引な主張に妥協してしまったのは誠に遺憾であった。マーシャル諸島に米軍が上陸作戦を行ったのは、このようにドロ縄式の日本軍防備態勢が進行中の時期であった。

① マーシャル諸島の失陥

◆昭和一九年一月一五日現在の各島の「守備兵力」は次のとおり。

ミリ 四六四〇、マロエラップ 三三三〇、ウォッゼ 三三二四、クサイ 四五九四、ヤルート 二三一一、ルオット 二九〇〇、クェゼリン 五二一〇、計二万六三〇九。

同方面配備の「航空兵力」は、一月二九日現在で第二四航空戦隊の実働機数四九。

◆米軍上陸作戦部隊の兵力は三個師団の五万三〇〇〇名、駐留部隊三万一〇〇〇名、輸送及び直衛の艦船三七五隻。攻撃支援部隊の兵力は、制式空母六、軽空母六、戦艦八、駆逐艦三六、艦載機七五〇機。攻撃目標と担当部隊はロイ・ナムール島が第四海兵師団、クェゼリン本島が第七歩兵師団、エニウェトク環礁が第二七歩兵師団、メジュロ環礁が同師団の一大隊。

◆戦闘はギルバート以上に一方的であった。一月二九日〜三〇日の航空攻撃で日本機の全部が破壊され、二月一日は上陸直前の援護攻撃が行われた。戦艦の艦砲射撃とギルバート基地からのB二四重爆による大型爆弾投下を被っては、堅固な地下陣地のない日本軍の玉砕は早く、二月四日午後までに日本軍の組織的抵抗は終了した。

クェゼリン島及び付近小島の米軍の損害は、戦死一七七名、負傷者一〇〇〇名。

②トラックの機能喪失

トラック島はパラオ諸島、ソロモン諸島、マーシャル諸島の中間にあり、開戦以来日本海軍の南方作戦根拠地として最大の規模を誇っていた。

ブラウン環礁への上陸作戦開始に先立ち、米軍はトラック島を無力化するため三個空母群をトラックに派遣した。その戦力は大型空母五、軽空母四、戦艦六、重巡五、軽巡五、駆逐艦二八、潜水艦一〇。二月四日、早くも大型機が偵察に飛来した。

連合艦隊は二月一日、戦艦の第二戦隊、重巡の第七艦隊、軽巡等の第一〇戦隊をパラオに後退させた。そして古賀連合艦隊長官は二月一〇日、旗艦「武蔵」以下を率いて横須賀に向かい、栗田中将の遊撃部隊はパラオへ移動した。トラックに残ったのは軽巡三、駆逐艦八の他は小艦艇と多数の輸送船であった。

昭和一八年九月末、大本営は絶対国防圏強化の構想を決定したが、トラックはこの線から一〇〇〇キロも東方に突出していた。しかし海軍、特に連合艦隊の強硬な主張によりトラックも含まれることになった経緯がある。そのトラックを、連合艦隊は半年もたたないうちに見捨てて、日本内地やパラオに逃げ出した。絶対国防圏の中心に大穴が開き、日本海軍に彼我の戦力分析に基づいた確固たる戦略のない証拠を露呈した。

二月一七日午前二時二〇分、トラックのレーダーは飛行機の大編隊を探知。米軍の第一波攻撃隊約一〇〇機は、午前五時トラックの上空に達し猛烈な攻撃を開始した。迎撃の零戦は発進が遅れ、多数の日本機は高度をとる前に撃墜された。

以後、米軍は次々と波状攻撃を加え、午後五時までに九波、四五〇機が来襲した。スプルーアンス提督は四万五〇〇〇トン級戦艦「アイオワ」「ニュージャージー」と重巡二隻、駆逐艦四隻を率い、外海に遁走を試みる日本艦艇を捕捉撃沈するため出動した。

更にニミッツは、一〇隻の潜水艦をトラック周辺海域の哨戒配備につけた。これは航空攻撃、水上包囲、潜水雷撃と、正に三段構えの配陣であり、真珠湾攻撃の日本版ともいえるものであった。

米機動部隊の攻撃は二日間に及び、日本海軍の被害は甚大であった。在島の総機数三六五機のうち、喪失は二八一機（撃墜一二九機、地上撃破八二機、損傷七〇機）と七七％に達し、食料二〇〇〇トン、燃料一万七〇〇〇トンも消失した。

艦艇【沈没】軽巡「那珂」「香取」、駆逐艦四隻、特設巡洋艦五隻、輸送船三〇隻。

合計四一隻、軽巡「阿賀野」は内地回航の途中、米潜の雷撃で沈没。

【損傷】水上機母艦一隻、駆逐艦三隻、特務艦三隻、潜水艦四隻。

米軍の損害は、航空機喪失二五機と空母「イントレピッド」（二万七一〇〇トン）が雷撃機の攻撃で被雷・大破しただけである。

米軍はトラックの基地航空戦力を粉砕することによって、ブラウン環礁の孤立化とラバウルの無力化に成功した。トラックは艦艇泊地としては不適当となり、また多数の補給船喪失のため連合艦隊はその機動力を減殺され、マリアナ防衛作戦における艦隊の積極的使用も困難となった。

このトラック空襲で米軍の得た戦訓は、「陸上航空基地に対する機動部隊の攻撃は非常に有効」という点である。従来は航空基地を持つ陸上基地に対する水上部隊の攻撃は危険なものとの考えがあり、思いきった作戦はとりにくかった。

しかしトラック攻撃の結果で米軍は、日本軍の迎撃能力の限界をはっきりと知り、直ちに機動部隊の運用方針を転換して積極的な陸上基地の攻撃を行うようになった。（これは日米機動部隊戦力の懸隔、日本海軍の伝統的な索敵能力の不足に起因する）

トラック以降、日本海軍の実力では米軍と互角の戦闘が不能になったことが証明されたにもかかわらず、マリアナ、サイパン、フィリピンの戦闘と続き、日本海軍の終焉を迎えるのである。

三、マリアナ沖海戦

太平洋戦争の敗勢は、ミッドウェーに始まりガダルカナルで決定的となり、マリアナ海戦とサイパン失陥により終末を迎えたのである。比島戦や沖縄戦の前に日本海軍は完敗していたのである。日本海軍の敗北はイコール日本の敗戦である。その意味で、最後の空母対決となったマリアナ沖海戦は極めて興味深いものがある。

◆まず、昭和一九年六月前後における中部太平洋方面の戦闘概況を列記してみよう。

昭和一九年三月三〇日　米機動部隊、延六〇〇機でパラオ島・ヤップ島に来襲。
　　　　　　三一日　「海軍乙事件」発生、連合艦隊の新作戦計画書が米軍に渡る。
　　　五月　五日　大本営、航空艦隊の戦時編制を改定し、第一航空艦隊を増強。
　　　　　　九日　第三二師団、第三五師団主力がハルマヘラ島に上陸。
　　　　　一一日　第一機動艦隊、リンガ泊地からタウイタウイ泊地に進出。
　　　　　二四日　米機動部隊、ウェーク島を大空襲。
　　　　　二七日　連合軍、西部ニューギニアのビアク島に上陸開始。
　　　六月一一日　米機動部隊、一三日迄マリアナ諸島に来襲、航空機被害甚大。
　　　　　一五日　米軍、サイパン島に上陸開始。
　　　六月一五日　連合艦隊、「あ」作戦発動。

一九〜二〇日　マリアナ沖海戦、日本艦隊の全力をあげて米機動部隊を迎え撃つも惨敗、航空母艦・航空機の大半を喪失。
二三日　第一機動艦隊、マリアナ海戦から離脱して沖縄の中城湾入泊。
二四日　陸海軍両総長サイパン奪回の断念と後方要域の防備強化を上奏。
七月　七日　サイパン島防衛の陸海軍玉砕。
八日　空母を除く連合艦隊主力、燃料補給容易なリンガ方面に移動。
一八日　東条英機内閣総辞職。
二一日　米軍、グァム島に上陸開始。八月一一日　守備隊玉砕。
二四日　米軍、テニアン島に上陸開始。八月二日　守備隊玉砕。
下　旬　「あ」号作戦に出撃した残存の全潜水艦、内地引揚げ完了。

◆日本海軍伝統の対米基本戦略の齟齬と「トップ・マネジメント」

マリアナ列島を中心とする中西部内南洋海域にアメリカ艦隊を誘い込み、連合艦隊の総力を挙げて決戦を挑む。——これが日本海軍伝統の対米基本戦略であった。

昭和一七年一〇月の南太平洋海戦以後、日本機動部隊は二年近くの間、敵正面に対する出撃を行わなかった。ギルバートの時然り、マーシャルの時も亦然りである。

しかし、これは行わなかったのではなく、出来なかったのである。即ち一八年四月に山本大将が行った、空母機をラバウル基地に投入した「い」号作戦では、損傷を含めると母艦機一八四機のうち五割は使用不能となり、空母はトラック泊地から内地に帰り再建を図らなければならなかった。更に山本大将没後の長官、古賀大将の行ったブーゲンビル航空戦の「ろ」号作戦でも、空母機を基地に投入して五割の損害を被った。

このように、思いつき作戦に起因する母艦機の大量消耗のため、連合艦隊はギルバート・マーシャルの要地が、米軍に攻略されるのを見過ごさざるを得ない情けない状態にあったのである。

① 日本海軍の「あ」号作戦構想とその発動

「あ」号作戦を一言でいえば、艦隊の機動力と基地航空兵力をうまく協同させ、近接する米軍に集中攻撃を加えて撃滅するプランであった。

◆日本海軍・第一機動艦隊の誕生

開戦後二年を経過した昭和一八年末になって漸く、戦艦部隊を機動部隊指揮官の指揮下におき、その卓越した砲力を機動部隊の直衛として、制空権の獲得を第一とすべき意見が主流となった。

そして昭和一九年三月一日、空母部隊の第三艦隊（小沢治三郎中将）と、戦艦、巡洋艦部隊の第二艦隊（栗田健男中将）からなる第一機動隊が誕生した。司令長官は小沢中将（海兵三七期）が兼任した。主要な編成内容は次のとおり。

＊本隊（第三艦隊・小沢治三郎中将）

甲部隊　第一航空戦隊（制式空母・大鳳、翔鶴、瑞鶴）　第五戦隊　重巡二隻。

第一〇戦隊　軽巡一隻、防空駆逐艦四隻、駆逐艦四隻。

乙部隊　第二航空戦隊（改装空母・隼鷹、飛鷹、龍鳳）駆逐艦四隻。
艦隊付属　戦艦・長門、重巡一隻、駆逐艦三隻。
＊前衛隊（第二艦隊・栗田健男中将）
第一戦隊（戦艦・大和、武蔵）、第三戦隊（戦艦・金剛、榛名）。
第四戦隊　重巡四隻、第一戦隊　重巡四隻。
第三航空戦隊（改装空母・瑞鳳、千歳、千代田）。
第二水雷戦隊　軽巡一隻、駆逐艦八隻、補給部隊　駆逐艦二隻、タンカー五隻。
［合計、空母九隻、戦艦五隻、重巡一一隻、軽巡二隻、駆逐艦二五隻　他二一隻］
㊟　空母搭載機は四三〇機を擁したが、搭乗員の練度不十分で歴戦の米軍機とは互角に対戦できる状態に達していなかった。

◆アウトレンジ戦法

小沢長官の採用した「アウトレンジ戦法」とは、敵の攻撃機の航続距離外から味方の攻撃機を発進させ米空母を攻撃すれば、日本の空母は損害を免れるという戦術だ。しかしこの戦法の疑問点は、米軍のレーダーの優秀性を当時の日本軍も承知していた筈であり、事実、米艦隊は二百数十キロ前方で日本の攻撃隊をキャッチしていた。

◆基地航空部隊（第一航空艦隊）の戦力消耗

五月二七日、西部ニューギニアのビアク島にマッカーサー大将の米第一軍団が上陸を開始するや、これを米軍の主反攻線と見た連合艦隊司令部は、マリアナ、カロリン諸島の基地航空部隊の飛行機一五〇機を急遽ビアク島に派遣した。

ところがその隙に六月一一日、マリアナ諸島のサイパンが米機動部隊の大空襲を受けた。「浮沈空母」のはずのマリアナの各基地は対空砲火に乏しく、各種の掩体壕等航空機の防御施設も弱体の上、レーダーの能力も不足し奇襲を受けやすかったので、サイパンに進出していた第一航艦の一五〇機が撃破されてしまったのである。

伝統的に弱い日本海軍の索敵能力の欠陥が、レーダー装備の後れと相まって奇襲を受け、ビアク救援に戦力を分散したことも致命傷となり、日本の基地航空部隊と空母部隊は各個撃破を受ける危機に直面した。

◆機密作戦計画書を米軍に奪われる（海軍乙事件）

連合艦隊司令長官古賀峯一大将と参謀長福留繁中将など連合艦隊司令部首脳を乗せた二式大艇二機が、パラオから比島ミンダナオ島のダバオに移動する途中の三月三一日深夜、暴風雨圏に遭遇して長官機は消息不明、参謀長機はセブ島海岸近くに不時着した。福留中将を含む司令部職員三名と二式大艇乗員六名は、米比軍ゲリラの捕虜となり機密書類の入ったケースを奪われた。米潜水艦によって豪州のブリスベーンに送られ翻訳された機密文書「Z作戦計画書」は、ニミッツ大将からマリアナ上陸作戦に参加する各提督にコピーが渡された。マリアナ攻略に出動するスプルーアンス提督は、米軍の空母九隻に搭載された九五六機に対して、日本軍は空母九隻で四六〇機であることを知っていた。また日本軍陸上機の配置状況もわかっていた。勿論、日本軍小沢機動艦隊の進撃路も米軍の知るところとなり、要所要所に米潜水艦が配置された。

米軍は絶対有利な態勢でマリアナ攻略に着手できたのである。沢本海軍次官を議長とする事故究明委員会は審議の結果、事件は不問に付されることになった。日本海軍の体質を象徴する見逃すことの出来ない事件と云える。

②マリアナ沖海戦（米側呼称・フィリピン海海戦）の経過概要

【接敵編】昭和一九年六月一三日～一八日

（日）六月一三日午前九時、小沢機動部隊はタウイタウイ島（ボルネオ北東）を出発し比島のギマラスで補給後一五日午前八時出発、サンベルナルジノ海峡を通過。

（米）米攻略軍、一五日午前七時過ぎにサイパン島西岸に上陸を開始。

（日）一六日午後、小沢艦隊は第一戦隊（大和、武蔵）、第五戦隊（重巡）、第二水雷戦隊等と合同。一七日午後、針度六〇度・二〇ノットで進撃開始。

（米）一七日午後九時一五分、米潜「カヴァラ」は「一五隻以上の大艦隊が二〇ノットで東進中」と報告。

（日）一八日午前五時より小沢艦隊は索敵開始。午後二時半以降、相次いでサイパン西方三〇〇浬に三群の敵空母を発見、我よりの距離三八〇浬。

（米）米軍の四個機動群は一八日、昼間は西進し夜間は東進しつつ、マリアナ諸島とサイパン上陸拠点沖合いを行き戻りつ、日本軍との会敵に備えた。

（米）一九日午前一時一五分、サイパン発進の米夜間索敵機がレーダーで、四〇隻の艦艇が二群に分かれて東進中であることを発見し報告した。

㊟ ⓐ日本艦隊の動静は集結地のタウイタウイ以来、米潜水艦に探知され、また比島の狭い水路を経由する進撃路は、米比ゲリラの目に暴露されていた。

ⓑ米軍は真珠湾の方位測定所から「敵機動部隊は貴隊の位置より西南西三五五浬にあり」との報告を受ける等、広範に情報を集めつつ慎重に態勢を整えた。

ⓒ米機動部隊指揮官・ミッチャー提督は、小沢艦隊が米空母機の行動圏外で作戦出来ることを承知していた。それは日本空母機が重装甲と防弾燃料タンクの負担がないので、米機の行動半径が二〇〇浬以下であるのに対し、日本機は三〇〇浬以上の行動半径を持っていたのである。

【決戦編】六月一九日～二〇日

(日)小沢機動部隊は午前三時には前衛を一〇〇浬前方に出した縦深配備を完成し、三時半から一段索敵一六機、四時一五分に二段一四機、更に三段一三機、合計四三機の索敵機を発進させた。

(日)午前六時三四分、一段索敵の七番線機より敵発見の報告あり。「空母四、戦艦四、その他一〇数隻、サイパンの二四六度、一六〇浬にあり」

(日)七時半、小沢部隊第一次攻撃隊一九六機発進。一〇時、第二次攻撃隊発進。

(米)スプルーアンス提督は、アウトレンジされたことをレーダーにより一五〇浬前で知り、四五〇機の戦闘機を上げて防禦に専念、然る後に反撃する策に出た。

（米）米戦闘機の電波誘導による迎撃戦と「VT信管」採用の対空砲火により日本機の損害は大きく、一九日一日で二四三機を喪失。米軍機の損害は僅かに二九機。

（日）一九日八時、米潜「アルバコア」が空母「大鳳」に魚雷一本を命中させ、午後二時三二分ガス爆発で沈没。同じく空母「翔鶴」も午前一一時二〇分、米潜「カヴァラ」の魚雷三本が命中して午後二時沈没した。

（米）六月二〇日、日本艦隊は西方に避退。追撃に移った米機動部隊は午後四時頃、西方約三〇〇キロに日本艦隊を発見、二一六機の攻撃隊を発進させた。米軍戦果は改装空母「飛鷹」沈没、損傷は制式空母一、改装空母三、戦艦一、重巡一。

米軍機喪失二〇機、夜間着陸による損失八〇機。
◎マリアナ沖海戦による日米両軍の損害。
［日本軍］空母機喪失　三九五機（九二％）、水上機喪失　三一機（七二％）。
艦艇沈没　空母三隻、給油艦二隻。
［米　軍］空母機喪失　一三〇機。
③マリアナ沖海戦の総評
「あ」号作戦は惨敗に終わった。米軍の一艦も撃沈することなく、米軍をしてサイパン上陸軍の背後を万全な態勢にさせてしまった。そして苦心して再建した母艦飛行機部隊は、再び全滅の悲運に見まわれてしまった。衆望を担って登場した小沢治三郎中将に率いられた日本機動艦隊の敗因はどこにあるのか、太平洋戦争最後の空母対決作戦であればこそ、十分検証

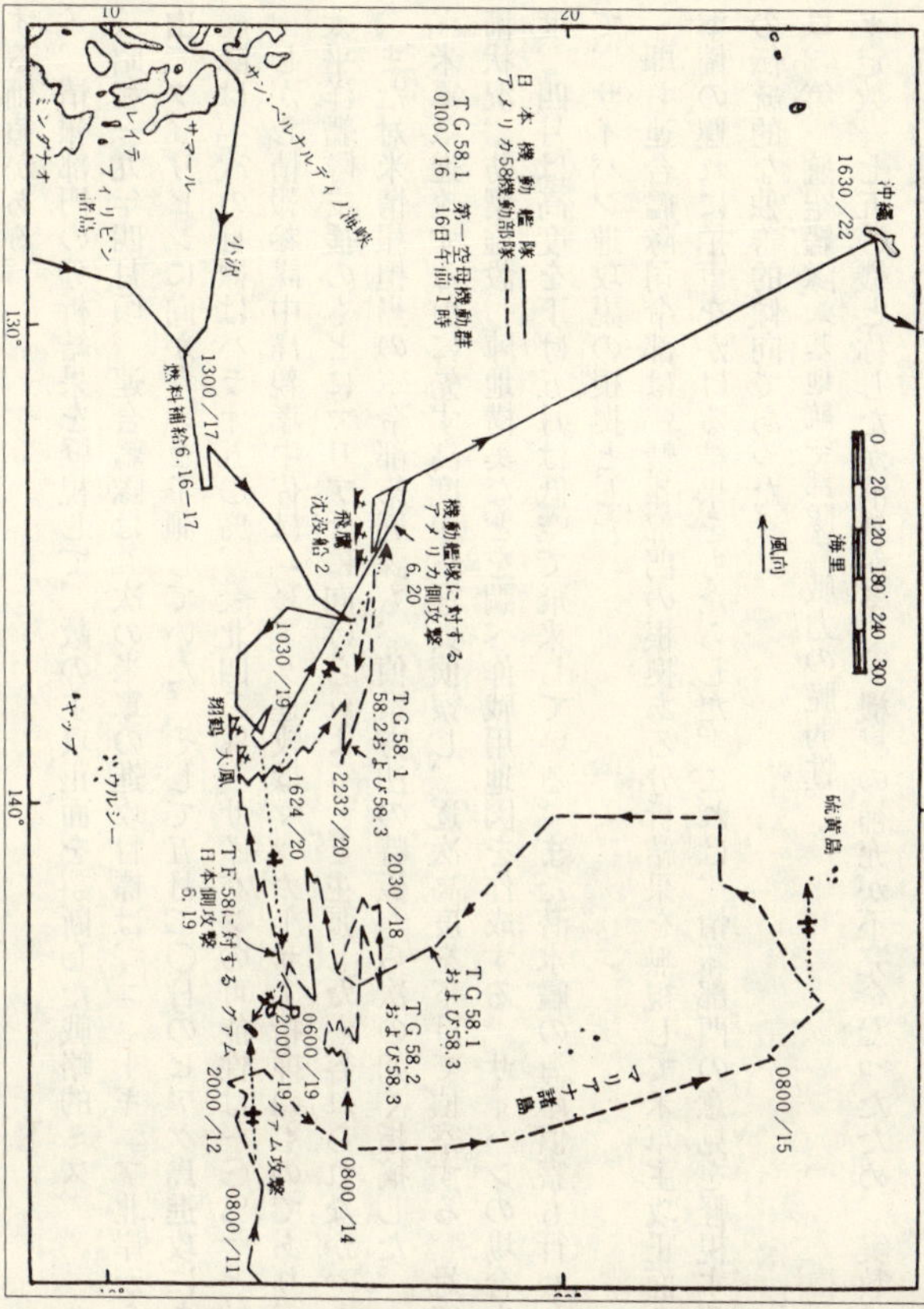
沖縄
1630／22
130°
0 20 120 180 240 300
海里
風向
硫黄島
140°
日本機動艦隊
アメリカ58機動部隊
TG 58.1　第一空母機動群
0100／16　16日午前1時
機動艦隊に対する
アメリカ側攻撃
6.20
飛鷹
沈没船2
TG 58.1
58.2および58.3
2232／20
2030／18
TG 58.1
および58.3
TG 58.2
および58.3
マリアナ諸島
0800／15
0800／14
0600／19
2000／19グアム攻撃
TF 58に対する グアム
日本側攻撃
6.19
2000／12
0800／11
1624／20
1030／19
翔鶴
大鳳
1300／17
燃料補給6.16—17
小沢
サンベルナルヂノ海峡
サマール
レイテ
フィリピン諸島
ミンダナオ
ヤップ
ウルシー
10
20

マリアナ沖海戦

する価値がある。

イ、情報部門の分析結果を軽視して、敵の主攻正面を誤断した戦略的ミス。

昭和一九年四月頃、連合艦隊は「次の米軍の進攻目標は、ニューギニア北岸からパラオ経由でフィリピンに向かう」と予測していた。そして五月二〇日のビアク島進攻にあたり連合艦隊は「次の目標はパラオ五〇%、豪北四〇%、サイパンの可能性は一〇%」と結論した。しかし情報参謀中島親孝中佐は「ビアク進攻はマッカーサー指揮のものであり、主進攻は太平洋艦隊支援のもとにマリアナに向けられよう」と主張したが容れられなかった。

また対米情報担当の軍令部第五課も、偵察方法の特徴から次の如く指摘した。

「米軍は進攻する前に先ず高度から写真偵察し、逐次高度を下げて偵察する。対空火器の配備状況、防禦施設、陣地構築などを調べ作戦用地図を作成する。サイパンの場合も三月は高度、四月は高度を下げ五月は低空で飛来している。また潜水艦の海岸偵察も行われた」として、サイパン進攻説の根拠とした。

即ち連合艦隊司令部は、情報部門の根拠ある分析結果を無視して米軍主攻正面を誤断し、準備の遅れに拍車をかける結果をもたらした。これは、情報部門の意見を軽視する作戦部門の伝統的な独善的傾向であった。

ロ、第一航空艦隊（基地航空部隊）戦力の脆弱性。

＊定数一七五〇機と称したが消耗が多く、機材の補充が不完全だったため、実数はせいぜい五〇〇機と云われた。

*日本海軍の伝統的な索敵不十分とレーダーの遅れにより、米空軍の奇襲を受け易い体質を持っていた。対空砲火や飛行機防衛施設も弱体で、地上被害の増大をもたらした。
*米軍のビアク進攻を主攻方面と誤断した日本は、マリアナ基地に展開中の航空機一五〇機をビアク島に派遣して、マリアナ正面の戦力低下を招いた。
*各島間の距離が大きすぎて基地航空だけでの相互援助態勢が出来にくかった。

ハ、米軍の巧みな迎撃作戦

優秀なレーダーを持つ米軍は、アウトレンジされたことを一五〇浬手前で知り、四五〇機という多数の戦闘機で防戦し、レーダー誘導により日本機を撃墜した。また新兵器の「VT信管」による対空砲火が極めて有効であった。

日本海軍は約三五〇機の空母機を出動させたが、六月一九日一日で約二四〇機を失い、米軍機の損害は僅かに二九機に過ぎなかった。

レーダーの優秀性とVT信管についてはガ島戦当時から云われていたが、一般に知られていない点として、日本空母にはない「カタパルト」（射出機）の装備がある。「エセックス」級はフライトデッキの前部に二本のカタパルトを持ち、二機を交互に三〇秒ごとに発艦させることが出来た。したがって米空母の方が発艦に要する時間の短縮（半分ぐらい）と、駐機スペースの拡大というメリットを持っていた。これが四五〇機もの戦闘機を短時間に上げて防戦に努めた大きな要因であり、日本海軍は目に見えない効率を軽視していたと云える。

その他に「カタパルト」の効用として、必ずしも空母が風に正対して全速力で走る必要がなく、作戦中の陣形の維持や狭い海域での航行の自由度が高まる利点もある。
ニ、日本の空母群は米潜水艦の攻撃に備える十分な防衛兵力を欠いていた。
六月一九日午前八時九分、米潜水艦「アルバコア」は日本の旗艦「大鳳」に対し六本の魚雷を発射した。「大鳳」の周囲には第六一駆逐隊の「秋月」型駆逐艦三隻が直衛中であったが、潜水艦を探知出来なかった。しかし発艦を終わった彗星艦爆が発見し、急旋回して海面に突入したので「大鳳」も雷跡に気づき回避したが一本が命中した。これが揮発油の漏洩を招きガス爆発で沈没した。また二番艦「翔鶴」も米艦「カヴァラ」の雷撃を受けて「大鳳」が爆発を起こす一〇分前の午後二時一〇分に沈没している。

このように日本の機動部隊は、米機動部隊の本格的な空襲を受ける前に主力空母二隻を喪失した。マリアナ海戦に参加した両軍の巡洋艦・駆逐艦の隻数と空母隻数を対比すれば、日本は九隻の空母に対し巡洋艦一三隻、駆逐艦二八隻の四・五倍であるが、米軍は一五隻の空母に対し巡洋艦二一隻、駆逐艦六九隻で六倍であった。日本の直衛駆逐艦が米潜水艦の接近に気づかず攻撃を許したのは、隻数が少なく警戒幕が弱体であったことと、水中探針儀の性能不良によるところが大きい。

対潜能力の低さのために、作戦中の高速機動部隊が潜水艦の連続襲撃を受けるという考えられないような結果をもたらした。
ホ、搭乗員の技倆の低下
これは一八年四月の「い」号作戦以来しばしば言われてきたことであるが、遠因はミッドウエーやソロモンの敗戦によるベテランパイロットの消耗である。特にガ島戦以降における遠距離の侵攻作戦でのパイロットの酷使が損害を倍加した。

戦闘には必ず損害が伴い、これを補充するための教育訓練システムの重要性は単に航空のパイロットばかりではないが、母艦パイロットの不足は致命的であった。

昭和一九年当時、開戦以来のベテランパイロットは半数も生き残っておらず、マリアナ沖海戦に参加した日本搭乗員の平均飛行時間は二七五時間、これに対し米軍搭乗員は五二五時間だったという。日本の平均は歴戦者も入っているから、大半が一〇〇〜一五〇時間の隊員という航空戦隊もあり、まともに空母に発着艦出来ない搭乗員も珍しくなかったと云う。その上、飛行機が彗星艦爆や天山艦攻の新鋭機に一新され、ベテランでもその習熟に時間を要した点もある。

更に、燃料不足で艦隊がスマトラのリンガ泊地に移動した事が訓練不足をつのらせたという事情もあった。米潜水艦が泊地外で狙っているため空母が外洋に出る事が出来ず、訓練が出来なかったのである。それにしても事故が多過ぎて遂に訓練中止を考える程のところ迄至っていた。

へ、日米両海軍の潜水艦運用の巧拙

米軍は三隻の潜水艦を日本艦隊の集結地タウイタウイの付近海域に、更に数隻をサイパンへの進撃にあたり通過予想海峡の沖合いに行動させたほか、フィリピンの東方海面に正方形の区域を設定し、四隻でその四分の一ずつの海域を分担哨戒させるという合理的な配備を実行した。

一方の日本海軍は、「あ」号作戦にあたって、西カロリンまたはマリアナ方面に敵の進攻を予想し、大型及び中型潜水艦はマーシャル方面に、小型潜水艦は西カロリン南方即ちアドミラルティ北方（ニューアイルランド北西方）海面に配備した。これも米軍のビアク島上陸に際し、敵の主攻をパラオ方面と誤断し、見当違いの方向に呂号潜水艦の散開線を設けて、米対潜掃討部隊に芋づる式に撃沈された。

マリアナ沖海戦前後における同方面での我が潜水艦の沈没は次のとおりである。

	ニューアイルランド北西	サイパン	マリアナ
五月	呂一〇四　一〇五　一〇六　一〇八　一一六		
六月	呂一一一	伊六　一八四　一八五	呂三六　一一四　一一七
七月		伊五　伊一〇　呂四八	伊五五

昭和一八年一一月のギルバート戦当時、日本軍は九隻の潜水艦を同島周辺に集中したが、対潜掃討が猛烈を極め、月末までの短時間に六隻が消息不明となり、帰還した三隻も数十発の爆雷攻撃によって損傷を受けるという悲惨な結果を見ている。しかし半年前の戦訓は全く活かされず、マリアナ沖海戦前後の中部太平洋海域においても、前期の如く一六隻の潜水艦

が撃沈されている。

なおこの他に、呂四二潜がクェゼリン哨区よりサイパンへ移動中に、呂四四潜がブラウン偵察後サイパンへ移動中、いずれも六月中に米駆逐艦の攻撃を受けて沈没している。

これに反して米軍の潜水艦は日本艦隊の発見に多大の貢献をしたほか、大型空母「大鳳」「翔鶴」の撃沈に際しても、太平洋艦隊潜水部隊司令ロックウッド提督が、四つの正方形の各隅を中心として哨戒中の四隻の潜水艦の位置を、一〇〇浬南方に移動させることによって日本空母群を捉えたものであって、米軍は潜水艦指揮運用も巧みであったといえる。

それから見逃してならないのは対潜掃討に関する執念の問題であり、米軍は一旦敵潜を発見したら如何なる犠牲を払っても、また如何に長くかかっても撃沈する迄追い立てていく。イギリス海軍とドイツのUボートの例として、四隻の護衛艦が六日間にわたって一隻のUボートを追跡し漸く撃沈している。

日本の対潜部隊は短ければ二～三時間、長くても半日程度敵潜を追うと、それで満足し引き揚げてしまっていたという。これはアングロサクソン民族特有の粘りと性格的に淡泊な日本人との違いの表れとも言えるが、しかし戦争には、地味で長い忍耐が要求される局面も多いのであるから、日本海軍の対潜掃討作戦はもっと早く見直しの必要があったと判断される。

また米海軍は二～四隻でグループを作り、狩り出し役と攻撃する役を分担して効果を上げたという。なお新しい対潜兵器として、米海軍の装備した前方投射兵器（ヘッジホッグ）がある。これは軽量の爆雷を五〇〇～一〇〇〇メートルまで連続的に投射するもので、しかも二四発の小型爆雷が、輪のようになって潜水艦の周囲に落下するという極めて効果的な兵器であった。

このように潜水艦隊指揮官の巧みな指揮運用、敵潜追跡の執念、効果的な爆雷投射兵器の採用など、米国海軍は勝つべくして勝ったということが、この潜水艦作戦においても言えるのである。

ト、マリアナ沖海戦と「トップ・マネジメント」

＊軍令部総長のリーダーシップ

「リーダーシップとは、ある状況のもとで行使され、しかもコミュニケーション過程を通じて特定目標の達成に向けられた人間相互の影響力である」と定義されている。（経営学小辞典。山城章著）

昭和一九年三月三一日、前述の如く連合艦隊司令部首脳の搭乗した飛行艇二機が遭難し、古賀司令長官以下幕僚の大部分が殉職した。

後任の長官に横須賀鎮守府司令長官の豊田副武大将（三三期）が内定したが、司令部が再建されるまでの間、連合艦隊内部の先任者である南西方面艦隊長官の高須四郎大将（三五期）が連合艦隊の指揮をとった。

これが第一線の戦隊司令官クラスであれば、責任区域は局地的であり問題は無かろうが、スラバヤに司令部を置く南西方面艦隊に全太平洋を統括指揮する機能は無かった。まして中部太平洋の防衛線が危機に瀕する重大局面にあった。

かかる非常の事態には（全例は無かろうが）、軍令部総長が一時的に連合艦隊長官を兼任し、即刻、軍令部要員を中心に臨時の連合艦隊司令部を編成する以外に統帥部のリーダーシップを行使する道は無い。

そうすれば四月二二日のホーランジア米軍上陸にうろたえて、高須大将が第一航空艦隊の四八〇機を中部太平洋正面から豪北、西部ニューギニア方面に移動展開させ、約半数もの破壊・消耗を生ぜしめる事も無かったのである。

マリアナ沖海戦の敗北原因の第一が、基地航空部隊（第一航艦）の戦力分散による迎撃失敗とすれば、南西方面艦隊長官に対する指揮権の付与は、軍令部の大きなミスと言わねばならない。

㊟昭和一九年二月二一日付で軍司令部総長は嶋田海軍大臣が兼務しているので、マリアナ沖海戦は嶋田大将が作戦のトップであった。

四、比島沖海戦（米側呼称・レイテ湾海戦）

昭和一九年七月末、マッカーサー軍の先鋒はニューギニアの西端に達した。連合軍の次の進攻目標はハルマヘラ、パラオと想定され、フィリピン作戦の準備行為であった。

大本営はサイパン陥落後の日本防衛地区を、フィリピン、台湾及び南西諸島、日本本土、北海道及び千島の四つに区分し、南から北へ「捷一号〜四号」と呼称した。

マリアナ諸島を失った日本海軍は、八月一日迄にフィリピンに約一五〇機の基地航空部隊を、また台湾と本土防衛のため九州に約三〇〇機の部隊を編成した。

九月九日～一〇日、ミンダナオ島をはじめ南部比島は延べ六〇〇機にのぼる米艦載機の空襲を受け、我が陸海軍に相当の被害を生じた。更に一二日午前九時過ぎ、二〇〇～三〇〇機の艦載機がセブ、ネグロス島等を急襲。一二時半、陸軍の司令部偵察機はレイテ東方二七〇浬に空母八隻、その他四隻基幹の米機動部隊を発見した。

九月一五日、米軍はモロタイ、ペリリュー島に各一個師団をもって上陸した。日本機の妨害はなく、九日以来の米機動部隊の攻撃は、このための後方遮断作戦であった。更に九月二一日～二二日にはマニラ周辺を、二四日にはレイテ、セブ、ネグロス島の他マニラ南南西三〇〇キロのコロン島泊地も攻撃され艦船航空機に甚大な損害を受けた。

①米軍の大規模陽動作戦――台湾沖航空戦

フィリピン決戦は一〇月一二～一六日の間、沖縄―台湾―比島一帯にかけての激烈な航空戦によって幕開けとなった。一二日未明、米軍空母群は約六〇〇機をもって、台湾東方海域から台湾各地の日本軍基地を攻撃のため発進した。陸軍の四式戦・疾風と一式戦・隼中心の七八機、海軍は零戦と紫電戦闘機一〇五機、合計一八三機が迎撃するという、太平洋戦争始まって以来の大規模な空中戦が、台湾の全土上空で展開された。空戦の結果、日本戦闘機の損害は五〇％を越える約一〇〇機に対し、米軍は四八機で出撃機数の八％に過ぎなかった。

連合艦隊は集中可能な全航空戦力を北海道・関東・中国・四国から四〇〇機を南九州に集結、沖縄を経て台湾東方海面に出撃した。

一二〜一六日間の航空戦における日本機の損害は四三八機にのぼり、この中に訓練済の母艦パイロットの大半が含まれていた事は、日本海軍にとって致命的であった。

かくて日本の基地航空兵力の大部分及び母艦機を一掃した米機動部隊は、フィリピン進攻作戦支援のため、レイテ沖の配備点に前進した。

② 連合艦隊の「捷一号作戦」構想

昭和一九年八月一〇日、「捷一号作戦」に関する中央と作戦部隊（栗田第二艦隊）との作戦協議がマニラで行われた。構想のポイントの第一は、攻撃目標の分担を海軍航空は空母を、水上部隊と陸軍航空は輸送船団を主目標とする点にあった。

ポイントの第二は、水上部隊の作戦方針として「小沢機動部隊を戦場の北方海面に行動させることにより、米機動部隊の主力を北方に誘致牽制し、栗田艦隊のレイテ湾突入を容易ならしむる」というものであった。つまり囮作戦であり、上空援護のない裸の栗田艦隊がレイテ湾に到達できることは常識的に疑わしかった。

◆米軍の陣容は、ハルゼー大将指揮の米第三艦隊で史上最大といわれ、四群編成の大型空母八隻と軽空母七隻の計一五隻、新式戦艦六隻、重巡五隻、軽巡九隻、駆逐艦五二隻、航空機は実に一一一五機という大部隊である。（計八七隻）
また上陸軍の直接支援兵力はキンケイド中将指揮の第七艦隊で、「砲火支援群」として旧式戦艦（真珠湾損傷艦の再生）六隻、重巡四隻、軽巡四隻、駆逐艦二一隻。「護衛空母群」は護衛空母一六隻、駆逐艦二一隻。（計三七隻）［合計一二四隻］

◆対する日本軍は制式空母一隻、改装小型空母三隻、新式戦艦二隻、旧式戦艦七隻、重巡一三隻、軽巡六隻、駆逐艦三四隻、[合計六六隻]

③比島沖海戦の経過概要

比島沖海戦（米軍呼称・レイテ湾海戦）は、フィリピン近海を舞台に四日間にわたって行われた。シブヤン、スリガオ、エンガノ、サマールの四大戦闘とその他の小戦闘が、数百キロも離れて実に五〇万平方キロの海域にまたがって展開した。

制空権が米軍側の手にある以上、勝負の結果は初めから予測できたと思われるが、世界海戦史上空前の複雑さと規模を持っているので、一〇月一七日の米軍のスルアン島上陸から、サマール沖海戦の終了する一〇月二五日に至る間を、日々要約して世紀の海戦を概観することにしたい。

【一〇月一七日】

＊午前七時、米軍はレイテ湾口のスルアン島に対し攻撃を開始した。連合艦隊司令部は「機動部隊本隊の出撃準備」「栗田第一遊撃部隊のブルネイ進出」等を発令。

【一〇月一八日】

＊栗田艦隊は早期にリンガ泊地を出発した。延べ一〇〇〇機にのぼる米機が全比島を襲う。この時期の陸軍第四航空軍の出動可能機数は一〇五機に過ぎなかった。

＊連合艦隊は午後、「捷一号作戦」の発動を電令。

【一〇月一九日】

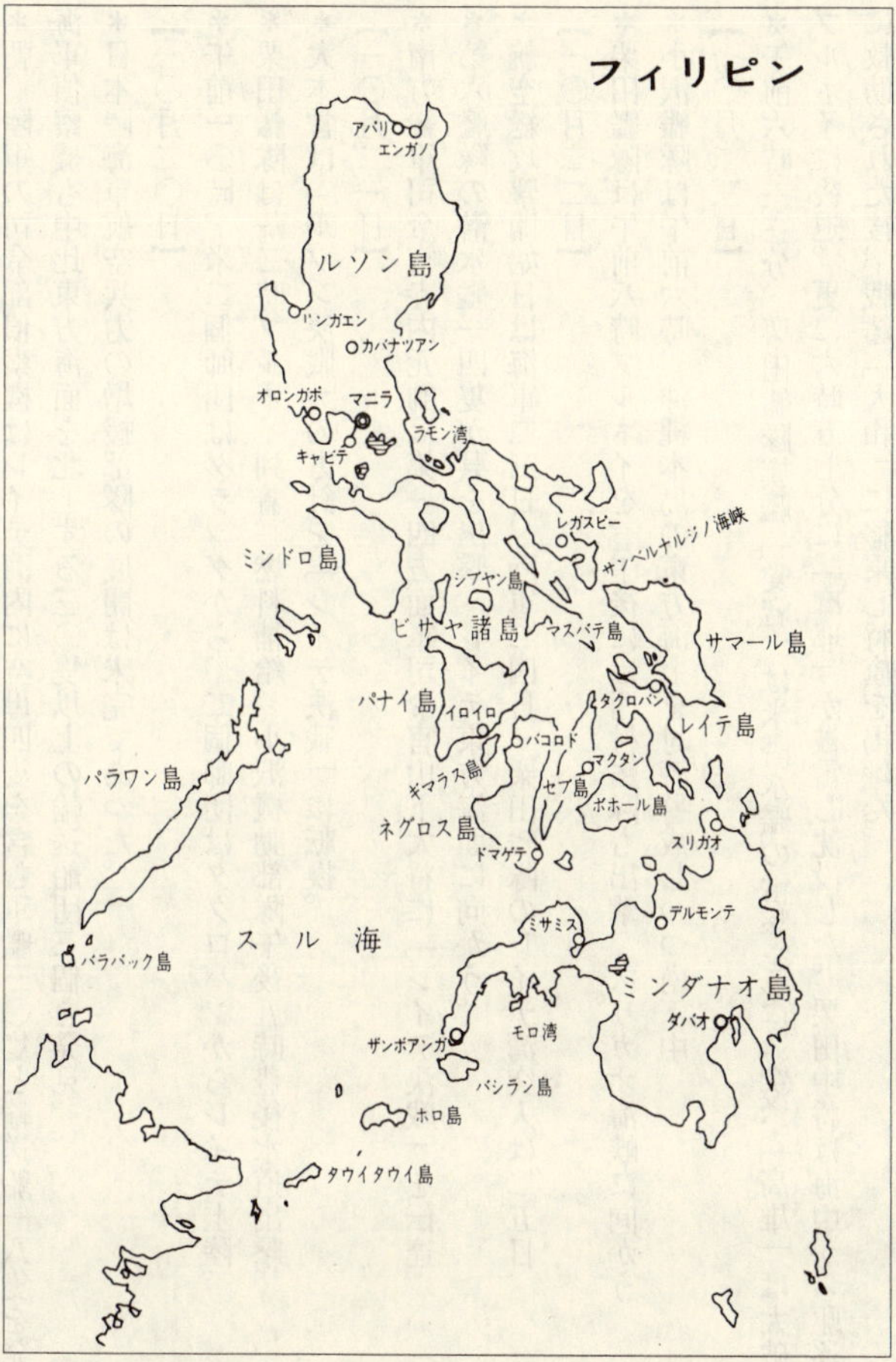
フィリピン
アパリ
エンガノ
ルソン島
リンガエン
カバナツアン
オロンガポ
マニラ
ラモン湾
キャビテ
レガスピー
サンベルナルジノ海峡
ミンドロ島
シブヤン島
ビサヤ諸島
マスバテ島
サマール島
パナイ島
イロイロ
タクロバン
レイテ島
バコロド
マクタン
ギマラス島
セブ島
ボホール島
パラワン島
ネグロス島
ドマゲテ
スリガオ
デルモンテ
ミサミス
スル海
バラバック島
ミンダナオ島
ダバオ
モロ湾
ザンボアンガ
バシラン島
ホロ島
タウイタウイ島

＊朝、陸軍の司令部偵察機はレイテ湾内に空母四隻を含む軍艦三〇隻と輸送船一八隻を発見。
海軍偵察機も中比東方海面を北上する三〇隻以上の輸送船団三個を発見。
＊日本陸海軍航空兵力の増援部隊の展開は未完であった。
【一〇月二〇日】
＊午前一〇時、米二個師団はダラッグから、二個師団はタクロバンからレイテ上陸。
＊栗田艦隊は一二時ブルネイ到着、燃料補給。小沢機動部隊午後五時豊後水道出撃。
＊大本営は「ルソン決戦」の方針を「レイテ決戦」に転換。
【一〇月二一日】
＊南方総軍司令官寺内元帥は第一四方面軍司令官山下大将に「レイテ決戦」を伝達。
＊第六艦隊の潜水艦一四隻が呉を出撃、レイテ東方海面に向かう。
＊航空総攻撃開始日は海軍二三日、陸軍二四日。栗田艦隊のレイテ湾突入は二五日。
【一〇月二二日】
＊栗田艦隊は午前八時ブルネイを、午後には西村艦隊も出撃、スリガオ海峡に向かう。
＊小沢艦隊は午前六時、沖縄本島の東方海上を対潜警戒しつつ南下中。
【一〇月二三日】
＊午前六時三三分、栗田艦隊旗艦「愛宕」は米潜水艦の雷撃を受け沈没、「高雄」は大破、ブルネイに後退。更に六時五七分に「摩耶」が被雷し沈没した。栗田中将は海中から駆逐艦に救助された後、戦艦「大和」に移乗し将旗を掲げた。

＊基地航空の第一航空艦隊も陸軍第四航空軍も上陸米軍の海上撃滅に失敗し、無傷の状態でレイテ上陸を許してしまった。総攻撃開始前日までに結集した兵力は、陸海軍ともそれぞれ二五〇機程度に過ぎなかった。

【一〇月二四日】

＊シブヤン海を進む栗田艦隊は午前一〇時半、米空母機第一波四五機、一二時六分・第二波三一機、午後一時二〇分・第三波四四機、午後二時半・第四波三三機、午後二時五九分・第五波六七機、合計二二九機の攻撃を受けた。

［沈没］戦艦・武蔵、［損傷］戦艦・長門、重巡・妙高・利根、駆逐艦二隻。

米軍の攻撃は［武蔵］に集中し、魚雷一一本、爆弾一〇発が命中した。

＊栗田艦隊は一旦、米軍の攻撃を避けるため午後三時二〇分西に反転。この戦術的な一時反転をハルゼー大将は敗走したものと誤断した。

＊小沢機動部隊は午前六時、ルソン島北端のエンガノ岬東方約二〇〇浬に進出、索敵の結果、空母四隻の米機動部隊を発見し五八機を発進、攻撃したが至近弾のみ。損害三八機で二〇機は辛うじて比島に着陸す。

＊基地航空部隊は午前、軽空母「プリンストン」に爆弾命中させ大破炎上後沈没。

＊午後五時頃、ハルゼー大将は日本空母群発見の報告を受け、麾下全部隊の集合を命じ北上を開始した。栗田艦隊への空襲が第五次以降止んだのはこの為であった。

＊スリガオ海峡海戦――西村中将の戦死

スリガオ海峡を突破してレイテ湾の米輸送船団を撃滅せんとした西村艦隊（戦艦山城・扶桑、重巡・最上、駆逐艦四隻）は、待ち伏せしたキンケード中将指揮の米第七艦隊（旧式戦艦六隻、重巡四隻、軽巡四隻、駆逐艦二六隻、魚雷艇三九隻）に痛撃され、生還は駆逐艦・時雨一隻のみで艦隊は全滅し、西村長官は大爆発を起こした旗艦・山城と運命を共にした。

＊志摩艦隊（重巡・那智・足柄、軽巡・阿武隈、駆逐艦七隻）は西村艦隊に続いてスリガオ海峡に突入したが、入り口で米魚雷艇の攻撃を受けた軽巡・阿武隈が落後、重巡・那智は避退してきた西村艦隊の重巡・最上と衝突し、志摩艦隊はレイテ湾への突入を断念した。

【一〇月二五日】エンガノ沖海戦・サマール沖海戦

◆エンガノ沖海戦――ハルゼー吊り上げに成功した小沢機動部隊

＊小沢艦隊との決戦を求めて北上したハルゼーは、二五日午前七時三〇分小沢艦隊を発見し合計一八〇機の大部隊を出撃させた。小沢艦隊は前日の攻撃で陸上基地に移動させた飛行機が多く、この時迎撃したのは直衛の零戦が一八機だけであった。

＊午前一〇時からの三六機による第二次攻撃、午後一時過ぎからの二〇〇機の攻撃、更に米巡洋艦部隊（重巡二隻、軽巡二隻、駆逐艦九隻）の突入と潜水艦の雷撃等により、空母「瑞鶴・瑞鳳・千歳・千代田」、軽巡「多摩」、駆逐艦二隻が沈没し、小沢艦隊の残存艦は航空戦艦「伊勢・日向」と軽巡二隻、駆逐艦六隻のみ。空母は全滅し、ハワイ空襲以来の日本海軍機動部隊は文字どおり消滅した。

◆サマール沖海戦――レイテ湾突入作戦と「謎の反転」

＊シブヤン海で戦術的反転をして西進した栗田艦隊は再反転して東進し、二五日午前〇時三〇分サンベルナルジノ海峡を通過して太平洋側に進出、サマール島東方海上を南下した。栗田司令部にはレイテ湾の敵情も友軍他部隊の情報も全く入って来なかった。ブルネイを三二隻で出撃した栗田艦隊も、既に二三隻に減少していた。

＊午前六時四五分、旗艦「大和」は水平線上に米空母数隻よりなる艦隊を発見、栗田中将はこの敵を米主力空母群と判断したが、実際はクリフトン・スプレイグ少将指揮のカサブランカ級護衛空母六隻と駆逐艦等八隻の艦隊であった。（カサブランカ級は七八〇〇トン、一九ノット、三四機搭載）

＊午前七時、「大和」の四六糎砲をはじめ「長門」「金剛」「榛名」の主砲が米艦隊との距離三万一〇〇〇メートルで一斉に砲撃開始した。これは「大和」型戦艦の主砲が敵艦に向かって火を噴いた最初で最後の舞台であった。スプレイグ提督は全艦に煙幕の展張を命じ、甲板の飛行機を発艦させた。キンケイド中将に緊急援助を求めるスプレイグの平文電報は、東京郊外の大和田通信所でも受信された。

＊栗田艦隊の重巡部隊と高速戦艦「金剛」「榛名」によって圧迫された六隻の米護衛空母群は次第に命中弾を受けだした。しかし米空母群が全滅を免れたのは、日本戦艦の大口径徹甲弾が、装甲の薄い護衛空母の船体内で爆発せずに貫通した例の多かったことと、日本海軍の射撃精度の低かった為とも思われ、空母の沈没は「ガンビア・ベイ」のみであった。

＊日本艦隊の攻撃に対し反撃した米駆逐艦群は、重巡「熊野」の艦首を雷撃で切断して戦場

から離脱させた。更に旗艦「大和」が米軍の発射した魚雷を回避するため、北方に変針して追撃に加われないほど後落してしまった。このことは艦隊陣形の再編成に時間がかかり過ぎ、栗田長官のレイテ突入の決心に微妙な影響を及ぼした。

＊栗田艦隊に対する決定的な攻撃は航空兵力によって行われた。同じ編成の他の二つの護衛空母群や、レイテ基地航空兵力の増援を受けて米軍機の投下した爆弾は二〇〇トン、魚雷は八三本に上り、重巡「鈴谷」は大破炎上後に友軍駆逐艦が処分。重巡「筑摩」も被雷により航行不能となり自沈、重巡「鳥海」は米空母機の集中攻撃を受けて大破、友軍駆逐艦の魚雷により処分された。重巡「羽黒」は米護衛空母群に接近、果敢に砲撃したが敵機の爆撃を受けて大破、ブルネイに回航された。

◆栗田艦隊反転の謎

＊米護衛空母群および指揮下各艦の大部との接触を失った栗田提督は、艦隊再編のため午前九時一一分に集合命令を出し艦首を北に向けた。そのとき最先頭の「羽黒」「利根」や戦艦「金剛」「榛名」はレイテ湾口スルアン島まで二八浬に迫っていた。分散した艦隊の再編に二時間近くもかかった栗田艦隊が、進路をレイテ湾に向けたのは一一時二〇分。進撃再開の地点はスルアン島から六〇浬、レイテ島上陸地点のタクロバンまで更に六〇浬で合計一二〇浬、二〇ノットで六時間航程もあった。

＊午前一一時頃、在比島基地航空部隊を指揮下にもつ南西方面艦隊から発信したと思われる敵機動部隊情報が着電した。その位置は発見時刻の九時四五分では栗田艦隊の北北西約七〇

比島沖海戦図

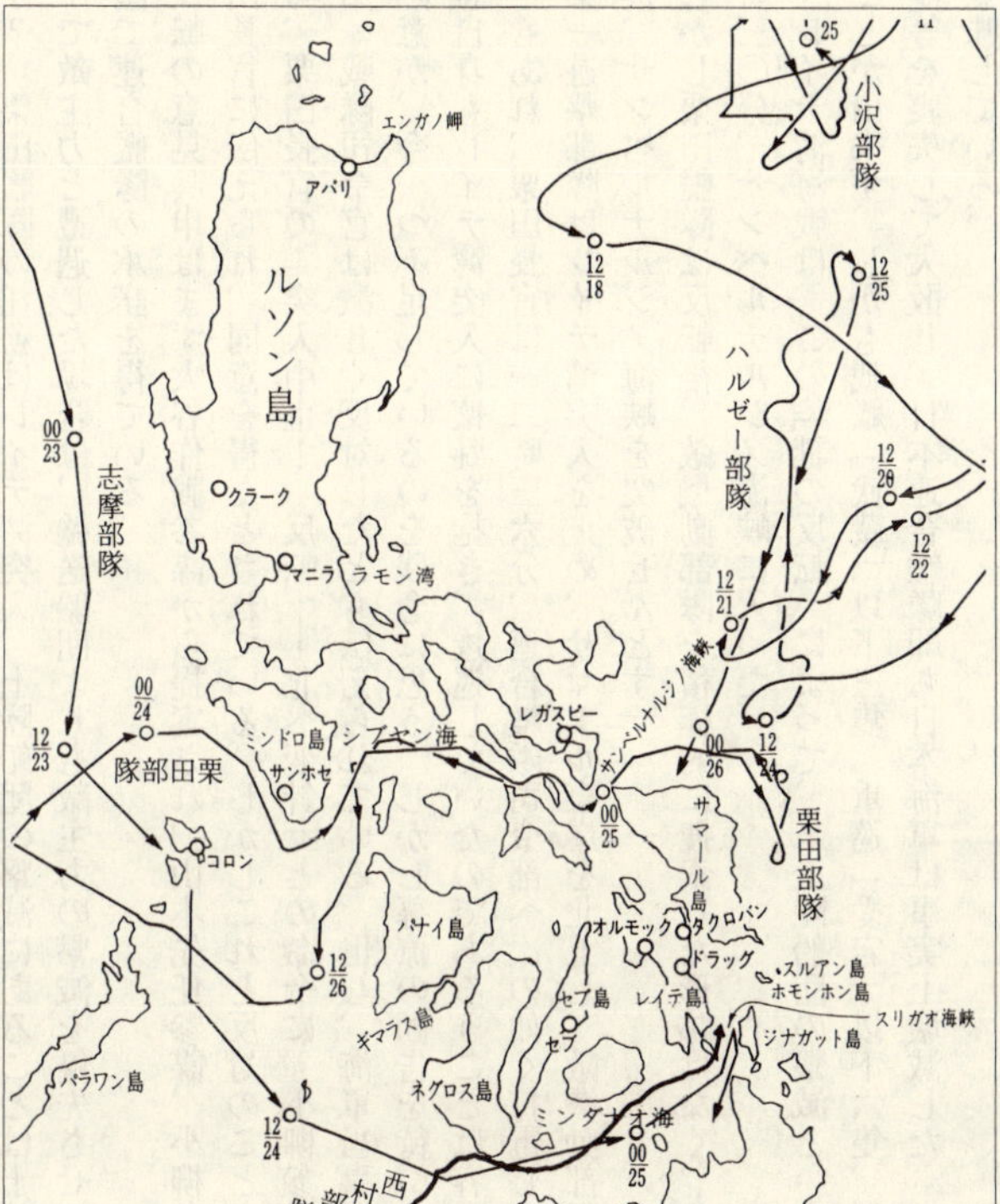

浬、一一時二〇分では北方約五〇浬であった。しかし兵力内容は不明で、南西方面艦隊には打電の記録がなく偽電の可能性もある。

＊情報電の真偽はともかく、栗田司令部は判断に迷っていた。既に米軍は揚陸を終えて、いるのは空船ではな

いか？　栗田艦隊の任務はレイテ湾突入、上陸船団の撃滅にあることは十分承知しているが、途中で敵主力と遭遇した場合は、輸送船団よりも敵主力の撃滅を優先させることは、マニラ会議で連合艦隊の承諾を得ている。

＊反転の意見具申はまず大谷作戦参謀から提案され、山本先任参謀、小柳参謀長も賛成して栗田長官に伝えられ、同意を得たとされている。しかしこれと反対のことも言われている。即ち、栗田長官の「突入中止！　反転――北へ変針」との命令に、小柳参謀長等の幕僚や宇垣第一戦隊司令官は激しく反対したとも伝えられている。但し、海軍当事者からの真相解明の熱意が、今一つ不足しているのを残念に思う。しかし幕僚の勧告を待つまでもなく、栗田中将自身もレイテ湾突入に懐疑を抱き、逡巡していたのであろうことは容易に想像できる。

＊ともあれ、栗田長官は一二時三六分、連合艦隊司令部へ次の如く打電した。

「第一遊撃部隊はレイテ湾突入を止め、サマール東岸を北上し、敵機動部隊を求めて決戦、爾後、サンベルナルジノ海峡を突破せんとす」

しかし栗田艦隊は反転後、敵機動部隊を積極的に捜索した形跡はなく、北進を続けて午後六時三〇分、サンベルナルジノ海峡に入った。

★レイテ湾海戦は、この「謎の反転」によって、米上陸船団の撃滅という最終目的を果たすことが出来ず、しかも戦艦「武蔵」以下三隻、重巡「愛宕」以下六隻、軽巡二隻、駆逐艦八隻等を喪失して大敗し、日本連合艦隊即ち日本海軍は事実上壊滅した。これは日本の敗戦を意味している。

④　比島沖海戦の総評

この一戦に敗れるとフィリピンは占領されて日本本土と南方は遮断され、日本の敗戦が決定的となる「捷一号作戦」で、日本海軍高級指揮官は適任者が配置されたか？

イ、高級指揮官の人選と配置

＊総指揮官は連合艦隊司令長官の豊田副武大将（海兵三三期）

＊レイテ湾突入の主力部隊である第二艦隊司令長官の栗田健男中将（海兵三八期）

＊米機動部隊を北方に誘致して、栗田艦隊のレイテ突入を容易ならしむる機動部隊指揮官が小沢治三郎中将（海兵三七期）

＊スリガオ海峡を経てレイテ湾を南から攻撃する西村祥治中将（海兵三九期）

＊西村艦隊に続く第五艦隊司令長官の志摩清英中将（海兵三九期）

ⓐ　連合艦隊司令長官・豊田副武大将

元軍令部参謀の吉田俊雄中佐が、著書『良い指揮官・良くない指揮官』でとり上げられている海軍指揮官の中に、山本五十六、南雲忠一、井上成美、小沢治三郎、栗田健男の名はあるが、豊田大将の名前のないところから、良くも悪くもない指揮官であったと私は解釈している。前任・古賀大将の事故死によるピンチヒッター。

この豊田大将が自らマニラに飛んで総指揮をとっておれば、レイテ湾海戦自体は成功していたものと考える。高級指揮官は戦況の順調な時は後方に陣取っていてもよいが、劣勢になればなるほど前線に近く位置して指揮すべきものである。その点日本海軍は「指揮官先頭」

という言葉をよく唱えていたが、実際のところは、ガダルカナル戦で山本長官は遥か後方のトラック基地にあって一歩も動かなかった。

米太平洋艦隊長官ニミッツ大将は、ミッドウェー海戦の前に自らミッドウェー島に飛んで防備態勢の確立を指揮している。レイテ戦でもマッカーサー大将は、第三列目の水陸両用戦車に乗り一〇月二〇日に上陸している。戦う指揮官として山本はニミッツに劣り、豊田はマッカーサーに後れをとったことは間違いない。

ⓑ 第一遊撃部隊指揮官・栗田健男中将（第二艦隊司令長官）

栗田中将は水雷戦術専門の駆逐艦乗り出身。海軍大学に入らずに中将まで昇進したたたき上げの船乗りで中央勤務はない。経歴は第一線指揮官として申し分ない。しかし、幾つかの問題を指摘されているのは有名な話である。

第一はミッドウェー海戦での消極的行動である。日本空母が被爆大火災の後、ミッドウェー航空基地の砲撃破壊を命じられた栗田第七戦隊（最上型重巡四隻）は、夜戦を断念した山本長官の中止命令で反転し、二八ノットに減速して西進した。

その途中、敵潜水艦を発見して回避運動を行ったとき、四番艦「最上」が三番艦「三隅」の左舷に衝突、「最上」は艦首が曲がり浸水し「三隅」も横腹に大穴が開く被害を受けた。しかし場所が悪くミッドウェーから二〇〇浬も離れていない。

夜が明けて六月六日午前八時、ミッドウェーからの海兵隊爆撃機や空母機の攻撃も受け、正午ころ「三隅」は横転して沈没、「最上」はトラックに避難した。

栗田中将の行動で問題にされたのは、二隻の重巡が衝突して後落した時、七戦隊の重巡四隻がこのままここに残ると四隻とも敵の空襲で全滅する。二隻だけでも助けた方がよいと判断し、栗田中将は「熊野・鈴谷」を率い西に向かって避退した。そして合同を命じられた攻略部隊主隊には近寄らず、どこにいるかも通知せず、敵から離脱に成功した後になって合同したのである。衝突して傷ついた麾下の重巡二隻を見捨てて現場を去ったまま行方をくらまし、この二隻の救出に連合艦隊司令部が懸命の努力を重ねている時、殆ど一昼夜、栗田中将は戦場離脱を続行した。

これが「栗田中将はとかく避敵の傾向が強い」という非難となり、「あらぬ方向へ走る癖」とか「所要のことを連絡しない癖」と評される所以である。四隻・三二門の高角砲で防戦し、「三隅」を曳航してでも救出しようとの気迫が欲しかった。

第二の批判事項は昭和一七年一〇月のガダルカナル作戦において、戦艦による飛行場砲撃が計画され栗田第三戦隊が協議を受けた。栗田中将と「金剛」艦長の小柳富次大佐（レイテ沖海戦の栗田艦隊参謀長）は、「危険の多い反面、射撃効果が少ない」と反対、山本大将の怒りにあって漸く出撃し作戦は大成功であった。

第三は四ヵ月前のマリアナ沖海戦でのことである。六月一九日、小沢機動部隊はスプルーアンス提督の反撃に遇い、一日にして二四〇機を失った。しかし小沢中将はひるまず、薄暮航空攻撃から更に戦艦・重巡部隊の突進による夜戦を企画して午後五時、栗田中将に電令した。しかし栗田艦隊の動きは鈍く、進撃を開始したのは実に二時間近く経過してからであった。日本本土から全般指揮をとっていた豊田大将は、この栗田の消極的な行動を見て小沢中将に追撃中止を電令した。

以上三つのケースからして、栗田中将は勇猛果敢な闘将ではなく、事に臨んで消極的な行動の目立つ指揮官であった印象が強い。この栗田中将が、日本海軍最後の決戦となった比島沖海戦の主攻正面指揮官であったことは、果たして最善の人事と評価できるのだろうか。陸軍の場合、比島決戦を前にした九月二三日には、方面軍の軍司令官を黒田中将から山下大将に更迭している。機動部隊は搭載機が殆どなかったのだから小沢中将でなくてもよく、レイテ突入艦隊指揮官の方が相応しかった。

五、日本海軍の敗北と「トップ・マネジメント」

太平洋戦争における日本海軍の敗北は、開戦当初の「ハワイ真珠湾作戦」と昭和一七年前半の「珊瑚海海戦」「ミッドウェー海戦」及び一七年夏の「ガダルカナル戦前半」において大勢が決まったと考えている。

したがって本書の締め括りとして、開戦後一〇ヵ月間における日本海軍の運命を決した連合艦隊の「トップ・マネジメント」に関し、世界的経営学者「ピーター・F・ドラッカー」の言葉に照らして論評してみる。

① 経営者は目標を設定して事業を経営する方法に習熟すること。

日本海軍には短期目標、即ちハワイ奇襲と南方資源地帯の占領までのプランはあったが、その後の第二段作戦計画は具体化していなかった。これは長期目標を持たずに日本帝国始まって以来の大戦争に突入したのであって、山本大将本人としてもハワイ攻略（占領）とセイロン島占領の希望があった程度に過ぎなかった。

②経営者は大きな危険を冒す覚悟が必要であること。

これは単にリスクを冒すことではなく、「いろいろな危険を正確に予測し計算する能力、最適な方策を選ぶ能力、あらゆる事態が生じても決定を適宜に発展もしくは修正していく能力」という意味である。

山本長官のハワイ奇襲作戦は、奇襲の点では大きな危険を冒し成功したが、戦果は既述のとおり空母を撃ちもらし軍事施設に手をつけなかった。ミッドウェー作戦においては、通信解析によって米機動部隊の情報を入手しながら、敵の待ち伏せを予測せず、奇襲を受けた後も連合艦隊は相互支援の態勢になかったため被害の拡大を防止し得なかった。「あらゆる事態が生じても決定を適宜に発展もしくは修正していく能力」を山本大将は持ち合わしていなかったのである。日本海軍にとって大変不運な高級指揮官、即ち経営者の選択であった。

③経営者は「戦略的意思決定」が行えること。

「経営戦略」とは、経営環境の変化に適応し、企業の存続・成長を図るため既成事業の改廃、新規事業への転換といった事業の質の転換を図ることである。そして「戦略的意思決定」とは、企業の環境を考慮しながら、企業の長期収益性を極大化するように製品〜市場分野を選択することである。

経営における事業の質の転換を海戦の立場からいうと、従来は主力艦として艦隊の中心であった戦艦が、逆に航空母艦を護衛するという戦闘方式への転換もその一つであろう。このことは日露戦争の日本海海戦や、第一次世界大戦のジェットランド沖海戦以来の戦艦中心戦闘方式の大転換であった。

日本は開戦以来、機動部隊に「金剛」級の高速戦艦二隻を同行させていたが、これは護衛のためではなく輪型陣を組まなかった。ミッドウェー海戦でも、山本大将直率の戦艦群（大和、長門、陸奥、伊勢、日向、扶桑、山城）の七隻は、南雲機動部隊の三〇〇浬後方にあって、四隻の空母護衛に何の貢献もしなかった。

一方の米海軍はソロモン海域の諸戦闘において、新式戦艦の「ノースカロライナ」「ワシントン」「サウス・ダコタ」（三万五〇〇〇トン、二八ノット、四〇糎砲九門）を機動部隊輪型陣の中核に位置付け、その卓越した防空砲火によって日本空母機の大量撃墜をもたらす大活躍を見せた。

以上の点は海戦方式の転換という、経営における事業の質の転換に対応する「戦略的意思決定」にほかならない。山本大将のマネジメントは古く、敵将ニミッツのマネジメントが優れていたといえる。これはまた、日本人の思考が融通性に欠けるの対して、アメリ人の思考が柔軟性に富んでいるという民族性にも起因している。両国民のこの相違点は、太平洋戦争中の多くの場面に現れて勝敗の明暗を分けた。

④　経営者は優れたチームを組織し、次代の後継者を育成しうること。

経営者は各メンバーの能力を十分に発揮させ、しかもそれを一つの大きな力に統合するという、優れたチームを組織しうる能力が求められる。同時に、より大きな能力を持った次代の経営者を育成するという任務を果たさねばならない。

既に述べたとおり、ミッドウェー作戦を強引に進めて主力空母四隻の全滅をもたらした山本大将は、その責任をとって連合艦隊司令長官の職を辞すべきであった。

そして最適任と信ずる後継者を指名して上申すべきであった。勿論人事権は中央にあるが、実戦部隊最高指揮官の指名上申は中央としても尊重せざるを得ないだろう。

優れたチームを組織する点でも山本大将は、ミッドウェー作戦の協議に参加部隊の南雲機動部隊長官と近藤攻略部隊長官の両中将を参加させていないので意思の疎通は十分でなく、またミッドウェー敗戦の空母部隊指揮官をそのまま留任させた結果、ソロモンをめぐる各海戦において、南雲中将の消極的行動が参加部隊の統合力の発揮に支障を来し、ガダルカナル戦の敗北撤退につながり日米対決の勝敗分岐点となった。

とにかく強烈な個性を持った指揮官は、古今東西の歴史が証明するように、成功も大きいが挫折も極端である。心すべきは指揮官の組織力発揮といえる。

⑤経営者は必要な情報を各方面に対し迅速確実に伝達し、それによって人々を共通の目的に向かって積極的に行動させることが出来なければならない。

この点で最もマイナスに生起したのがミッドウェー海戦であった。第二章で具体的に記述したとおり、通信解析によって得たハワイ方面での米軍の急激な動き、軍令部通信班からのハワイ～ミッドウェー間の米海軍緊急通信の急増、マーシャル群島のクェゼリンの第六艦隊（潜水艦隊）傍受班からの、方位測定によるミッドウェー北東海面での米空母らしきもの二隻の交信探知など、貴重な情報が南雲機動部隊に伝わらず、或は南雲部隊で注意を払わず、南雲中将はミッドウェー周辺には米空母は存在しないものと考えて進撃し、奇襲を受けて全滅した。

一部参謀の意見などに左右されることなく、最重要度の情報は万難を排して周知徹底させるのが山本長官の職責ではなかったか？　この点で日本連合艦隊のトップ・マネジメントは落第点に等しいと評価せざるを得ない。

⑥　経営者は全体を見て自己の職能や任務を考える力を持つこと。

そのためには、重点主義的な職務の遂行を行っていくうえに必要な、システム的思考が出来なければならないとしている。

この点でも、ハワイ作戦直後から昭和一七年四月にかけての緒戦時期での戦略判断ミスが、指摘されるポイントの一つであろう。

ハワイ作戦で実行出来なかったのは、米空母の捕捉撃滅とミッドウェー基地の攻撃である。したがって連合艦隊の主力は東太平洋に向けて展開しなければならなかったのに、東部正面をガラ空きにして、軽空母か改装空母で間に合うような南方資源地帯（ボルネオ、ジャワ、スマトラ等）への上陸作戦支援に、制式空母部隊の全力と巡洋艦部隊の主力を投入した。

その結果、ギルバート、マーシャル、ウェーク、南鳥島が米空母の空襲を受けて大きな被害を出し、東正面の防衛体制の弱点を米軍に看破され、四月一八日の東京空襲という屈辱を受けるに至った。

ハワイ作戦の後、引き続いて戦略重点を東太平洋に向けて艦隊を展開しておれば、ミッドウェーの敗戦はあり得なかったと考えてよい。山本大将はハワイ奇襲作戦以外には、対米戦略全般のシステム思考に欠けていたと思われる。

おわりに

【勝敗を左右した高級指揮官の優劣】

太平洋戦争のつまずきは、ハワイ奇襲作戦の不徹底な攻撃に始まり、その作戦検討会もやらずに南方各地域の意義少なき要地攻撃に時間を空費し、インド洋作戦や珊瑚海海戦の戦訓を研究せずに、準備不十分のままミッドウェーとアリューシャンにまで戦線を拡大した。すなわち重点形成のない極めて広正面の戦闘を展開した。

主役はもちろん海軍であったが、その海軍の上層部には実戦向きの提督がいなかった。日露戦争の避け難くなった明治三六年一〇月、海軍大臣山本権兵衛は常備艦隊の司令長官を更迭し、東郷平八郎中将を任命した。

彼は無神経なほど物に動じない人物で、闘将としては東郷の右に出る者はいなかったといわれる。智将は幾人もいたらしい。昭和の日本海軍に日露戦争当時の東郷に匹敵する提督はいなかったのだろうか。

山本五十六は日米戦争を予期しての連合艦隊司令長官就任ではなかった。日独伊三国同盟反対の中心人物の一人である、山本海軍次官の身の安全を図るために艦隊に出したと云われている。山本は軍令畑でなく軍政畑が長い。しかも「作戦・戦略は落第」と評されており、日米決戦に勝つためには日露戦争の時と同様、司令長官の更迭を考えて然るべきであった。

海兵三二期の山本五十六の後輩で戦略戦術に長じた闘将型を選ぶとすれば、三七期の小沢治三郎しか見当たらない。しかし機動部隊の長官ポストにさえ当時の人事では出来なかったのだから、連合艦隊司令長官は不可能と見なければならない。

結局、日本海軍には役所向きの秀才提督はいたが、司令長官クラスで空母の運用に精通した実戦型の提督は限られていた。

その点米国海軍には、少将から大将に抜擢されて太平洋艦隊司令長官に就任したニミッツ以下フレッチャー、スプルーアンス、ターナー、キンケイド、シャーマン、ミッチャーなど、名将・勇将が揃っており、これら高級指揮官の優劣が、太平洋戦争の勝敗を決定したものと結論づけられると思う。

しかし日本海軍にも名将は存在した。著者が注目した艦隊長官、戦隊司令官クラスで実戦に強く、名提督であったと思う方々を七人選ぶとすれば次のとおりである。

第二艦隊司令長官・近藤信竹中将（三五期）　開戦から第三次ソロモン海戦まで

機動部隊司令長官・小沢治三郎中将（三七期）　マリアナ沖・比島沖海戦

第八艦隊司令長官・三川軍一中将（三八期）　ガ島突入の第一次ソロモン海戦
第二航空戦隊司令官・角田覚治少将（三九期）　南太平洋海戦（テニアン玉砕）
第二航空戦隊司令官・山口多聞少将（四〇期）　ミッドウェー海戦（戦死）
第二水雷戦隊司令官・田中頼三少将（四一期）　第三次ソロモン海戦・ルンガ沖夜戦
第一水雷戦隊司令官・木村昌福少将（四一期）　キスカ撤退作戦・ミンドロ突入作戦

㊟括弧内は海兵卒業期。該当作戦名は主要作戦のみ。

参考文献（順不同）

「大海軍を想う」 伊藤正徳 光人社

「日本潜水艦物語」 福井静夫 光人社

「潜水艦隊」 井浦祥二郎 朝日ソノラマ

「実録・太平洋戦争」 秦郁彦 光風社出版

「太平洋の提督・山本五十六の生涯」 ジョン・D・ポッター／児島襄 恒文社

「ニミッツの太平洋海戦史」 C・W・ニミッツ／E・B・ポッター共著 実松譲／富永謙吾［共訳］ 恒文社

「帝国陸軍の最後・I・II」 伊藤正徳 光人社

「ガダルカナル戦記・I・II」 亀井宏 光人社

「良い指揮官・良くない指揮官」 吉田俊雄 光人社

「コンビの研究」 半藤一利 文藝春秋

「連合艦隊戦訓48」 佐藤和正 光人社

「日本軍の小失敗の研究」 三野正洋 光人社

「日米空母戦力の推移」 手島丈夫 文京出版

「あゝ伊号潜水艦」 板倉光馬 光人社

「玉砕の島」 佐藤和正 KKベストセラーズ

「服部卓四郎と辻政信」 高山信武 芙蓉書房

「米国戦略爆撃調査団報告・日本空軍の興亡」 大谷内一夫［訳・編］

「写真集・日本の軍艦」 福井静夫 KKベストセラーズ

雑誌「世界の艦船・第二次大戦のアメリカ軍艦」 海人社

雑誌「連合艦隊・下巻」 世界文化社

雑誌・歴史群像シリーズ「山本五十六・ソロモン海戦・高雄型重巡・空母機動部隊・伊号潜水艦」 学習研究社

雑誌・別冊歴史読本「日本海軍軍艦総覧・太平洋戦争総決算・情報戦」

雑誌・歴史と旅「近代日本戦史総覧・太平洋戦争軍艦戦記・実録太平洋戦争」 秋田書店

雑誌・「丸」記事 潮書房

戦史叢書「大本営海軍部・連合艦隊①〜⑦」

戦史叢書「潜水艦史」

戦史叢書「南東方面海軍作戦①②」 防衛庁防衛研修所・戦史室著

単行本　平成十二年八月　元就出版社刊

NF文庫

連合艦隊とトップ・マネジメント

二〇一九年二月二十一日 第一刷発行

著　者　野尻忠邑
発行者　皆川豪志
発行所　株式会社　潮書房光人新社
〒100-8077 東京都千代田区大手町一-七-二
電話／〇三-六二八一-九八九一㈹
印刷・製本　凸版印刷株式会社

ISBN978-4-7698-3106-8　C0195
http://www.kojinsha.co.jp

NF文庫

刊行のことば

第二次世界大戦の戦火が熄《や》んで五〇年——その間、小社は夥しい数の戦争の記録を渉猟し、発掘し、常に公正なる立場を貫いて書誌とし、大方の絶讃を博して今日に及ぶが、その源は、散華された世代への熱き思い入れであり、同時に、その記録を誌して平和の礎とし、後世に伝えんとするにある。

小社の出版物は、戦記、伝記、文学、エッセイ、写真集、その他、すでに一、〇〇〇点を越え、加えて戦後五〇年になんなんとするを契機として、「光人社NF（ノンフィクション）文庫」を創刊して、読者諸賢の熱烈要望におこたえする次第である。人生のバイブルとして、心弱きときの活性の糧《かて》として、散華の世代からの感動の肉声に、あなたもぜひ、耳を傾けて下さい。